高等职业教育机械类专业"十二五"规划教材

工 程 力 学

主　编　张春东

副主编　周延昌　岳燕星　杨淼森

参　编　姜雪燕　杨德云

中国铁道出版社
CHINA RAILWAY PUBLISHING HOUSE

内 容 简 介

本书的理论知识坚持"实用为主,必需和够用为度"的原则,在内容编排上有所创新,采用项目式编写体例,不仅符合高等职业院校学生的认知特点,而且紧密联系工程实际,体现专业基础课服务于专业、应用于岗位的特色。

全书以大量的机械、建筑等工程实例为载体,全面介绍了静力学与材料力学在工程实际中的应用。全书共分 11 个项目,每个项目包含若干任务,每个任务设置"任务目标""基础知识""拓展知识""综合练习"等模块。每个工作任务均包含编者精心设计的实例,便于学生学习和掌握。

本书适合作为高等职业院校机械类、机电类、土建类等相关专业的教学用书(建议学时为60～72 学时),也可供相关领域技术及管理人员学习参考。

图书在版编目(CIP)数据

工程力学/张春东主编. —北京:中国铁道出版社,2013.9
高等职业教育机械类专业"十二五"规划教材
ISBN 978-7-113-16900-8

Ⅰ.①工… Ⅱ.①张… Ⅲ.①工程力学 – 高等职业教育 –
教材 Ⅳ.①TB12

中国版本图书馆 CIP 数据核字(2013)第 187376 号

书　　名:	工程力学
作　　者:	张春东　主编

策　　划:	吴　飞	读者热线:400 – 668 – 0820
责任编辑:	吴　飞　何红艳	
编辑助理:	赵文婕	
封面设计:	付　巍	
封面制作:	白　雪	
责任印制:	李　佳	

出版发行:	中国铁道出版社(100054,北京市西城区右安门西街 8 号)
网　　址:	http://www.51eds.com
印　　刷:	北京尚品荣华印刷有限公司
版　　次:	2013 年 9 月第 1 版　　　2013 年 9 月第 1 次印刷
开　　本:	787 mm×1 092 mm　1/16　　印张:16.5　字数:396 千
书　　号:	ISBN 978-7-113-16900-8
定　　价:	32.00 元

高等职业教育机械类专业"十二五"规划教材
编审委员会

主　任：王长文

顾　问：钱　强

副主任：赵　岩　付君伟　高　波　杨淼森

委　员：（按姓氏音序排序）

陈福民　陈丽丽　褚宝柱　崔元彪　范富华

范兴旺　付洪涛　关丽梅　韩雪飞　郝　亮

胡福志　金东琦　姜雪燕　李贵波　李　影

刘　强　刘颖辉　路汉刚　马春雷　穆春祥

彭景春　石南辉　孙立峰　谭永昌　王　博

王　东　文清平　吴　犇　吴　智　许　娜

杨　硕　杨德云　岳燕星　张春东　贞颖颖

周延昌　朱斌海

为深入贯彻落实《国家中长期教育改革和发展规划纲要（2010—2020 年）》，推动体制机制创新，深化校企合作、工学结合，进一步促进高等职业学校办出特色，全面提高高等职业教育质量，提升其服务经济社会发展能力，根据《教育部关于推进高等职业教育改革创新引领职业教育科学发展的若干意见》（教职成〔2011〕12 号）的要求，黑龙江省高职高专焊接专业教学指导委员会（简称黑龙江高职焊接教指委）于 2012 年 7 月 23 日召开了高等职业教育焊接专业教材建设研讨会。黑龙江高职焊接教指委委员、黑龙江省数所高职院校焊接专业负责人、机械工业哈尔滨焊接技术培训中心领导出席了本次会议。会议重点讨论了高职焊接专业高端技能型人才的定位问题，以及焊接专业特色教材的开发与建设问题，最终确定了 12 本高职焊接专业系列教材（列入"高等职业教育机械类专业'十二五'规划教材"）的教材定位、编写特色，并初步确定了每本教材的主要内容、编写大纲、编写体例等。本次会议得到了中国铁道出版社和哈尔滨职业技术学院的大力支持，在此表示衷心的感谢。

黑龙江省是我国重要的老工业基地之一，哈尔滨是全国闻名的"焊接城"。作为老工业基地，黑龙江省拥有悠久的焊接技术发展历史，在焊接工艺、焊接检测、焊接生产管理等领域具有深厚的历史积淀，始终处于我国焊接技术发展的前沿。黑龙江省开设焊接技术及自动化专业的高等职业学校有十几所，培养了数以万计的优秀焊接技术人才，为地方经济的繁荣和发展做出了突出的贡献，也为本系列教材的编写提供了有利的条件和支持。

在黑龙江高职焊接教指委、黑龙江省各相关高职院校、机械工业哈尔滨焊接技术培训中心、中国铁道出版社等单位的不懈努力下，本系列教材将陆续与读者见面。它凝聚了全体编写者与组织者的心血，体现了广大编写者对教育部"质量工程"精神的深刻体会和对当代高等职业教育改革精神及规律的准确把握。

本系列教材体系完整、内容丰富，具有如下特色：

（1）锤炼精品。采用最新国家标准，反映产业技术升级，引入企业新技术、新工艺，使教材知识内容保持先进性；邀请企业一线技术人员加入编写队伍，并邀请行业专家对稿件进行审读，保证教材的实用性和科学性。

（2）强化衔接。在教学重点、课程内容、能力结构以及评价标准等方面，与中等职业教育焊接技术应用专业有机衔接。

（3）产教结合。体现相关行业的发展要求，对接焊接岗位需求。教材不仅体现了职业教育的特点和规律，也能满足生产企业对高端技能型人才的知识和技能需求。

（4）体现标准。以教育部最新颁布的《高等职业学校专业教学标准（试行）》为依据，对原有知识体系进行优化和整合，体现教学改革和专业建设的最新成果。

（5）创新形式。采用最新的、符合学生认知规律和职业教育规律的编写体例，注重教材的新颖性、直观性和可操作性，开发与纸质教材配套的网络课程、虚拟仿真实训平台、主题素材库以及相关音像制品等多种形式的数字化配套教学资源。

教材的生命力在于质量与特色，衷心希望参与本系列教材开发的相关院校、行业企业及出版单位能够做到与时俱进，根据教育部高等职业教育改革和发展的形势及产业调整、专业技术发展的趋势，不断对教材内容和形式进行修改和完善，使之更好地适应高等职业学校人才培养的需要。同时，希望出版单位能够一如既往地依靠业内专家，与科研、教学、产业一线人员不断深入合作，争取出版更多的精品教材，为高等职业学校提供更优质的教学资源，为职业教育的发展做出更大的贡献。

衷心希望本套教材能充分发挥其应有的作用，也期待在这套教材的影响下，一大批高素质的高端技能型人才脱颖而出，在工作岗位上建功立业。

黑龙江省高职高专焊接专业教学指导委员会主任

2013 年春于哈尔滨

　　教材建设是高等职业院校教育教学工作的重要组成部分，其教材作为体现高等职业教育特色的知识载体和教学的基本工具，直接关系到高等职业院校教育能否为一线工作岗位培养符合要求的应用型人才。本书借鉴了各大高等职业院校近年来在力学课程内容和课程体系改革的经验，希望用有限的学时，使学生既掌握工程力学中最基本的知识、技能，又了解其在工程中的应用方法以及力学研究的历史过程及最新成果，同时还具备一定的综合分析能力，为后续专业课的学习奠定良好基础，真实发挥专业基础课的作用，为专业基础课的改革提供一定的参考。

　　本书主要内容分为两大部分：第一部分为刚体静力学，介绍静力分析基础以及平衡方程及其应用，培养学生对机械零部件、结构、工程中的应用进行受力分析和受力分类计算的初步能力；第二部分为材料力学，重点是构件的承载能力及稳定性校核，介绍材料失效的概念、构件的强度和刚度及其应用，培养学生初步掌握构件承载能力及稳定性的计算校核方法，使学生具备对简单工程实际问题综合定性分析与初步定量分析的能力。

　　本书针对高职教育的特点，力求通俗易懂，以项目式教学展开，以应用为主，突出实用性、典型性和教学的可操作性，着眼于学生在应用能力方面的培养。

　　本书在每个任务中安排有拓展知识，旨在激发学生的学习兴趣、拓宽学生的知识视野，培养学生的发散性思维和创新能力。在任务后配有练习题，可作为课后习题，以巩固学生的学习效果。

　　本书由张春东任主编，周延昌、岳燕星、杨淼森任副主编，姜雪燕、杨德云参与编写。其中，绪论、项目1～项目4及附录由张春东编写，项目8～项目10由周延昌编写，项目5～项目7由岳燕星编写，项目11由岳燕星和姜雪燕共同编写，杨淼森、杨德云参与了部分内容的编写。全书由张春东统稿。

　　由于编者水平有限，书中存在疏漏和不足之处在所难免，恳请读者批评指正。

编 者
2013 年 6 月

CONTENTS | # 目　录

绪论 ……………………………………………………………………………………… 1

项目 1　刚体静力学基础 ………………………………………………………………… 6

　　任务 1　载荷简化与约束反力 ………………………………………………………… 7

　　任务 2　静力学公理及应用 …………………………………………………………… 13

　　项目总结 ……………………………………………………………………………… 21

项目 2　共面力系的平衡 ……………………………………………………………… 22

　　任务 1　共面汇交力系的平衡 ………………………………………………………… 23

　　任务 2　共面力偶系的平衡 …………………………………………………………… 31

　　任务 3　共面一般力系的平衡 ………………………………………………………… 41

　　任务 4　物体系统的平衡 ……………………………………………………………… 53

　　项目总结 ……………………………………………………………………………… 58

项目 3　空间力系的平衡 ……………………………………………………………… 60

　　任务 1　空间任意力系的平衡 ………………………………………………………… 61

　　任务 2　物体的重心、形心 …………………………………………………………… 70

　　项目总结 ……………………………………………………………………………… 75

项目 4　摩擦 …………………………………………………………………………… 77

　　任务　考虑摩擦时物体的平衡 ………………………………………………………… 77

　　项目总结 ……………………………………………………………………………… 83

项目 5　材料力学基础 ………………………………………………………………… 84

　　任务 1　材料的力学性能 ……………………………………………………………… 84

　　任务 2　材料力学基本概念 …………………………………………………………… 88

　　项目总结 ……………………………………………………………………………… 93

项目 6　轴向拉（压）杆 ……………………………………………………………… 94

　　任务 1　轴向拉（压）杆的内力 ……………………………………………………… 95

　　任务 2　轴向拉（压）杆的应力与强度计算 ………………………………………… 101

　　任务 3　轴向拉（压）杆的刚度与超静定问题 ……………………………………… 112

　　项目总结 ……………………………………………………………………………… 125

项目 7　连接件 ………………………………………………………………………… 126

　　任务　连接件剪切与挤压的强度计算 ………………………………………………… 126

　　项目总结 ……………………………………………………………………………… 134

项目 8　圆轴扭转 ……………………………………………………………………… 135

　　任务 1　圆轴扭转的内力 ……………………………………………………………… 136

　　任务 2　圆轴扭转强度与刚度计算 …………………………………………………… 140

项目总结 ·· 154

项目9　平面弯曲梁 ·· 156

任务1　平面弯曲梁的内力 ·· 157

任务2　平面弯曲梁的应力与强度计算 ·· 173

任务3　平面弯曲梁的刚度与超静定问题 ·· 185

项目总结 ·· 198

项目10　组合变形 ··· 199

任务1　应力状态与强度理论的认知 ··· 200

任务2　强度理论在组合变形中的应用 ·· 206

项目总结 ·· 220

项目11　压杆的稳定性 ··· 221

任务　压杆的稳定性 ·· 222

项目总结 ·· 232

附录 ·· 233

附录1　热轧型钢规格表（新国家标准）（GB/T 706—2008） ··················· 233

附录2　热轧型钢规格表（旧国家标准） ·· 244

附录3　简单载荷作用下梁的变形 ··· 251

参考文献 ·· 254

绪　　论

一、力学简史

力学是物理学的一个分支，也是科学的一个分支，它记述和研究人类从自然现象和生产活动中认识和应用物体机械规律的历史。力学发展在历史年代顺序上和学科逻辑顺序上大体相同，这种发展反映出人类认识由简单到复杂逐步深化的过程。牛顿定律的建立是力学发展过程中重要的里程碑，经典力学从此奠定基础并根据学科自身的逻辑规律发展着。在近代和现代，力学随着研究内容的深入和研究领域的扩大逐渐形成各个分支，近年来又出现了跨分支、跨学科综合研究的趋势。

力学的发展是分析和综合相结合的过程。从总的发展趋势来看，牛顿运动定律建立以前力学研究的历史大致可分为两个时期：古代，从远古到公元 5 世纪，对平衡和运动有初步的了解；中世纪，从 6 世纪到 16 世纪，这个时期对力、运动以及它们之间的关系的认识已有发展，为牛顿运动定律的建立做了准备。

牛顿运动定律的建立和从此以后力学研究的历史大致可分为四个时期：从 17 世纪初到 18 世纪末，经典力学的建立和完善化；19 世纪，力学各主要分支的建立；从 1900 年到 1960 年，近代力学，它和工程技术特别是航空、航天技术密切联系；1960 年以后，现代力学，力学同计算技术和自然科学其他学科广泛结合。

二、力学的研究方法

力学的研究方法遵循认识论的基础法则：实践—理论—实践。力学作为基础科学和技术科学从不同侧面反映这个法则。力学家们根据对自然现象的观察，特别是定量观察的结果，根据生产工程中积累的经验或数据的关系。为了使这种关系反映事物的本质，力学家要善于抓住起主要作用的因素，摒弃或暂时摒弃一些次要因素。力学中把这种过程称为建立模型。质点、质点系、刚体、弹性体、黏性流体、连续介质等各种不同模型。在模型的基础上可以运用已知的力学或物理学的规律（必要时做一些假设）以及合适的数学工具进行理论上的演绎中，为使理论具有更高的概括性和更广泛的适用性，往往采用一些无量纲参数，例如雷诺数、马赫数、泊松比等。这些参数既反映物理本质，又是单纯数字，不受尺寸、单位制、工程性质、实验装置类型的牵制。根据第一个实践环节所得理论结论建立的模型是否合理，有待于新的观测、工程实践或者科学实验等第二个实践环节加以验证。采用上述无量纲参数以及通过有关的量纲分析，使得这种验证能在更广泛的范围内进行。对一个单独的类型课题或研究任务来说，这种实践和理论环节不一定能分得清，也可能和其他课题或任务的某个环节相互交叉，相互影响。课题或任务中每一项具体工作又可能只涉及一个环节或一个环节的一部分。因此，从局部看来，力学研究工作方式是多样的：有些只是纯数学的推理，甚至着眼于理论体系在逻辑上的完善；有些着重数值方法和近似计算；有些着重实验技术；有些着重在天文观测和考察自然现象中积累数据；而更大量的则是着重在运用现有力学知识来解决工程技术中或探索自然界奥秘中提出的具体问题。每一项工程又都需要具备自身有关的知识和其他学科的配合。数学推理需要各种现代数学知识，包括一些抽象数学分支的知识。数值方法和近似计算要了解计算技术、计算方法和计算数学。现代的力学实验设备，诸如大型的风洞、水洞，它们的建立和使用本身就是一个综合性的科学技术项目，需要多工种、多学科的协作。应用研究更需要对运用对象的工艺过程、材料性质、技术关键等有清楚的了解。在力学研究中既有细致的、独立的分工，又有综合的、全面的协作。从力学研究和对力学规律认识的整体来说，实践是检验理论正确与否的唯一标准。以上各种工作都是力学研究不可缺少的部分。

三、力学的性质

力学原是物理学的一个分支。物理科学的建立则是从力学开始的。在物理科学中，人们曾用纯粹力学理论解释机械运动以外的各种形式的运动，例如热、电磁、光、分子和原子内的运动等。当物理学摆脱了这种机械（力学）的自然观而获得健康发展时，力学则在工程技术的推动下按自身逻辑进一步演化，逐渐从物理学中独立出来。20世纪初，相对论指出牛顿力学不适用于速度接近光速或者宇宙尺度内的物体运动；20年代，量子力学指出牛顿力学不适用于微观世界。这反映人们对力学认识的深化，即认识到物质在不同层次上的机械运动规律是不同的。通常理解的力学只以研究宏观的机械运动为主，因而有许多带"力学"名称的学科如热力学、统计力学、相对论力学、电动力学、量子力学等习惯上被认为是物理学的分支，而不属于力学的范围。但由于历史的原因，力学和物理学仍有着特殊的亲缘关系，特别是在以上各"力学"分支和牛顿力学之间，许多概念、方法、理论都有不少相似之处。

力学与数学在发展中始终相互推动，相互促进。一种力学理论往往和相应的一个数学分支相伴产生，例如运动基本定律和微积分，运动方程的求解和常微分方程定性理论，弹性力学及流体力学的基本方程和数学分析理论，天体力学中运动稳定性和微分方程定性理论等。有人甚至认为力学是一门应用数学。但是力学和物理学一样，还有需要实验基础的一面，而数学寻求的是比力学更带普遍性的数学关系，两者有各自的研究对象。力学同物理学、数学等学科一样，是一门基础学科，它所阐明的规律带有普遍性质。

力学又是一门技术科学，它是许多工程技术的理论基础，又在广泛的应用工程中不断得到发展。当工程学还只分民用工程学（即土木工程学）和军事工程学两大分支时，力学在这两个分支中已起着举足轻重的作用。工程学越分越细，各分支中许多关键性的进展都有赖于力学中有关运动规律、强度、刚度等问题的解决。力学和工程学的结合促使工程力学各分支的形成和发展。现在，无论是历史较久的土木工程、生物医学工程等，都或多或少有工程力学的活动场地。力学作为一门技术科学，并不能代替工程学，只是指出工程技术中解决力学问题的途径，而工程学则从更综合的角度考虑具体任务的完成。同样地，工程力学也不能代替力学，因为力学还有探索自然界一般规律的任务。

力学既是基础科学，又是技术科学，这种二重性有时难免会引起侧重基础研究一面和侧重应用研究一面的力学家之间不同看法。但这种二重性也使力学家感到自豪，他们为沟通人类认识自然界和改造自然两个方面作出了贡献。

四、力学的分类

力学可粗分为静力学、运动学和动力学三部分，静力学研究力的平衡或物体的静止问题；运动学只考虑物体怎样运动，不讨论它与所受力的关系；动力学讨论物体运动和所受力的关系。

力学也可按所研究的对象区分为固体力学、流体力学和一般力学三个分支，流体包括流体和气体。固体力学和流体力学可统称为连续介质力学，它们通常都采用连续介质模型。固体力学和流体力学从力学分出后，余下部分组成一般力学。一般力学通常是指以质点、质点系、刚体、刚体系为研究对象的力学，有时还把抽象的动力学系统也作为研究对象。一般力学除了研究离散系统的基本力学规律外，还研究某些与现代工程技术有关的新兴学科的理论。一般力学、固体力学、流体力学这三个主要分支在发展过程中又因对象或模型的不同而出现一些分支学科和研究领域。属于一般力学的有理论力学（狭义的）、分析力学、外弹道学、振动理论、刚体动力学、陀螺力学、运动稳定性等。属于固体力学的有早期形成的材料力学、结构力学，稍后形成的弹性力学、塑性力学，近期出现的散体力学、断裂力学等。流体力学是由早期多相流体力学、渗流力学、非牛顿流体力学等分支。各分支学科间的交叉结果又产生粘弹性理论、流变学、气动弹性力学等。

力学也可按研究时所采用的主要手段区分为三个方面：理论分析、实验研究和数值计算。实验力学包括实验应力分析、水动力学实验和空气动力实验等。着重用数值计算手段的计算力学是广泛使用电子计算机后出现的，其中有计算结构力学、计算流体力学。对一个具体的力学课题或研究项目，往往需要理论、实验和计算三方面的相互配合。

力学在工程技术方面的应用结果形成工程力学或应用力学的各种学科分支，诸如土力学、岩石力学、爆炸力学、复合材料力学、工业空气动力学、环境空气动力学等。

力学和其他基础科学的结合也产生一些分支，最早的是天文学结合产生的天体力学。在 20 世纪特别是 60 年代以来，出现更多的这类交叉分支，其中有物理力学、物理—化学流体动力学、等离子体动力学、电流体动力学、磁流体力学、热弹性力学、理论力学、生物力学、生物流变学、地质力学、地球动力学、地球构造动力学、地球流体力学等。

力学分支的这种错综复杂情况是自然科学研究中综合和分析这两个不可分割的方面在力学发展过程中的反映。科学的发展总是分中有合，合中有分。

五、工程力学研究的对象

建筑物中承受载荷而起骨架作用的部分称为结构。结构是由若干构件按一定方式组合而成的。组成结构的各单独部分称为构件。例如：支承渡槽槽身的排架是由立柱和横梁组成的刚架结构，如图 0-1（a）所示；单层厂房结构由屋顶、楼板和吊车梁、柱等构件组成，如图 0-1（b）所示。结构受载荷作用时，如果不考虑建筑材料的变形，其几何形状和位置不会发生改变。

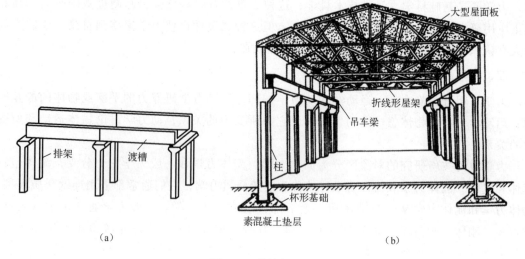

图 0-1　结构与构件

结构按其几何特征可分为以下三种类型：

（1）杆系结构。由杆件组成的结构。杆件的几何特征是其长度远远大于横截面的宽度和高度。

（2）薄壁结构。由薄板或薄壳组成。薄板或薄壳的几何特征是其厚度远远小于另两个方向的尺寸。

（3）实体结构。由块体构成。其几何特征是三个方向的尺寸基本为同一数量级。

工程力学的研究对象主要是杆系结构。

六、工程力学研究内容及任务

工程力学的任务是研究结构的几何组成规律以及在载荷的作用下结构和构件的强度、刚度和稳定性问题。研究平面杆系结构的计算原理和方法，为结构设计合理的形式，其目的是保证结构按设计要求正常工作，并充分发挥材料的性能，使设计的结构既安全可靠又经济合理。

进行结构设计时，要求在受力分析基础上，进行结构的几何组成分析，使各构件按一定的规律组成结构，以确保在载荷的作用下结构几何形状不发生改变。

结构正常工作必须满足强度、刚度和稳定性的要求。

强度是指抵抗破坏的能力。满足强度要求就是要求结构的构件在正常工作时不发生破坏。

刚度是指抵抗变形的能力。满足刚度要求就是要求结构的构件在正常工作时产生的变形不超过允许范围。

稳定性是指结构或构件保持原有的平衡状态的能力。满足稳定性要求就是要求结构的构件在正常工作时不突然改变原有平衡状态，以免因变形过大而破坏。

工程力学主要研究以下几个部分的内容：

（1）静力学基础。这部分是工程力学的重要基础理论，包括物体的受力分析、力系的简化与平衡等刚体静力学基础理论。

（2）杆件的承载能力计算。这部分是计算结构承载能力计算的实质，包括基本变形杆件的内力分析和强度、刚度计算，压杆稳定和组合变形杆件的强度、刚度计算。

（3）静定结构的内力计算。这部分是静定结构承载能力计算和超静定结构计算的基础，包括研究结构的组成规律、静定结构的内力分析和位移计算等。

（4）超静定结构的内力分析。这部分是超静定结构的强度和刚度问题的基础，包括力法、位移法、力矩分配法和矩阵位移法等求解超静定结构内力的基本方法。

项目 ❶ 刚体静力学基础

项目引入

本项目介绍静力学的基本概念、基本公理，以及工程中常见的约束与约束反力、刚体受力图的画法及分析、平面几何体系的几何组成。刚体静力学是一门研究物体在力系作用下的平衡规律的学科，它是工程力学的基础部分，为后续材料力学和外力的分析与计算奠定基础，例如，图1-1所示的内燃机连杆机构及传动轴，图1-2所示的虎钳，这些构件的受力模型、受力分析及计算都是静力学要解决的问题。

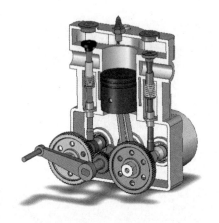

图1-1　内燃机连杆机构及其传动轴

图1-2　虎钳

目标要求

知识目标

- 熟悉载荷的简化与约束及约束反力。
- 掌握静力学四个公理。
- 掌握结构计算简图的简化。
- 掌握物体的受力分析，画受力图。
- 掌握几何不变体系的组成规则，能对简单体系作几何组成分析。
- 了解静定与超静定结构概念。

能力目标

- 绘制结构的计算简图。

- 能熟练进行受力分析和画受力图。
- 会应用几何不变体系的组成规则，对平面体系进行几何组成分析。

任务1　载荷简化与约束反力

任务目标

工程上所遇到的物体通常分两种：一种是可以在空间做任意运动的物体，称为自由体，例如飞机、火箭等；另一种是受到其他物体的限制，沿着某些方向不能运动的物体，称为非自由体，例如悬挂的重物，因为受到绳索的限制，使其在某些方向不能运动而成为非自由体，这种阻碍物体运动的限制称为约束。约束通常是通过物体间的直接接触形成的。

既然约束阻碍物体沿某些方向运动，那么当物体沿着约束所阻碍的运动方向运动或有运动趋势时，约束对其必然有力的作用，以限制其运动，这种力称为约束反力，简称反力。约束反力的方向总是与约束所能阻碍的物体的运动或运动趋势的方向相反，它的作用点就是约束与被约束的物体的接触点，大小可以通过计算求得。

工程上通常把能使物体主动产生运动或运动趋势的力称为主动力，例如重力、风力、水压力等。通常主动力是已知的，约束反力是未知的，它不仅与主动力的情况有关，同时也与约束类型有关。本任务将介绍工程实际中常见的几种约束类型及其约束反力的特性。

基础知识

一、静力学基本概念

静力学是研究物体的平衡问题的科学。主要讨论作用在物体上的力系的简化和平衡两大问题。所谓平衡，在工程上是指物体相对于地球保持静止或匀速直线运动状态，它是物体机械运动的一种特殊形式。

（一）刚体的概念

工程实际中的许多物体，在力的作用下，它们的变形一般很微小，对平衡问题影响也很小，为了简化分析，我们把物体视为刚体。所谓刚体，是指在任何外力的作用下，物体的大小和形状始终保持不变的物体。静力学的研究对象仅限于刚体，所以又称之为刚体静力学。

绝对刚硬的物体在客观世界中并不存在，刚体是一种理想化的力学模型。在所研究的问题中，物体的变形可以不予考虑，这是刚体概念所反映和概括的本质特征。需强调指出，一个物体是否被视为刚体，应取决于所研究问题的性质，如果研究物体的平衡，则变形可不考虑，则此物体可视为刚体，如果研究的是物体在受外力下是否断裂，则变形不可被忽略，需将其视为变形体。

提示

刚体仅是解决力学问题的模型，并不真实存在。

（二）力的概念

力的概念是人们在长期的生产劳动和生活实践中逐步形成的，通过归纳、概括和科学的抽象而建立的。力是物体之间相互的机械作用，这种作用使物体的机械运动状态发生改变，或使物体产生变形。力使物体的运动状态发生改变的效应称为外效应，而使物体发生变形的效应称为内效应。刚体只考虑外效应；变形固体还要研究内效应。经验表明，力对物体的作用效应完全决定于以下力的三要素。

1. 力的大小

力的大小是物体相互作用的强弱程度。在国际单位制中，力的单位用牛顿（N）或千牛顿（kN），$1 \text{ kN} = 10^3 \text{ N}$。

2. 力的方向

力的方向包含力的方位和指向两方面的涵义。例如，重力的方向是"竖直向下"。"竖直"是力作用线的方位，"向下"是力的指向。

3. 力的作用点

力的作用点是指物体上承受力的部位。一般来说是一块面积或体积，称为分布力；而有些分布力分布的面积很小，可以近似看作一个点时，这样的力称为集中力。

如果改变了力的三要素中的任一要素，也就改变了力对物体的作用效应。既然力是有大小和方向的量，所以力是矢量。可以用一带箭头的线段来表示。

二、约束与约束反力

（一）柔索约束

绳索、链条、皮带等属于柔索约束。理想化条件：柔索绝对柔软、无重量、无粗细、不可伸长或缩短。由于柔索只能承受拉力，所以柔索的约束反力作用于接触点，方向沿柔索的中心线而背离物体，恒为拉力。如图1-3和图1-4所示为链条和皮带。

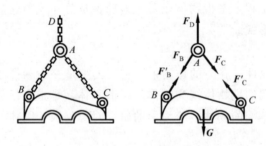

图1-3　起吊减速器盖

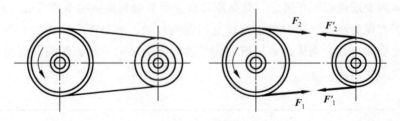

图1-4　皮带对轮的约束力

（二）光滑接触面约束

当物体接触面上的摩擦力可以忽略时，即可看作光滑接触面，这时两个物体可以脱离开，也可以沿光滑面相对滑动，但沿接触面法线且指向接触面的位移受到限制。所以光滑接触面约束反力作用于接触点，沿接触面的公法线且指向物体，为压力，如图 1-5 和图 1-6 所示。

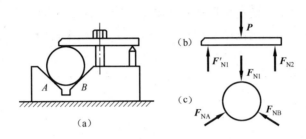

图 1-5　夹具中的 V 型块

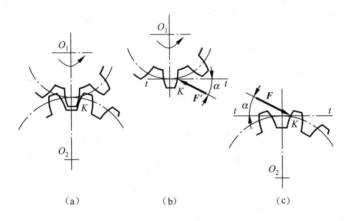

图 1-6　变速箱中的齿轮

（三）光滑铰链约束

两个物体用光滑圆柱形销钉相连接，二者都可绕销钉自由转动，在不计摩擦时，即构成光滑圆柱形铰链连接。此时，销钉对所连接物体移动形成约束。这种由铰链构成的约束，称为铰链约束。在机构简图中，光滑圆柱形铰链通常用一小圆圈表示，如图 1-7 所示。这类约束的本质是光滑接触面约束，因其接触点位置未定，所以只能确定铰链的约束反力为一通过销钉中心的大小和方向均无法确定的未知力，通常此力用两个正交分力 F_{Cx}、F_{Cy} 来表示。

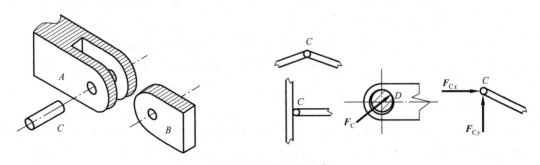

图 1-7　光滑铰链约束

铰链约束是工程上常见的约束，一般根据连接物体的形状、位置及作用，可以分为以下几种形式。

1. 固定铰链支座

图 1-8 所示为固定铰链支座。当不计摩擦时，则销钉与构件圆孔间的接触是两个光滑圆柱面的接触。但因接触点的位置同样不能确定，所以约束反力的方向也就不能预先确定。因此，通常用通过铰链中心的两个互相垂直的分力 F_x 和 F_y 来表示，固定铰连接的简化表示法如图 1-8（d）所示。

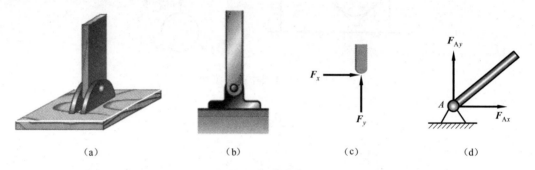

(a) (b) (c) (d)

图 1-8　固定铰链支座

2. 活动铰链支座

活动铰链约束的支座没有固定在地、墙或机架上，而是在支座底座与支撑面间装有几个可以滚动的辊轴，这样即可构成活动铰链支座或辊轴支座，其结构及力学简图如图 1-9 所示。

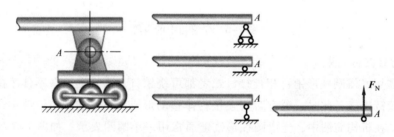

图 1-9　活动铰链支座

活动铰链支座只能限制被约束物体沿支座支撑面法线方向的移动。活动铰链支座的约束力作用线垂直于支撑面且过铰心。

活动铰链约束常用在桥梁、屋架等工程结构中。如果桥梁的一端用固定铰支座，另一端则要用活动铰链支座，当桥梁因热胀冷缩而长度稍有变化时，活动支座可相应地沿支承面移动。

3. 链杆约束

两端以铰链与其他物体连接中间不受力且不计自重的刚性直杆称为链杆，如图 1-10 所示。这种约束反力只能限制物体沿链杆轴线方向运动，因此链杆的约束反力沿着链杆，两端中心连线方向，指向或为拉力或为压力。

图 1-10　链杆约束

4. 中间铰链约束

中间铰链约束是指两构件都能围绕销钉轴线自由转动，如图 1-11 所示的手钳。中间铰链因其主动力方向不确定，因此中间铰链的约束反力也不确定，应用一对正交分力表示这个不确定的力。

图 1-11　手钳

拓展知识

工程力学分析工具简介一：MATLAB 和 Mathcad 软件

1. MATLAB

MATLAB 产品族可以用来进行以下工作：

- 数值分析；
- 数值和符号计算；
- 工程与科学绘图；
- 控制系统的设计与仿真；
- 数字图像处理技术；
- 数字信号处理技术；
- 通信系统设计与仿真；
- 财务与金融工程。

MATLAB 的应用范围非常广，包括信号和图像处理、通信、控制系统设计、测试和测量、财务建模和分析以及计算生物学等众多应用领域。附加的工具箱（单独提供的专用MATLAB 函数集）扩展了 MATLAB 环境，以解决这些应用领域内特定类型的问题。

MATLAB 包括拥有数百个内部函数的主包和三十几种工具包。工具包又可以分为功能性工具包和学科工具包。功能工具包用来扩充 MATLAB 的符号计算，可视化建模仿真，文字处理及实时控制等功能。学科工具包是专业性比较强的工具包，控制工具包、信号处理工具包、通信工具包等都属于此类。

开放性使 MATLAB 广受用户欢迎。除内部函数外，所有 MATLAB 主包文件和各种工具包都是可读可修改的文件，用户通过对源程序的修改或加入自己编写程序构造新的专用工具包。

Matlab Main Toolbox　matlab 主工具箱

Control System Toolbox　控制系统工具箱

Communication Toolbox　通信工具箱

Financial Toolbox　财政金融工具箱

System Identification Toolbox　系统辨识工具箱

Fuzzy Logic Toolbox　模糊逻辑工具箱

Higher – Order Spectral Analysis Toolbox　高阶谱分析工具箱

Image Processing Toolbox　图像处理工具箱

LMI Control Toolbox　线性矩阵不等式工具箱

Model predictive Control Toolbox　模型预测控制工具箱

μ – Analysis and Synthesis Toolbox　μ 分析工具箱

Neural Network Toolbox　神经网络工具箱

Optimization Toolbox　优化工具箱

Partial Differential Toolbox　偏微分方程工具箱

Robust Control Toolbox　鲁棒控制工具箱

Signal Processing Toolbox　信号处理工具箱

Spline Toolbox　样条工具箱

Statistics Toolbox　统计工具箱

Symbolic Math Toolbox　符号数学工具箱

Simulink Toolbox　动态仿真工具箱

Wavele Toolbox　小波工具箱

2. Mathcad

Mathcad 是由 MathSoft 公司（2006 年 4 月被美国 PTC 收购）推出的一种交互式数值计算系统。

Mathcad 是一种工程计算软件，作为工程计算的全球标准，与专有的计算工具和电子表格不同，Mathcad 允许工程师利用详尽的应用数学函数和动态、可感知单位的计算来同时设计和记录工程计算。独特的可视化格式和便笺式界面将直观、标准的数学符号、文本和图形均集成到一个工作表中。

当输入一个数学公式、方程组、矩阵等，计算机将直接给出计算结果，而无须去考虑中间计算过程。因而 Mathcad 在很多科技领域中承担着复杂的数学计算，图形显示和文档处理，是工程技术人员不可多得的有力工具。

Mathcad 有五个扩展库，分别是求解与优化、数据分析、信号处理、图像处理和小波分析。

Mathcad 采用接近在黑板上写公式的方式让用户表述所要求解的问题，通过底层计算引擎计算返回结果并显示在屏幕上。计算过程近似透明，使使用户专注于对问题的思考而不是烦琐的求解步骤。

综合练习

1. 限制物体运动的_____称为该物体的约束，促使物体产生运动或运动趋势的力称为_____，限制物体运动或运动趋势的力称为_____，约束力的方向与物体运动或运动趋势的方向_____。

2. 柔性约束的约束力的作用线沿柔体的_____，方向_____受力物体。

3. 光滑面约束的约束力方向沿接触面的_____，方向_____受力物体。

4. 若固定铰链支座和中间铰链约束的是_____构件时，约束力沿两铰链中心的_____，作用线是确定的。

任务 2　静力学公理及应用

任务目标

静力学公理是人们在长期的生活和生产实践中总结概括出来的，这些公理简单而明显，也无须证明而为大家所公认。它们是静力学的基础和解决静力学问题的关键。本任务要求掌握静力学公理及其推论，并结合约束与约束反力完成受力分析。

基础知识

一、静力学公理

公理 1　二力平衡公理

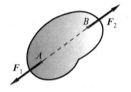

作用在刚体上的两个力，使刚体处于平衡状态的充分必要条件是这两个力大小相等、方向相反、并作用在同一条直线上，如图 1-12 所示。此二力的矢量关系为 $F_1 = -F_2$。

图 1-12　二力平衡

 提 示

对于变形体，二力等值、反向、共线只是其平衡的必要条件。因此，二力平衡只适用于刚体。

一般来说，只受两个力作用而平衡的构件，都称为二力构件，如果该构件为杆件，则称为二力杆，二力杆可以是直杆，也可以是不考虑变形的曲杆或折杆，如图 1-13 所示。在工程计算中，通常杆类零件不计自重。二力构件的概念大大简化了力学构件的受力分析和计算，它是工程力学的一个重要概念。

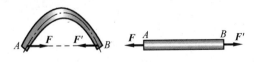

图 1-13　二力杆

公理2 加减平衡力系公理

满足力系平衡条件的力系称为平衡力系。平衡力系不能改变刚体的运动状态。在作用于刚体的任意力系中，加上或减去平衡力系，并不改变原力系对刚体作用效应。

由这一公理还可引出力的可传性。

推论1 力的可传性原理

作用于刚体上的力可以沿其作用线移至刚体内任意一点，而不改变该力对刚体的效应。

证明：设力 F 作用于刚体的 A 点，如图1–14所示，在力 F 作用线上任选一点 B，在 B 点上加一对平衡力 F_1 和 F_2，且 $F_1 = F_2 = F$，则 F_1、F_2、F 构成的力系与 F 等效，由力的平衡条件可知 F 和 F_1 构成平衡力，将其从刚体上减去不影响刚体的运动状态，此时，相当于力 F 已由 A 点沿作用线移到了 B 点。

由此可知，作用于刚体上的力是滑移矢量，因此作用于刚体上力的三要素为大小、方向和作用线。

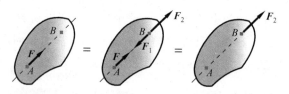

图1–14 刚体受力

提 示

力的可传性是针对于一个刚体而言的，即作用在同一刚体上的力可沿其作用线移动到该刚体上任意点。

公理3 力的平行四边形法则

作用于物体上同一点的两个力可以合成为作用于该点的一个合力，它的大小和方向由以这两个力的矢量为邻边所构成的平行四边形的对角线来表示。如图1–15（a）、（b）所示，以 R 表示力 F_1 和力 F_2 的合力，则可以表示为 $R = F_1 + F_2$，即作用于物体上同一点两个力的合力等于这两个力的矢量合。

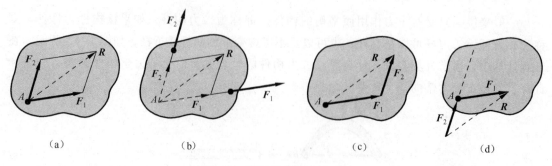

（a）   （b）   （c）   （d）

图1–15 力的平行四边形法则

思考

多个力如何合成？

在求共点两个力的合力时，常采用力的三角形法则。应用力的可传性平移力 F_1 或力 F_2，使其二力的箭头首尾相接，最后连接箭头的起点和终点得到矢量 R 即为合力，如图 1-15（c）、（d）所示。分力与合力构成的三角形称为力的三角形，这种合成方法称为力的三角形（合成）法则。

推论2 三力平衡汇交定理

刚体受同一平面内互不平行的三个力作用而平衡时，则此三力的作用线必汇交于一点。

证明：设三个力 F_1、F_2、F_3 分别作用在刚体上三个点 A_1、A_2、A_3，三个力互不平行，且为平衡力系，如图 1-16（a）所示。根据力的可传性，将力 F_1 和 F_2 移至汇交点 O，根据力的平行四边形法则得合力 F_{12}，如图 1-16（b）所示。因刚体平衡，则力 F_3 与 F_{12} 平衡，由于二力平衡公理知，F_3 与 F_{12} 必共线，所以 F_3 作用线必过点 O。

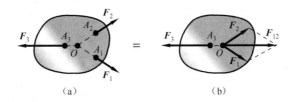

（a）   （b）

图   1-16

公理4 作用力与反作用力公理

两个物体间相互的作用力总是同时存在，它们的大小相等，指向相反，并沿同一直线分别作用在这两个物体上。

物体间的作用力与反作用力总是同时出现，同时消失。可见，自然界中的力总是成对存在，而且分别作用在相互作用的两个物体上。这个公理概括了任意两物体间的相互作用的关系，不论是刚体或是变形体，不管物体是静止的还是运动的都适用。应该注意的是，作用力与反作用力虽然等值、反向、共线，但它们不能平衡，因为二者分别作用在两个物体上，不可与二力平衡公理混淆起来。

公理5 刚化公理

变形体在某一力系作用下处于平衡时，如果将其刚化为刚体，其平衡状态保持不变。

刚化公理提供了将变形体看作刚体的条件。例如，可将平衡的绳索刚化为刚性杆，其平衡状态不变，如图 1-17所示。

图   1-17

二、受力分析

确定物体受到几个力的作用、每个力的作用位置和方向，这一分析过程称为物体的受力分析。为了清晰地表示物体（即研究对象）的受力情况，需要将其从约束中分离出来，单独画出它的结构简图，这一步骤称为解除约束、取分离体。在分离体上表示物体受力情况的简图称为受力图。画受力图的步骤可概括如下：

（1）根据题意选取研究对象，用尽可能简明的轮廓把它单独画出，即取分离体。

（2）画出作用在分离体上的全部主动力。

（3）根据各类约束性质逐一画出约束力。

（4）检查受力图画的是否正确，是否错画、多画、漏画。

 简 记

确定对象取分离，画全主动约束力。

例 1-1 图 1-18（a）所示 *AB* 杆重为 *G*，试画出 *AB* 杆的受力图。

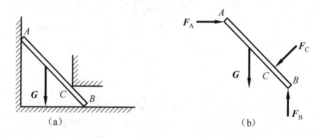

图 1-18

 提 示

在没有明确指出重力和摩擦力时，表明重力与摩擦力可忽略。

解：（1）将杆分离出来，如图 1-18（b）所示。

（2）画主动力。主动力为 *AB* 杆产生的重力 *G*。

（3）画约束反力。*AB* 杆与墙面接触点 *A*、*B*、*C* 为光滑接触面约束，*AB* 杆所受力 F_A、F_B、F_C 通过接触点，方向为接触点所在曲线（曲面）的法线方向，指向被约束体——*AB* 杆。

在对物体进行受力分析时，有时可利用简单的平衡条件，例如，二力平衡公理，三力平衡汇交定理以及作用力反作用力公理，正确、简洁地画出物体的受力图。

例 1-2 用力 *F* 拉动压路的碾子。已知碾子重为 *P*，并受到固定石块 *A* 的阻挡，如图 1-19（a）所示。试画出碾子的受力图。

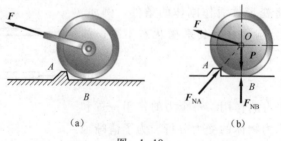

图 1-19

解：（1）取碾子为研究对象，解除约束，画出其结构简图，如图1-19（b）所示。

（2）作用在碾子上的主动力有拉力 F 和重力 P。

（3）碾子在 A、B 两点受到石块和地面的约束，约束力分别为 F_{NA} 和 F_{NB}，不计摩擦，约束力都沿接触点的公法线指向碾子的中心。碾子的受力如图1-19（b）所示。

思 考

在碾子即将越过石块的瞬时，其受力图有何变化呢？画图时是否可以应用公理？

例1-3 如图1-20（a）所示，AB、CD 杆铰接于 C 点，并分别与地面铰接于 B、D 点，AB 杆在 A 点受到力 F 的作用，试画出 AB 杆的受力图。

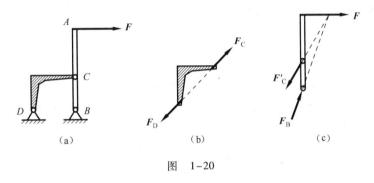

图 1-20

提 示

力学模型中的二力杆往往是解题的关键。

解：（1）分析研究对象 AB 杆的受力。AB 杆受主动力 F 的作用，并在 C（中间铰链）、B（固定铰链）点受到铰链约束，两点铰链约束的受力方向都是不可确定的，故可将两点铰链约束的受力分别按两个正交分力画出。

（2）AB 杆在中间铰 C 点所受约束为 CD 杆通过销钉传至，进而可分析 CD 杆的受力，分析是否在 C 点可确定受力方向。经观察，在不计自重和摩擦的情况下，CD 杆仅在 C、D 两点受力并处于平衡状态，因此判定 CD 杆为二力杆，其受力如图1-20（b）所示。

（3）F_C 和 F_C' 互为作用力和反作用力，因此，AB 杆在 C 点的受力方向可以确定，而 AB 杆仅在 A、C、B 三点受到互相不平行的力，且保持平衡状态，因此这三个力必汇交于一点。

当所研究的对象由多个物体组成，也可取由几个物体组成的系统为研究对象，取分离体。此时，必须考虑作用力与反作用力，区分内力和外力。分离体内任何两部分间互相作用的力称为内力，它们成对出现，组成平衡力系，不必画出。

例1-4 屋架如图1-21（a）所示。A 处为固定铰链支座，B 处为滚动支座。已知屋架自重 P，均匀分布的风力垂直作用在 AC 边上，载荷强度为 q_0。试画出屋架的受力图。

解：取屋架为研究对象。作用在屋架上的主动力有重力及均布的风力。固定铰约束力通过铰链中心 A 点，但方向不能确定，以 F_{Ax} 和 F_{Ay} 表示。滚动支座的约束力 F_{NB} 垂直向上。屋架受力如图1-21（b）所示。

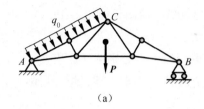
(a)

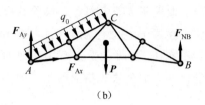
(b)

图　1-21

画受力图时应注意下述三点：

（1）一般除重力和已给出的力外，物体只有与周围其他物体相互接触或连接的地方才有力的相互作用。因此在画受力图时，除了要画出主动力和已给出的力外，应根据这些接触或连接地方的约束类型画出相应的约束反力。

（2）约束反力应根据约束的类型画出，而不应该根据主动力去猜测。在画受力图时常会遇到如下两种情况：

① 若刚体是受到三个力的作用而平衡时，则可根据三力平衡汇交定理，直接判断出约束反力的方向。不过，为了方便计算，也可根据约束的类型把约束反力分解为水平与铅垂方向的两个分力。

② 若碰到二力构件，则约束反力应在两个受力点的连线上，这种约束反力应先画出。

（3）画刚体系整体的受力图时，内力不要画上。为了简便起见，也可不取分离体而在原图上画受力图。但若要画刚体系中某一个刚体的受力图时，则必须取分离体，然后在分离体上画上该刚体所受到的各主动力与约束反力。

 拓展知识

工程力学分析工具简介二：Mathematica 软件

Mathematica 是一款科学计算软件，很好地结合了数值和符号计算引擎、图形系统、编程语言、文本系统和与其他应用程序的高级连接。很多功能在相应领域内处于世界领先地位，截至 2009 年，它也是目前使用最广泛的数学软件之一。Mathematica 的发布标志着现代科技计算的开始。自从 20 世纪 60 年代以来，在数值、代数、图形和其他方面应用广泛，Mathematica 是世界上通用计算系统中最强大的系统。自从 1988 发布以来，它已经对如何在科技和其他领域运用计算机产生了深刻的影响。

最初，Mathematica 的影响主要限于物理学、工程学和数学领域。但是，随着时间的变化，Mathematica 在许多重要领域得到了广泛的应用。现在，它已经被应用于科学的各个领域——物理、生物、社会学和其他。许多世界顶尖科学家都是它的忠实支持者。它在许多重要的发现中扮演着关键的角色，并是数以千计的科技文章的基石。在工程中，Mathematica已经成为开发和制造的标准。世界上许多重要的新产品在它们的设计某一阶段或其他阶段都依靠了 Mathematica 的帮助。在商业上，Mathematica 在复杂的金融模型中扮演了重要的角色，广泛地应用于规划和分析。同时，Mathematica 也被广泛应用于计算机科学和软件发展：它的语言元件被广泛地用于研究、原型和界面环境。

Mathematica 的用户群中最主要的是科技工作者和其他专业人士。但是，Mathematica 还被广泛地用于教学中。从高中到研究生院的数以百计的课程都使用它。此外，随着学生版的出现，Mathematica 已经在全世界的学生中流行起来，成为了一个实用且受欢迎的工具。

Mathematica 的开发工作是由世界级的队伍组成的。这支队伍自从成立以来一直由史蒂芬·沃尔夫勒姆领导。Mathematica 的成功使得公司能够集中注意力在非常长远的目标上，运行独特的研发项目，以及通过各种各样的免费网站支持世界各地的知识爱好者。

长期以来，Mathematica 核心设计的普遍性使得其涉及的领域不断增长。从刚开始是一个主要用于数学和科技计算的系统，到现在发展成许多计算领域的主要力量，Mathematica 已经成为世界上最强大的通用计算系统。

综合练习

1. 填空题

（1）力是物体间相互的_____作用，这种作用使物体的_____和_____发生改变。力使物体的运动状态发生改变称为力的_____；使物体的形状尺寸发生改变称为力的_____。

（2）在两个力作用下平衡的构件称为_____，此两力的作用线必过这两力作用点的_____。

（3）平衡力系是合力等于_____的力系；物体在平衡力系作用下总是保持_____或_____运动状态；_____是最简单的平衡力系。

（4）在构件的分离体上，按已知条件画出_____力；按不同约束模型的约束力的方向、指向画出全部_____力，得到的图称为构件的受力图。

2. 作图题

（1）画出图 1-22 所示物体的受力图。未画重力的物体的重量均不计，所有接触处都为光滑接触。

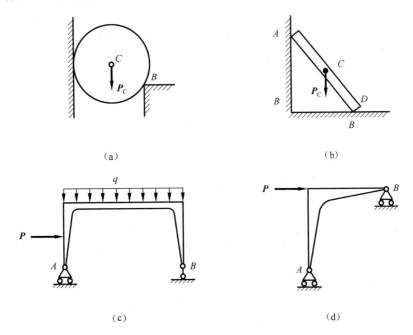

（a）   （b）

（c）   （d）

图 1-22

（2）画出图 1-23 中 *AB* 杆的受力图，未画重力的物体不计自重，所有接触均为光滑接触。

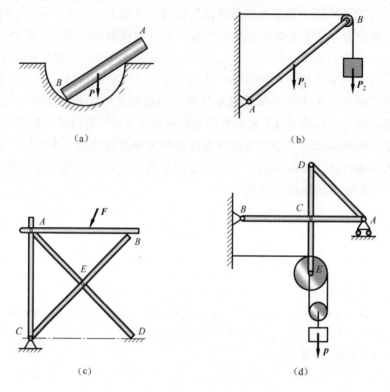

图 1-23

（3）画出图 1-24 所示系统的整体受力图，未画重力的物体不计自重，所有接触均为光滑接触。

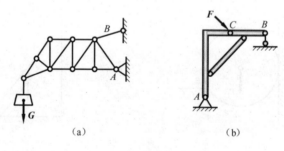

图 1-24

（4）一重量为 F_{G1} 的起重机停放在两跨梁上，被起重物体的重量为 F_{G2}，如图 1-25 所示。试分别画出起重机、*AC* 梁、*CD* 梁的受力图，梁的自重不计。

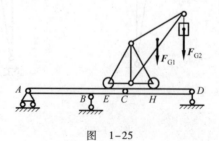

图 1-25

项 目 总 结

本项目是刚体静力学的基础，介绍了刚体静力学的基本公理、实际约束的简化及受力分析，重点是公理的应用和约束的受力特点，难点是抽象力学模型的过程及力学模型的受力分析。本项目知识结构如图1-26所示。

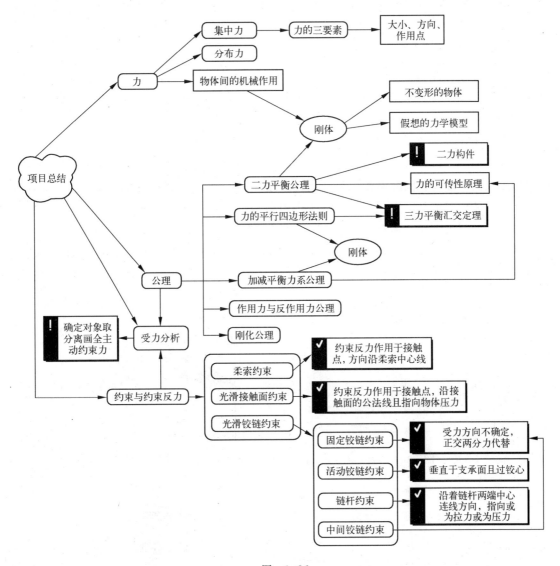

图　1-26

项目❷ 共面力系的平衡

本项目介绍共面力在平面直角坐标系内的投影、力矩、力偶和力的平衡定理等知识，利用项目一和本项目的所学知识得出各共面力系的平衡条件和平衡方程，利用这些方程解决实际力学平衡问题。

项目1中已经介绍了力的平行四边形法则和力的三角形（合成）法则，可以通过其做力的合成，但是，这种基于几何合成求合力的方法由于作图的精确程度的影响，限制了所求合力结果的准确性，同时操作过程也比较烦琐。例如图2-1所示的发射塔，为了得到与耗材、周边环境等综合因素相配合的链索牵引最佳角度，使用几何合成法显然达不到工程实际对结果的要求，那么还有什么方法可以解决这种工程实际问题呢？

图2-2、图2-3和图2-4所示的又是什么样的力系呢，这样的工程实际问题又将如何解决？

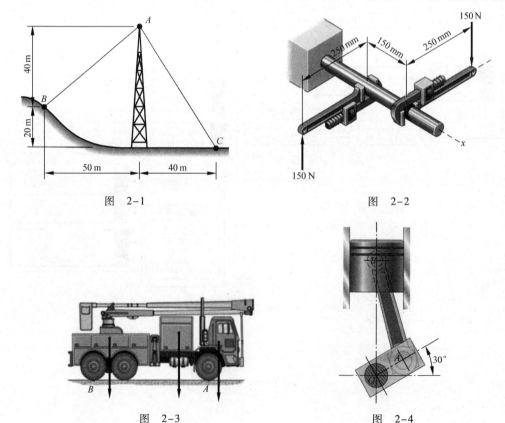

图 2-1

图 2-2

图 2-3

图 2-4

目标要求

知识目标

- 掌握力的投影、力矩、力偶矩的计算。
- 熟悉合力投影定理、合力矩定理。
- 了解力偶及其性质。
- 掌握共面特殊力系平衡方程。
- 掌握简单刚体（系）的平衡。

能力目标

- 熟练地进行力的投影、合成、力矩、力偶矩的计算。
- 熟练地应用共面平衡方程解决工程实际问题。

任务 1　共面汇交力系的平衡

任务目标

本任务讲解共面汇交力系合成的方法与结果、共面汇交力系的平衡条件及其应用，静力学公理是本任务的知识基础，本任务中所得到的结果可用于解决工程问题，而且是进一步研究复杂力系的简化与平衡条件的基础。

基础知识

一、力系的概念

1. 力系

作用在物体上的一组力称为力系，按照力系中各力作用线分布的不同形式，力系可分为以下四种：

（1）汇交力系。力系中各力作用线汇交于一点，如图 2-1 所示。

（2）力偶系。力系中各力可以组成若干力偶或力系由若干力偶组成，如图 2-2 所示。

（3）平行力系。力系中各力作用线相互平行，如图 2-3 所示。

（4）一般力系。力系中各力作用线既不完全汇交于一点，也不完全相互平行，如图 2-4 所示。

根据各力作用线是否在同一平面内，可分为共面力系（或平面力系）和空间力系，上述力系在其中也有其各自的分类，例如共面汇交力系、空间汇交力系等。

2. 等效力系

两个力系对物体的作用效果相同，则称这两个力系互为等效力系，若一个力与一个力系等效时，则称该力为力系的合力，而力系中的每一个力称为其合力的分力。

3. 平衡力系

若刚体在某力系作用下保持平衡，则该力系为平衡力系，力系中的各力相互平衡。或者说，各力对刚体产生的运动相应相互抵消。可见，平衡力系是对刚体作用效应为零的力系。

二、力的分解与投影

1. 力的分解

给定两个作用于一点的力，可以用力的平行四边形法则求二力的合力，且此合力是唯一确定的，如果给定一个力，也可以用力的平行四边形法则将其分解为两个力，为得到唯一确定的结果，则需要对分力的大小、方向等附件给出一定的限制条件。工程中经常用到的一种情况是给定两个分力的作用线方向，求分力大小。

已知力矢量 $F_R = AB$，给定它的两个分力的作用线与矢量 F_R 的夹角分别为 α 和 β。这时，以 $F_R = AB$ 为对角线，以与 F_R 夹角分别为 α 和 β 的边 AC 和 AD 为边作 $\square ABCD$，得到两个分力 $F_1 = AD$，$F_2 = AC$ 分力的大小可以从 $\triangle ABC$ 中解出，如图 2-5 所示。

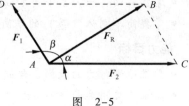

图 2-5

 思 考

如何解出？

2. 力的投影

如图 2-6 所示，设力 F 作用于刚体上的 A 点，在力作用的平面内建立坐标系 Oxy，力 F 的起点和终点分别向 x 轴作垂线，得到线段 X，将其分别冠以相应的正、负号称为力 F 在 x 轴上的投影，同理，力 F 在 y 轴上的投影用 Y 表示。

力在坐标轴上的投影是代数量，其正负号规定如下：力的投影由起始端到末端与坐标轴正向一致，其投影取正号；反之取负号。投影与力的大小及方向有关，即

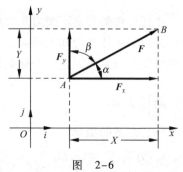

图 2-6

$$\left. \begin{array}{l} F_x = F\cos\alpha \\ F_y = F\cos\beta = F\sin\alpha \end{array} \right\} \tag{2-1}$$

式（2-1）中，α、β 分别为 F 与 x、y 轴正向所夹的锐角；反之，若已知力 F 在坐标轴上的投影 X、Y，则该力的大小及方向余弦为

$$\left. \begin{array}{l} F = \sqrt{F_x^2 + F_y^2} \\ \cos\alpha = \dfrac{F_x}{F} \end{array} \right\} \tag{2-2}$$

应当注意，力的投影和力的分量是两个不同的概念。投影是代数量，而分力是矢量；投影无所谓作用点，而分力作用点必须作用在原力的作用点上。另外，仅在直角坐标系中，力在坐标上的投影的绝对值和力沿该轴的分量的大小相等。

三、共面汇交力系的合成

1. 合力投影定理

力系的合力在任一坐标轴的投影，等于该力系中各力在同一坐标轴投影的代数和。计

算公式为

$$
\left.\begin{array}{l}
F_{\Sigma x} = F_{1x} + F_{2x} + \cdots + F_{nx} = \sum_{i=1}^{n} F_{ix} \\
F_{\Sigma y} = F_{1y} + F_{2y} + \cdots + F_{ny} = \sum_{i=1}^{n} F_{iy}
\end{array}\right\} \tag{2-3}
$$

式中　$F_{\Sigma x}$、$F_{\Sigma y}$——合力 F_Σ 在 x、y 坐标轴上的投影；

$\sum_{i=1}^{n} F_{ix}$、$\sum_{i=1}^{n} F_{iy}$——力系中的各力在 x、y 坐标轴上的投影的代数和，简写为 $\sum F_x$、$\sum F_y$。

用解析法求共面汇交力系的合成时，首先在其所在的平面内选定坐标系 oxy。求出力系中各力在 x、y 轴上的投影，由合力投影定理得

$$
\left.\begin{array}{l}
F_\Sigma = \sqrt{\left(\sum F_x\right)^2 + \left(\sum F_y\right)^2} \\
\alpha = \arctan \left|\dfrac{\sum F_y}{\sum F_x}\right|
\end{array}\right\} \tag{2-4}
$$

式中　F_Σ——力系的合力，（N）；

　　　α——合力与坐标轴之间所夹的锐角，（°）。

例 2-1　求图 2-7（a）所示，两分力 F_1、F_2 合力的大小及方向。

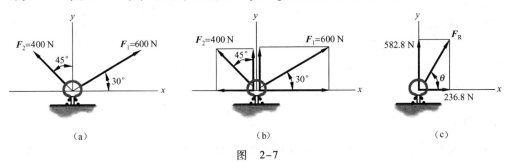

图　2-7

解：首先将每个力投影到坐标轴，如图 2-7（b）所示，并设合力为 F_R，则

$$
F_{Rx} = F_1\cos30° - F_2\cos45° = \left(600 \times \frac{\sqrt{3}}{2} - 400 \times \frac{\sqrt{2}}{2}\right) \text{N}
$$

$$
F_{Rx} = 236.8 \text{ N}
$$

$$
F_{Ry} = F_1\sin30° + F_2\sin45° = \left(600 \times \frac{1}{2} + 400 \times \frac{\sqrt{2}}{2}\right) \text{N}
$$

$$
F_{Ry} = 582.8 \text{ N}
$$

$$
F_R = \sqrt{F_{Rx}^2 + F_{Ry}^2} = \sqrt{236.8^2 + 582.6^2} = 629 \text{ N}
$$

思考

回忆高中时期接触的复数概念，想一想用力的矢量表达式如何计算？与例题中的解法作比较。

合力 F_R 与 x 轴的夹角 θ 为

$$\theta = \arctan \frac{F_{Ry}}{F_{Rx}} = \arctan \frac{582.8}{236.8} = 67.9°$$

2. 共面汇交力系的平衡

共面汇交力系（平面汇交力系）平衡的必要与充分条件是力系的合力等于零，由式 (2-4) 第一式可知，合力为零等价于：

$$\left. \begin{array}{l} \sum F_x = 0 \\ \sum F_y = 0 \end{array} \right\} \qquad (2-5)$$

思 考

式 (2-5) 所示平衡方程可求解几个未知量？

于是，共面汇交力系平衡的必要与充分条件可解析地表达为：力系中所有各力在两个坐标轴上投影的代数和分别为零。式（2-5）称为共面汇交力系的平衡方程。

例 2-2 图 2-8（a）所示的圆球重 $G = 100\,N$，放在倾角为 $\alpha = 30°$ 的光滑斜面上，并用绳子 AB 系住，绳子 AB 与斜面平行。求绳子 AB 的拉力和斜面对球的约束力。

解：（1）选取圆球为研究对象，取分离体画受力图。

主动力：重力 G；约束反力：绳子 AB 的拉力 F_T、斜面对球的约束力 F_N。受力图如图 2-8（b）所示。

（2）建立直角坐标系 Oxy，列平衡方程并求解。

$$\begin{cases} \sum F_x = 0 \\ \sum F_y = 0 \end{cases} \Rightarrow \begin{cases} F_T - G\sin 30° = 0 \\ F_N - G\cos 30° = 0 \end{cases}$$

解得 $F_T = 50\,N$，$F_N = 86.6\,N$，两个力的方向如图 2-8（b）所示。

（3）若选取图 2-4（c）所示的直角坐标系，列平衡方程得

$$\begin{cases} \sum F_x = 0 \\ \sum F_y = 0 \end{cases} \Rightarrow \begin{cases} F_T\cos 30° - F_N\cos 60° = 0 \\ F_T\sin 30° + F_N\sin 60° - G = 0 \end{cases}$$

联立求解方程组得 $F_T = 50\,N$，$F_N = 86.6\,N$，两个力的方向如图 2-8（c）所示。

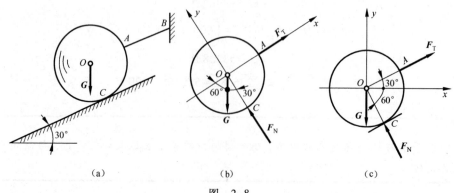

（a）   （b）   （c）

图　2-8

思考

坐标系如何选取可以简化计算?

例 2-3 图 2-9(a)所示的三角支架由杆 AB、BC 组成,A、B、C 处均为光滑铰链,在销钉 B 上悬挂一重物,已知重物的重量 $G = 10\,\text{kN}$,杆件自重不计。求杆件 AB、BC 所受的力。

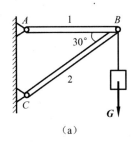
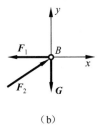

图 2-9

解:(1)取研究对象,画受力图。

取销钉 B 为研究对象。主动力:重力 G;约束反力:由于杆 AB、BC 的自重不计,且杆两端均为铰链约束,故杆 AB、BC 均为二力杆,杆两端受力必沿杆件的轴线,根据作用力与反作用力的关系,两杆的 B 端对于销钉有反作用力 F_1、F_2,受力图如图 2-9(b)所示

(2)建立直角坐标系 Bxy,列平衡方程并求解。

$$\begin{cases} \sum F_x = 0 \\ \sum F_y = 0 \end{cases} \Rightarrow \begin{cases} F_2\cos30° - F_1 = 0 \\ F_2\sin30° - G = 0 \end{cases}$$

解得 $F_2 = 20\,\text{kN}$,$F_1 = 17.32\,\text{kN}$。

根据作用力与反作用力公理,AB 杆所受的力为 $17.32\,\text{kN}$,且为拉力;BC 杆所受的力为 $20\,\text{kN}$,且为压力。

例 2-4 重量为 $78.5\,\text{N}$ 的灯被悬挂于图 2-10(a)所示位置,未悬挂任何物体时,AB 长度 $l_{AB} = 0.4\,\text{m}$,弹簧长度未知,弹性系数 $k_{AB} = 300\,\text{N/m}$,悬挂灯后,AB 保持水平,求 AC 的长度。

解:(1)建立直角坐标系 Axy,对 A 点进行受力分析,如图 2-10(b)所示。

(2)列平衡方程:

$$\begin{cases} \sum F_x = 0 \\ \sum F_y = 0 \end{cases} \Rightarrow \begin{cases} T_{AB} - T_{AC}\cos30° = 0 \\ T_{AC}\sin30° - W = 0 \end{cases}$$

$$T_{AC} = 157.0\,\text{N}$$

$$T_{AB} = 135.9\,\text{N}$$

弹簧伸长量 x 由胡克定律:

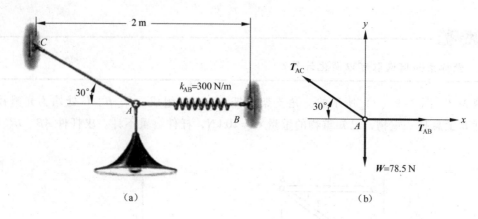

图　2-10

$$T_{AB} = k_{AB}x$$

得 $x = 0.453$ m。

保持水平的 AB 长度为

$$l = l_{AB} + x = (0.4 + 0.453)\ \text{m} = 0.853\ \text{m}$$

由于 C、B 点的水平距离为 2 m，因此，AC 的长度 l_{AC} 为

$$2\ \text{m} = (l_{AC}\cos 30° + 0.853)\ \text{m}$$

解得 $l_{AC} = 1.32$ m。

 拓展知识

工程力学分析工具简介三：Maple 软件

Maple 是通用的数学和工程软件，是世界上最值得信赖、最完整的数学软件之一，被高等院校、研究机构和公司广泛应用，用户渗透超过 97% 的世界主要高校和研究所，超过 81% 的世界财富五百强企业。

Maple 提供世界上最强大的符号计算、无与伦比的数值计算，支持用户界面开发和网络发布，内置丰富的数学求解库，覆盖几乎所有的数学分支，所有的操作都是在一个所见即所得的交互式技术文档环境中完成，完成计算的同时也生成了专业技术文件和演示报告。

Maple 不仅仅提供编程工具，更重要的是提供数学知识。Maple 是教授、研究员、科学家、工程师、学生们必备的科学计算工具，从简单的数字计算到高度复杂的非线性问题，Maple 都可以快速、高效地解决问题。用户通过 Maple 产品可以在单一的环境中完成多领域物理系统建模和仿真、符号计算、数值计算、程序设计、技术文件、报告演示、算法开发、外部程序连接等功能，满足各个层次用户的需要，从高中生到高级研究人员。

Maple 有三个比较特出的技术特征：数学引擎、开放性、操作简单。

（1）数学引擎。Mathematics = Maplesoft。做数学工作时，相比其他软件，Maple 更完整、更好。

（2）开放性。Maple 的程序可以自动转换为其他语言代码，如 Java/C/Fortran/VB/MAT-LAB，解决了多种开发环境不相容的问题。Maple 能够与 MATLAB/Simulink，NAG，EXCEl，数据库等工具连接。另外 Maple 可与 Auto CAD 系统连接，可通过参数传输完成对 Auto CAD 模型的数学分析，如统计分析、优化、经验公式计算、公差和单位计算，并自动在 Auto CAD 系统中完成更新。通过专业工具箱，Maple 可与数值计算软件 Matlab 共享命令、变量等。

（3）操作简单。Maple 人性化的界面让用户只需要按几个键就可以解决大量复杂的计算问题，Maple 的文件模式界面可以创建多样化的、专业级的技术文件，并可以自由转换为其他格式的文件，例如 Latex/Html/Word 等。

例 2-5　图 2-11（a）所示，重物 $P = 20 \text{ kN}$，用钢丝绳挂在支架的滑轮 B 上，钢丝绳的另一端缠绕在铰车 D 上。杆 AB 与 BC 铰接，并以铰链 A、C 与墙连接。如果两杆和滑轮的自重不计，并忽略摩擦和滑轮的大小，试求平衡时杆 AB 与 BC 所受的力。

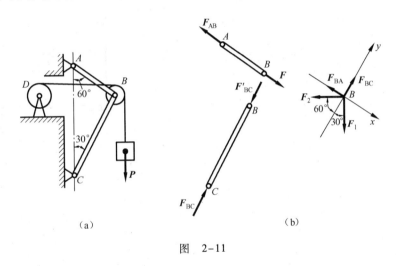

（a）　　　　　　　　　　　　　　　　（b）

图　2-11

解：（1）建模。受力分析如图 2-11（b）所示。

（2）Maple 程序如下：

```
> restart;                                           #清零
> F1: = P: F2: = P;                                  #绳索的性质
> eq1: = - F[BA] + F1 * cos(theta1) - F2 * cos(theta2) = 0:    #滑轮 B, ∑ Fx = 0
> eq2: = F[BC] - F1 * cos(theta2) - F2 * cos(theta1) = 0:      #滑轮 B, ∑ Fy = 0
> solve({eq1,eq2},{F[BA],F[BC]});                    #方程求解
> F[BA]: = P * cos(theta1) - P * cos(theta2):        #力 FBA 的大小
> F[BC]: = P * cos(theta2) + P * cos(theta1):        #力 FBC 的大小
> P: = 20 * 10^3: theta1: = Pi/3: theta2: = Pi/6:    #已知条件
> F[BA]: = evalf(F[BA],4);                           #力 FBA 的大小的数值
> F[BC]: = evalf(F[BC],4);                           #力 FBC 的大小的数值
```

提示

每行程序以英文分号";"结束。

综合练习

1. 作用在吊环上的四个力 $F_1 = 300\,\text{N}$、$F_2 = 500\,\text{N}$、$F_3 = 400\,\text{N}$ 和 $F_4 = 300\,\text{N}$ 构成共面汇交力系，各力方向如图 2-12 所示，求合力的 F_R 大小和方向。

2. 杆 AC、BC 在 C 处铰接，另一端均与墙面铰接，如图 2-13 所示，$F_1 = 445\,\text{N}$ 和 $F_2 = 535\,\text{N}$ 作用在销钉 C 上，不计杆重，试求两杆所受的力。

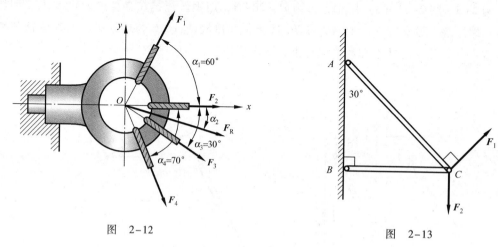

图 2-12   图 2-13

3. 水平力 F 作用在钢架 B 点，如图 2-14 所示，不计钢架重量，求 A、B 点约束力。

4. 在铰链四杆机构（见图 2-15）$ABCD$ 的铰链 B 和 C 上作用有力 F_1 和 F_2，机构在图示位置平衡，试求平衡时二力的大小关系。

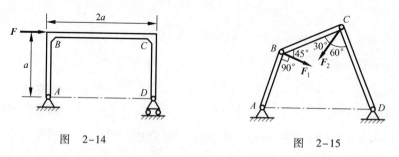

图 2-14   图 2-15

5. 图 2-16 所示的吊车吊起重量为 $3\,\text{kN}$ 的重物，求绳索 AC、BC 的拉力。

6. 已知定滑轮一端悬挂一物重 $G = 500\,\text{N}$，另一端施加一倾斜角为 $30°$ 的拉力 F_T，使物体 A 匀速上升，如图 2-17 所示。求定滑轮支座 O 处的约束力。

7. 图 2-18 所示为一夹具中的连杆增力机构，主动力 F 作用于 A 点，夹紧工件时连杆 AB 与水平线间的夹角 $\alpha = 15°$。试求夹紧力 F_N 与主动力 F 的比值（摩擦不计）。

8. 支架的横梁 AB 与斜杆 DC 彼此以铰链 C 相连接，并各以铰链 A、D 连接于铅垂墙上，如图 2-19 所示。已知 $AC = CB$，杆 DC 与水平线成 $45°$，载荷 $F = 10\,\text{kN}$，作用于 B 处。假设梁和杆的重量忽略不计，求铰链 A 的约束反力和杆 DC 所受的力。

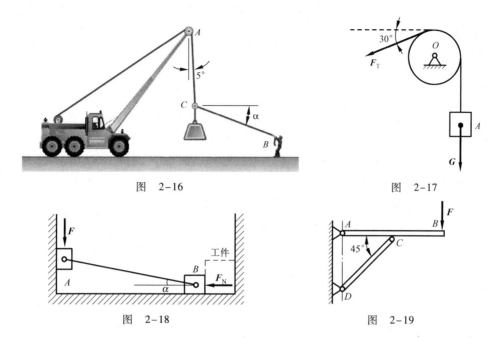

图　2-16

图　2-17

图　2-18

图　2-19

9. 一根连续的缆绳长 4 m，套在四个小滑轮 A、B、C、D 上，如图 2-20 所示，忽略滑轮、弹簧、销钉和所有绳索的重量，当弹簧伸长 300 mm 时，试求两侧重物有多重（弹簧未伸长时长度为 2 m）。

10. 图 2-21 所示吊灯的重量为 500 N，试确定图示中每根绳索的拉力。如果每根绳索所承受的拉力不超过 1 000 N，那么能悬挂的吊灯重量为多重？

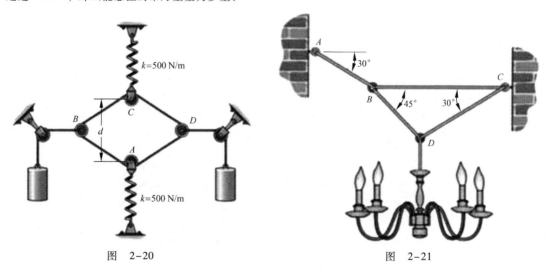

图　2-20

图　2-21

任务 2　共面力偶系的平衡

任务目标

本任务讲述力对点的矩、力偶与力偶矩的概念以及力偶系的合成与平衡。本任务的内容是力学基础知识，是研究复杂力系的简化与平衡的基础。通过本任务理解力偶的性质，认识力对点的矩与力偶矩各自的特性。

基础知识

一、力对点的矩

1. 力矩的概念

力不仅可以改变物体的移动状态，而且还能改变物体的转动状态。力使物体绕某点转动的力学效应，称为力对该点的矩。以扳手旋转螺母为例，如图 2-22 所示，设螺母能绕 O 点转动。由经验可知，螺母能否旋动，不仅取决于作用在扳手上的力 F 的大小，而且还与 O 点到 F 的作用线的垂直距离 h 有关。因此，用 F 与 h 的乘积作为力 F 使螺母绕 O 点转动效应的量度。其中距离 h 称为 F 对 O 点的力臂，O 点称为矩心。

由于转动有逆时针和顺时针两个方向，则力 F 对 O 点之矩定义为：力的大小 F 与力臂 d 的乘积，冠以适当的正负号，以符号 $M_O(F)$ 表示，如图 2-22 所示，记为

$$M_O(F) = \pm Fd \tag{2-6}$$

如图 2-23 所示，使物体围绕取矩点逆时针旋转的力矩符号取正号，即正方向；反之为负号。

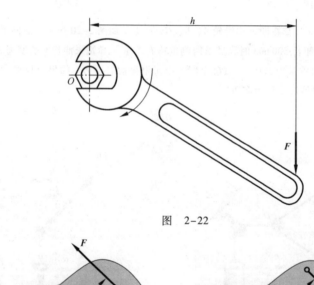

图　2-22

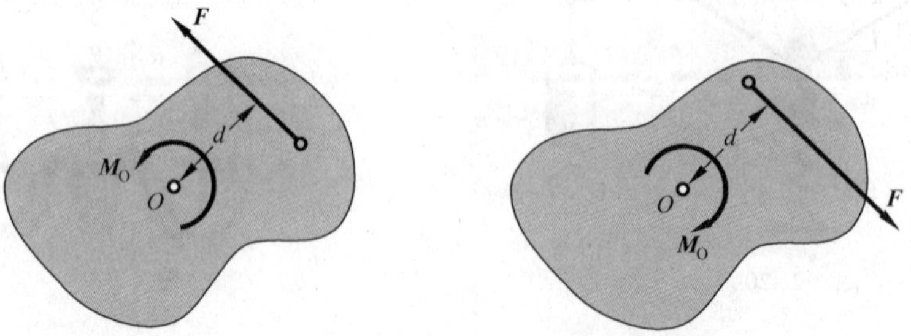

图　2-23

2. 力矩的性质

（1）力对点之矩，不仅取决于力的大小，还与矩心的位置有关。力矩随矩心的位置变化而变化。

（2）力对任一点之矩，不因该力的作用点沿其作用线移动而改变，再次说明力是滑移矢量。

（3）当力的大小等于零或其作用线通过矩心时，力矩等于零。

例 2-6　数值相同的三个力按不同方式分别施加在同一扳手的 A 端，如图 2-24 所示。若 $F = 200\,\text{N}$，试求三种不同情况下力对 O 点之矩。

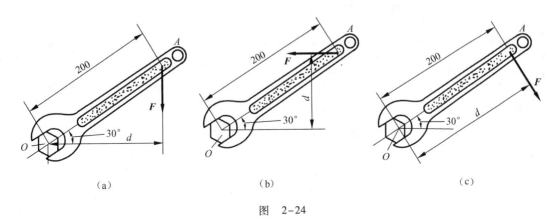

（a）　　　　　　　　　　（b）　　　　　　　　　　（c）

图　2-24

解： 在图 2-24 所示的三种情况下，虽然力的大小、作用点和矩心均相同，但力的作用线各异，致使力臂均不相同，因而三种情况下，力对 O 点之矩不相同。根据力矩的定义可求出力对 O 点之矩分别为

（a）$M_O(F) = -Fd = -200 \times 200 \times 10^{-3} \times \cos 30° \,\text{N·m} = -34.64\,\text{N·m}$

（b）$M_O(F) = Fd = 200 \times 200 \times 10^{-3} \times \sin 30° \,\text{N·m} = 20.00\,\text{N·m}$

（c）$M_O(F) = -Fd = -200 \times 200 \times 10^{-3}\,\text{N·m} = -40.00\,\text{N·m}$

 提　示

请注意表示力矩方向的正负号。

2. 合力矩定理

在计算力系的合力矩时，常用到合力矩定理，即共面汇交力系的合力对其平面内任一点之矩等于所有各分力对同一点之矩的代数和。用公式表示为

$$M_O(F_R) = M_O(F_1) + M_O(F_2) + \cdots + M_O(F_n) = \sum_{i=1}^{n}(F_i)$$
$$(2-6)$$

例 2-7　利用合力矩定理求出图 2-25 所示 $F = 800\,\text{N}$ 的力对 B 点的矩。

解： 根据式（2-6）可知 F 对 B 点产生的矩，应等于此力在以 A 点为坐标原点分解出的水平分力 F_x 和铅直分力 F_y 对 B 点矩的代数和，即

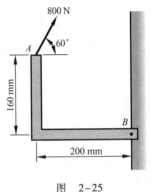

图　2-25

$$M_B(F) = M_B(F_x) + M_B(F_y)$$

其中，$F_x = F\cos 60° = 800 \times \dfrac{1}{2}$ N $= 400$ N，$F_y = F\sin 60° = 800 \times \dfrac{\sqrt{3}}{2}$ N $= 693$ N

那么，　　　　$M_B(F) = (-400 \times 0.16 - 693 \times 0.2)$ N $\cdot$ m $= -202.6$ N $\cdot$ m

计算过程中请注意物理量的单位。

思 考

请比较两种求力矩方法的异同。

例 2-8　已知图 2-26（a）所示圆筒大圆半径 R、小圆半径 r、力 F 与大圆切于 B 点，与水平夹角 θ，求力 F 对圆筒与地面接触点 A 的矩。

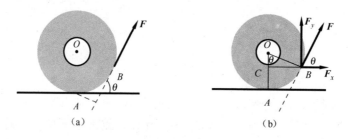

图　2-26

解： 首先将 F 分解为图 2-26（b）所示的分力 F_x 和 F_y，即

$$\begin{cases} F_x = F\cos\theta \\ F_y = F\sin\theta \end{cases}$$

其次，为求每个分力对 A 点的力臂，连接 AO、BO，并作 BC 垂直于 AO，即 AC、OC、BC 的长分别为 $\overline{AC}$、$\overline{OC}$、$\overline{BC}$，则

$$M_A(F_x) = -F_x\,\overline{AC} = -F\cos\theta(R - \overline{OC}) = -F\cos\theta(R - R\cos\theta)$$

$$M_A(F_y) = F_y\,\overline{BC} = F\sin\theta R\sin\theta = FR\sin^2\theta$$

F 对 A 点的矩为

$$M_A(F) = M_A(F_x) + M_A(F_y) = -F\cos\theta(R - R\cos\theta) + FR\sin^2\theta = FR(1 - \cos\theta)$$

二、力偶与力偶矩

1. 力偶的概念

在日常生活和工程实际中经常见到物体受动两个大小相等、方向相反，但不在同一直线上的两个平行力作用的情况。例如，司机转动驾驶汽车时两手作用在方向盘上的力［见图 2-27（a）］，工人用丝锥攻螺纹时两手加在扳手上的力［见图 2-27（b）］以及用两个手指拧动水龙头所加的力［见图 2-27（c）］等等。在力学中把这样一对等值、反向而不共线的平行力称为力偶，用符号（F，F'）表示。两个力作用线之间的垂直距离称为力偶臂，两个力作用线所决定的平面称为力偶的作用面。

实验表明，力偶对物体只能产生转动效应，且当力越大或力偶臂越大时，力偶使刚体转动效应就越显著。因此，力偶对物体的转动效应取决于力偶中力的大小、力偶的转向以

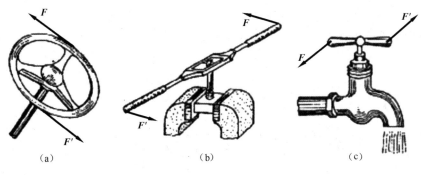

图　2-27

及力偶臂的大小。在平面问题中，将力偶中的一个力的大小和力偶臂的乘积冠以正负号，（作为力偶对物体转动效应的量度，称为力偶矩，用 M 或 M（$\boldsymbol{F}$，$\boldsymbol{F}'$）表示）。

$$M = \pm Fd \qquad\qquad (2-7)$$

力偶三要素是力偶的大小、力偶的转向和力偶作用面的方位，在同一平面内满足力偶的大小转向同时相同的所有力偶等效。通常规定，力偶使物体逆时针方向转动时，力偶矩为正；反之为负。

2. 力偶的基本性质

力和力偶是静力学中两个基本要素。力偶与力具有不同的性质：

（1）力偶在任意轴上的投影代数和为零。

如图 2-28 所示，一个力偶（$\boldsymbol{F}$，$\boldsymbol{F}'$）在 x 轴上的投影，由于 $\boldsymbol{F}$ 与 $\boldsymbol{F}'$ 大小相等且平行，因此它们在 x 轴上的投影也相等，并且由于 $\boldsymbol{F}$ 与 $\boldsymbol{F}'$ 的方向相反，所以它们各自的投影方向也相反，故投影的代数和等于零。

（2）力偶不能简化为一个力，即力偶不能用一个力等效替代。因此力偶不能与一个力平衡，力偶只能与力偶平衡。由第一个性质可知，产生力偶的两个力的合力为零，所以力偶不能与一个力平衡。

（3）力偶对其作用在平面内任一点的矩恒等于力偶矩，与矩心位置无关。如图 2-29 所示，一对力偶对 O 点的矩为 M（$\boldsymbol{F}$，$\boldsymbol{F}'$）$= Fd$。读者可自己证明。也正因如此，故有如下推论：

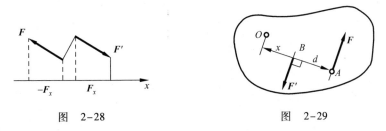

图　2-28　　　　　　　　　　　　图　2-29

推论 1　力偶可在其作用面内任意移动和转动，而不会改变它对物体的效应。

推论 2　只要保持力偶矩不变，可同时改变力偶中力的大小和力偶臂的长度，而不会改变它对物体的作用效应。

在同一平面内的两个力偶，只要两力偶的力偶矩的代数值相等，则这两个力偶相等。

这就是平面力偶的等效条件。只要保证 $M(\boldsymbol{F},\boldsymbol{F}')=Fd$ 的值不变，那么可以通过改变 $\boldsymbol{F}$ 的大小、方向或 d 的大小，就可以得到无限多的等效力偶，如图 2-30 所示。

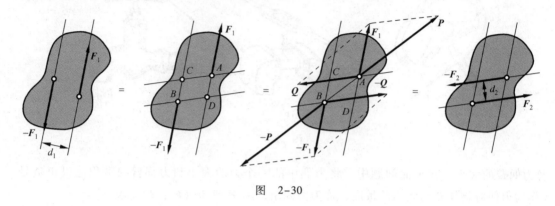

图　2-30

3. 力的平移定理

作用在刚体上的力，均可平移到同一刚体内任一点，但同时附加一个力偶，其力偶矩等于原力对该点之矩。

设在刚体上 A 点有一个力 $\boldsymbol{F}_A$，现要将它平行移动到刚体内的任意指定点 B，而不改变它对刚体的作用效应 [见图 2-31（a）]。为此，可在 B 点加上一对平衡力 $\boldsymbol{F}_B$、$\boldsymbol{F}'_B$，如图 2-31（b）所示，并使它们的作用线与力 $\boldsymbol{F}_A$ 的作用线平行，且 $F_A = F_B = F'_B$，根据加减平衡力系公理，三个力与原力 $\boldsymbol{F}_A$ 对刚体的作用效应相同。力 $\boldsymbol{F}_A$、$\boldsymbol{F}'_B$ 组成一个力偶 M，其力偶矩的大小等于原力 $\boldsymbol{F}_A$ 对 B 点之矩，即 $M = M_B(\boldsymbol{F}_A) = Fd$，$d$ 为 B 点到力 $\boldsymbol{F}_A$ 作用线的距离。这样就把作用在 A 点的力平行移动到了任意点 B，但必须同时在该力与指定点 B 所决定的平面内加上一个相应的力偶 M，称为附加力偶，如图 2-31（c）所示。

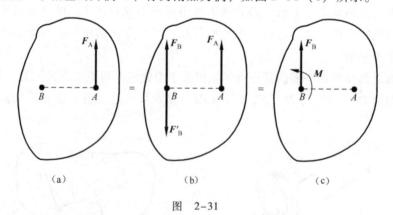

| （a） | （b） | （c） |

图　2-31

根据力的平移定理，可以将一个力分解为一个力和一个力偶；也可以将同一平面内的一个力和一个力偶合成为一个力。

力的平移定理揭示了力与力偶在对物体作用效应之间的区别和联系：一个力不能与一个力偶等效，但一个力可以和另一个与它平行的力及一个力偶的联合作用等效。

例 2-9 图 2-32 所示圆盘受三力 $\boldsymbol{F}_1$、$\boldsymbol{F}_2$、$\boldsymbol{F}_3$ 作用，已知 $F_1 = F_2 = 1\,000\,\text{N}$，$F_3 = 2\,000\,\text{N}$。$F_1$ 与 F_2 组成一力偶，并与水平线成 45°；圆盘的直径为 100 mm。此三力是否可以合成一个

合力，如果可以，求此合力的大小和方向及合力作用线到 O 点的距离。

解： 根据力的平移定理的逆定理可知：将 F_3 平移到原周上后，所产生的力偶与 F_1、F_2 组成的力偶大小相等，方向相反，因此，F_1、F_2、F_3 可以合成一个合力，假设合力 F_R 的位置和到 O 点的距离如图 2-32 所示，合力的大小为

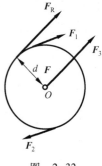

$F_R = 2\ 000\ \text{N}$，方向与 F_3 的方向一致，作用位置为

$$d = \frac{M}{F_R} = \frac{F_1 \times 100}{2\ 000}\ \text{mm} = 50\ \text{mm}$$

三、共面力偶系的合成和平衡

图　2-32

1. 力偶的合成

作用在物体同一平面内的各力偶组成共面力偶系（或平面力偶系）。

设在刚体的同一平面内作用 n 个力偶 (F_1, F_1')，(F_2, F_2')，$\cdots$，(F_n, F_n')，其力偶矩分别为 M_1，M_2，$\cdots$，M_n。应用力偶的等效变换，可将 n 个力偶合成为一合力偶，合力偶矩记为 M，合力偶的作用效果等于力偶系中各力偶的作用效果之和，由此得合力偶矩为

$$M = \sum_{i=1}^{n} M_i \tag{2-8}$$

共面力偶系可以合成一个合力偶，此合力偶的力偶矩等于力偶系中各分力偶的力偶矩的代数和。

2. 共面力偶系的平衡

共面力偶系可以用它的合力偶来等效替换，由此可知，如果合力偶的力偶矩为零，则力偶系是一个平衡的力偶系。因此，共面力偶系平衡的必要与充分条件是：力偶系中所有各力偶的力偶矩的代数和等于零，即

$$\sum_{i=1}^{n} M_i = 0 \tag{2-9}$$

 思 考

共面力偶系平衡方程可以解决几个未知量？

例 2-10 有工件上作用有三个力偶如图 2-33 所示。已知其力偶矩分别为 $M_1 = M_2 = 100\ \text{N} \cdot \text{m}$，$M_3 = 200\ \text{N} \cdot \text{m}$，固定螺柱 A 和 B 的距离 $l = 200\ \text{mm}$，试求两光滑螺柱所受的水平力。

解： 取工件为研究对象，其受力如图 2-33 所示。由于力偶合成仍为一力偶，可知约束力 F_A 和 F_B 构成力偶，方向如图示。由平衡方程

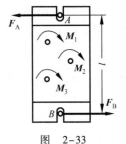

$$\sum M = 0$$

得

$$F_A l - M_1 - M_2 - M_3 = 0$$

$$F_A = \frac{M_1 + M_2 + M_3}{l} = 2\ 000\ \text{N}$$

图　2-33

$$F_B = F_A = 2\,000\ \text{N}$$

F_A 为正，表明所设方向是正确的。

例2-11 图2-34（a）所示的机构受力偶矩 M 的力偶的作用，求支座 A 的约束反力。

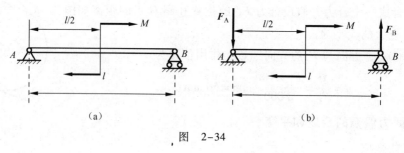

（a）　　　　　　　　　　　（b）

图　2-34

解： 支座 A 为固定铰链约束，通常其约束反力方向不确定，活动铰链支座 B 的约束反力垂直于支撑面，由于机构只受外力偶矩 M 而平衡，且杆 AB 又仅在 A 和 B 处受力，因此杆在 A 和 B 处所受力必组成力偶平衡 M，受力分析如图2-34（b）所示。

由共面力偶系平衡条件得

$$F_A l - M = 0$$

$$F_A = \frac{M}{l}$$

 拓展知识

静力学创始人——阿基米德

有人说："如果要你在人类的全部历史上列举三位最伟大的数学家和力学家的名字，无论怎样列举，阿基米德都会是其中的一位。"这种说法一点也不过分。阿基米德（Archimides，公元前287—公元前212）出生于古希腊西西里的叙拉古，他的父亲是一位天文学家，名叫非迪阿斯（Phidias）。

阿基米德的科学贡献是多力面的。可惜他的不少著作都已失传。从13世纪后，人们又将其著作从阿拉伯等文翻译成希腊文、拉丁文和英文出版，经过若干世纪的搜寻，直到1792年出版的牛津版的阿基米德文集是较全的一种。

在1906年，丹麦哥本哈根的哲学家兼语言学家 J. L. 海伯格（J. L. Heibeg，1854—1928）教授在土耳其的一家图书馆仔细阅读大约13世纪写上去的旧羊皮手稿。这本羊皮书是擦去旧字新写上去的。仔细辨认发现那些没有擦干净的字迹写的正是阿基米德失传的著作，其中有《论球与圆柱》、《圆的度量》和《平面团形的平衡与重心》片段的希腊原文本，并且还有初次发现的阿基米德写给厄拉多赛的信。

阿基米德的主要著作有《论球与圆柱》《抛物线图形求积法》《圆的度量》《沙的计算者》《平面图形的平衡和其重心》（上、下卷）《论浮体》（上、下卷）《力学（机械学）方法论》等。

阿基米德的最重要的科学成就：

在数学方面：他发明了求曲线围成面积与曲面围成体积的方法，并用这种方法计算过圆、球、抛物线、弓形、螺线及两条半径所夹部分的面积，球缺、三角形、抛物线双曲线旋转体的体积。这种方法实际上就是后来的积分方法和极限概念。

在力学方面：他建立了流体静力学的基本原理，即物体在液体中所受的浮力等于所排开体积的重量。至今称为阿基米德原理。

他讨论了杠杆平衡的条件，给出了严密的公理陈述及若干定理的证明，这就是至今人们仍在学习的杠杆原理。据说他曾自豪地说："给我一个支点，我能翘起地球！"

他发明了计算一系列图形与物体重心的方法。

他给出了正抛物线旋转体浮在液面的平衡稳定性条件。

可以毫不夸张地说，他是静力学的创始人。由于历史上静力学是力学的开始，所以他也可以说是力学的创始人。

在机械方面他也有一系列的发明。

他发明了提水用的阿基米德螺旋提水机。

他给叙拉古国王希耶隆制造了一组复杂的滑轮系统，可以把一艘船吊到河里。

他在叙拉古遭罗马人攻击时发明了军用抛石机并用于防守。

他在光学方面发现了抛物面的聚焦原理。传说他制造了聚焦反射镜把光照到攻城的罗马船上，将罗马船烧毁。

他在年轻时，造了一架行星仪，利用水力驱动来模仿太阳、月球、地球的运动，并且可以用来说明日食和月食。

从这简要的但已长长的一串成果的单子上，我们体会得出阿基米德的确是一位非凡的天才。

在古代，自然科学中，数学、力学和天文学是最早发展的科学，而阿基米德集这三个学科的知识于一身，在三方面都做出了不朽的贡献。

如果说在力学发展中，力学同数学是密不可分的，那么阿基米德是将数学同力学结合起来的典范。

如果说近代科学是将观察、实验和应用同推理相结合而发展起来的，那么阿基米德在浮力定律、杠杆原理等的发现正体现丁这种结合。他是一位近代科学的先驱者。

如果说近代数学的发展体现了推理同计算的结合，而古希腊的数学则过分偏向于推理，忽视计算。而在阿基米德身上我们一点也没有看到这种偏向。他没有受柏拉图提出的规尺作图的束缚，而大胆开辟新的数学领域。

如果说近代科学是从无限小分析开始的，牛顿、莱布尼兹的微积分正是这种精神的体现。那么阿基米德正是这种精神的鼻祖，他开始了极限论，他引进了早期简朴的微积分。

所以我们可以说，阿基米德是古希腊数学、力学、天文学之集大成者。

可悲的是，随着罗马征服希腊，随着阿基米德被罗马大兵捅死，阿基米德所代表的古希腊精密自然科学传统也便中断了。愚昧征服了智慧。在长达一千多年的欧洲黑暗的封建统治年代，阿基米德渐渐被忘却。直到 13 世纪之后，到了文艺复兴时代，欧洲人重新喊出复兴古希腊文明时，阿基米德才又被记起。

如果说在欧洲文艺复兴中，从 13 世纪在哲学、美术、文学、自然科学全面向古希腊所创造的人类文明回复，人们开始冒着生命危险去批判中世纪的思想禁锢。那么，由哥白尼、伽利略、惠更斯、牛顿、莱布尼兹所开创的新的自然科学，正是阿基米德历代表的古希腊自然科学的延续。其间虽然跨越了一千多年，但是无论是研究方法、内容，还是表现形式都是一脉相承的。

莱市尼兹说："谁要是精通了阿基米德和阿波罗尼（Apollonius，公元前262—公元前190）的创作，他对我们当代最伟大人物的发现就不会那么大惊小怪了。"

还有人说："要是阿基米德能活到现在，去听数学和物理的研究生课，那么他可能会比爱因斯坦、玻尔等人更了解他们自己。"这些话是很有道理的。所以我们说阿基米德是一位，也是唯一的一位同现代相通的古人。在今天的大科学家们、享受着人类有史以来25个世纪艰苦奋斗而积累起来的知识和成就。而在阿基米德时代，道路得从荆棘中开拓。也只有他一个人既继承了古希腊的科学传统又有胆识去冲破古希腊学者设置下的学究式的研究障碍向现代冲进。

综合练习

1. 填空题

（1）力矩是力使物体产生_____效应的量度，其单位是_____，用符号_____表示。力矩有正负之分，_____转向规定为正方向。

（2）力系合力对某点的力矩，等于该力各_____对同一点力矩的_____和。

（3）大小_____、方向_____、作用线_____的一对力称为力偶，力偶的三要素为_____、_____和_____。

（4）共面力偶对其作用面内任一点的力矩恒等于其_____。

2. 判断题

（1）共面的一个力和一个力偶可以简化成一个力。（　　）

（2）力矩为零表示力的作用线一定通过矩心。（　　）

（3）力对物体的转动效应是由力偶引起的。（　　）

3. 计算图 2-35 中力 F 对 O 点之矩。

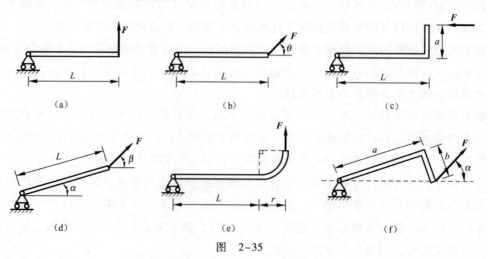

（a）　　　　　　　　（b）　　　　　　　　（c）

（d）　　　　　　　　（e）　　　　　　　　（f）

图　2-35

4. 求力 F 对 A 点的矩（见图 2-36）。

5. 求 200 N 的力对轮胎中心的矩（见图 2-37）。

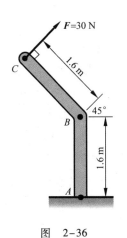

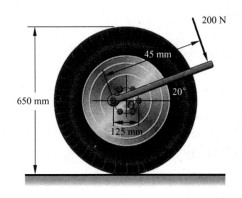

图　2-36　　　　　　　　　　　图　2-37

6. 力 F_A 作用于刹车踏板 A 处，如图 2-38 所示，试确定刹车线所得到刹车力 F_B。

7. 图 2-39 所示的两个机构分别受力偶矩 M 的力偶作用平衡，试求 A 点的约束反力。

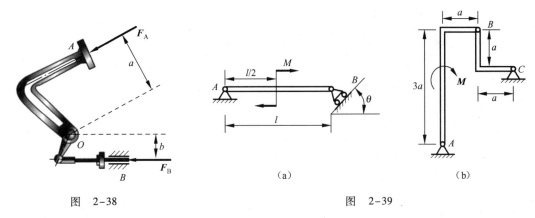

（a）　　　　　　　　（b）

图　2-38　　　　　　　　　　　图　2-39

8. 齿轮箱的两个轴上作用的力偶如图 2-40 所示，它们的力偶矩的大小分别为 $M_1 = 500 \text{ N} \cdot \text{m}$，$M_2 = 125 \text{ N} \cdot \text{m}$，求两螺栓处的铅垂约束力，图中长度单位为 cm。

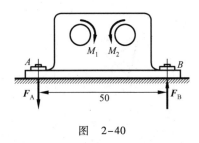

图　2-40

任务3　共面一般力系的平衡

任务目标

本任务研究共面一般力系平衡条件的应用，利用平衡条件解决工程实际的共面一般力系问题。理解可视为共面一般力系的实际情况，掌握解决实际问题的方法及途径。

41

基础知识

严格地说，受共面任意力系作用的物体并不多见。只是在解决许多工程问题时，可以把所研究的实际问题进行简化，按物体受共面一般力系来处理。那么什么是共面一般力系呢？本项目任务 1 所述，力系中各力的作用线线在同一平面内，且任意地分布，这样的力系称为共面一般力系（或称平面一般力系）。

如图 2-41 所示，人们用力拉卡车，当卡车静止时，不计任何摩擦，卡车受到自身及所载货物的总重量 W，地面对卡车的支持力 R 以及人们通过绳索对卡车的拉力 F，虽然上述力并不共面，但是，由于卡车具有纵向对称面，可以把卡车所受到的力简化到纵向对称面内，视为共面一般力系。在纵向对称面中，这些力既不完全汇交于一点，也不完全相互平行，即构成共面一般力系。

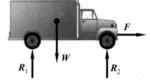

图 2-41

一、共面一般力系向一点的简化

设刚体受到共面一般力系 F_1，F_2，…，F_n 作用，如图 2-42 （a）所示。在力系所在的平面内任取一点 O，称 O 点为简化中心。应用力的平移定理，将力系中的分力依次分别平移至 O 点，得到汇交于 O 点的平面汇交力系 F_1'，F_2'，…，F_n'，此外还应附加相应的力偶，构成附加力偶系 M_{o1}，M_{o2}，…，M_{on}。

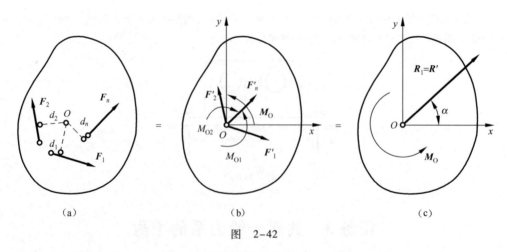

图 2-42

共面汇交力系中各力的大小和方向分别与原力系中对应的各力相同，所得共面汇交力系可以合成为一个力 R_n，也作用于 O 点，其力矢 R' 等于各力矢 F_1'，F_2'，…，F_n' 的矢量和，R' 称为该力系的主矢，它等于原力系各力的矢量和，与简化中心的位置无关。

主矢 R' 的大小与方向可用解析法求得。按图 2-42 （b）所选定的坐标系 Oxy，有

$$R'_x = F_{1x} + F_{2x} + \cdots + F_{nx} = \sum_{i=1}^{n} F_{ix} = \sum F_x$$

$$R'_y = F_{1y} + F_{2y} + \cdots + F_{ny} = \sum_{i=1}^{n} F_{iy} = \sum F_y$$

主矢 R' 的大小及方向分别由下式确定：

$$R' = \sqrt{R'^2_x + R'^2_y} = \sqrt{\left(\sum F_x\right)^2 + \left(\sum F_y\right)^2}$$

$$\alpha = \arctan\left|\frac{R'_y}{R'_x}\right| = \arctan\left|\frac{\left(\sum F_y\right)}{\left(\sum F_x\right)}\right|$$

其中，α 为主矢 R' 与 x 轴正向间所夹的锐角。

 提 示

$\sum F_x$ 代表一个共面一般力系中所有力在 x 方向投影的代数和，$\sum F_y$ 同理。

各附加力偶的力偶矩分别等于原力系中各力对简化中心 O 之矩，所得附加力偶系可以合成为同一平面内的力偶，其力偶矩可用符号 M_O 表示，它等于各附加力偶矩的代数和，称为主矩，即

$$M_O = M_{O1} + M_{O2} + \cdots + M_{On} = M_O(F_1) + M_O(F_2) + \cdots + M_O(F_n) = \sum M_O(F)$$

由上述分析我们得到如下结论：平面一般力系向作用面内任一点简化，可得一力和一个力偶〔见图 2-42（c）〕。这个力的作用线过简化中心，其力矢等于原力系的主矢；这个力偶的矩等于原力系对简化中心的主矩。

二、固定端支座及其约束反力

固定端支座是一种常见的约束形式〔见图 2-43（a）〕。将杆的一端牢固地固定在地面、墙体（或其他物体）内，使杆既不能移动又不能转动，这就构成了固定端支座。插入地面的那部分杆的表面上各点都受到地面的作用力。当研究共面力系问题时，这些力是分布的共面一般力系。将这力系中的所有力向杆的端点简化，可得一力 R 和一力偶 M〔见图 2-43（b）〕，通常将力 R 正交分解，这样，固定端支座的约束反力就用两个正交分解的力和一个约束反力偶表示〔见图 2-43（c）〕。

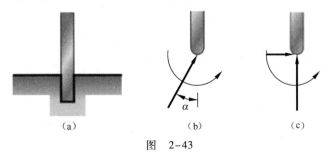

（a）　　　　　　　（b）　　　　　　　（c）

图　2-43

三、共面一般力系的平衡条件

共面一般力系的平衡条件是其主矢 R' 为零，主矩 M_O 为零，即

$$R' = 0$$
$$M_O = 0$$

上式是共面一般力系平衡的必要与充分条件，转化为解析条件为

$$\left.\begin{array}{c} \sum_{i=1}^{n} F_{ix} = 0 \\[2mm] \sum_{i=1}^{n} F_{iy} = 0 \\[2mm] \sum_{i=1}^{n} M_O(F_i) = 0 \end{array}\right\} \tag{2-10}$$

共面一般力系平衡的解析条件是力系中各力在任选的直角坐标轴上的投影的代数和分别为零，且各力对任一点力矩的代数和也为零。式（2-10）称为共面一般力系的平衡方程。该方程组包含两个投影方程和一个取矩方程，称为共面一般力系的一矩式平衡方程。

例 2-12　重量为 10.5 kN 的吊车吊起 24 kN 的重物处于图 2-44（a）所示平衡状态，吊车 A 端为固定铰链连接，并通过摇杆与墙面接触于 B 端，试求 A、B 的约束反力。

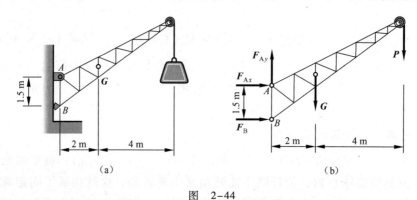

（a）　　　　　　　　　（b）

图　2-44

解：（1）对吊车进行受力分析，固定铰链 A 与活动铰链约束 B 的约束反力如图 2-44（b）所示，标出吊车自重与悬吊重物的力。

（2）建立直角坐标系，列平衡方程：

$$\left.\begin{array}{l} \sum F_x = 0 \\ \sum F_y = 0 \\ \sum M_A(F) = 0 \end{array}\right\} \Rightarrow \left\{\begin{array}{ll} F_{Ax} + F_B = 0 & \text{①} \\ F_{Ay} - G - P = 0 & \text{②} \\ 1.5F_B - 2G - (2+4)P = 0 & \text{③} \end{array}\right.$$

（3）求解未知量：

由②式得 $F_{Ay} = 34.5$ kN。

由③式得 $F_B = 110$ kN，将其代入①式，得 $F_{Ax} = -110$ kN。

　思　考

F_{Ax} 为负数，意味着什么？

在应用平衡方面解平衡问题时，应注意以下几个问题：

（1）为了使计算简化，一般应将矩心选在几个未知力的交点上，并尽可能使较多的力的作用线与投影轴垂直或平行。

（2）计算力矩时，如果其力臂不易计算，而它的正交分力的力臂容易求得，则引用合力矩定理进行计算。

（3）解题前应先判断系统中的二力构件或二力杆。

例 2-13　图 2-45 所示为水平横梁 AB，其 A 端为固定铰链支座，B 端为一滚动支座。梁的长为 $4a$。梁重 P，作用在梁的中点 C。在梁的 AC 段上受均布载荷 q 的作用，在梁的 BC 段上受力偶的作用，力偶矩 $M = Pa$，试求 A、B 两处的支座约束力。

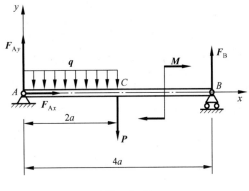

图　2-45

解： 按固定铰链和活动铰链的受力特点对杆 AB 受力分析如图所示，在计算约束力时，可将 AC 段的均布载荷用其合力 F_q 表示，其大小 $F_q = q \cdot 2a$，作用在 AC 段的中点处，方向与原均布载荷相同。

建立直角坐标系，列平衡方程如下：

$$\sum F_x = O \quad F_{Ax} = 0$$

$$\sum F_y = O \quad F_{Ay} - q \cdot 2a - P + F_B = 0$$

$$\sum M_A(F) = O \quad - q \cdot 2a \cdot a - P \cdot 2a - M + F_B \cdot 4a = 0$$

将已知条件代入，解方程得

$$F_{Ax} = 0$$

$$F_B = \frac{3}{4}P + \frac{1}{2}qa$$

$$F_{Ay} = \frac{1}{4}P + \frac{3}{2}qa$$

共面一般力系的平衡方程还可以写成二矩式和三矩式的形式。

二矩式形式：

$$\left. \begin{array}{c} \sum\limits_{i=1}^{n} M_A(F_i) = 0 \\ \sum\limits_{i=1}^{n} M_B(F_i) = 0 \\ \sum\limits_{i=1}^{n} F_{ix} = 0 \end{array} \right\} \tag{2-11}$$

其中，矩心 A、B 两点的连线不能与 x 轴垂直。

三矩式形式：

$$\left.\begin{array}{l} \sum\limits_{i=1}^{n} M_A(F_i) = 0 \\[2mm] \sum\limits_{i=1}^{n} M_B(F_i) = 0 \\[2mm] \sum\limits_{i=1}^{n} M_C(F_i) = 0 \end{array}\right\} \qquad (2\text{-}12)$$

其中，矩心 A、B、C 三点不能共线。

例 2-14 十字梁用三根链杆固定，如图 2-46（a）所示，求在水平力 P 的作用下各支座的约束反力。

解：取十字梁为分离体。其上所受主动力为 P，约束反力为各链杆支座的支反力，如图 2-46（b）所示。

列平衡方程：

$$\sum M_L(F) = O \quad 2aP + 2aR_A\cos30° - aR_A\sin30° = 0$$

$$\sum M_B(F) = O \quad aP - aR_C + 2aR_A\cos30° = 0$$

$$\sum F_y = O \quad R_B - R_A\cos30° = 0$$

解得 $R_A = -1.62P$，$R_B = -1.40P$，$R_C = -1.81P$。

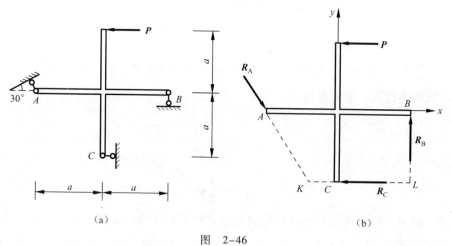

(a)   (b)

图 2-46

 思 考

例 2-14 可否用三矩式求解？

四、共面平行力系的平衡条件

共面平行力系是共面一般力系的所有力的作用线均互相平行，在共面平行力系中，若选择的直角坐标轴 y（或 x）轴与力系各力作用线平行，则每个力在 x（或 y）轴上的投影均为零。所以，共面平行力系平衡的解析条件是：力系中各力在与其平行坐标轴上的投影的代数和为零，且这些力对任意一点力矩的代数和也为零。

共面平行力系的平衡方程为

$$\left.\begin{array}{l} \sum F_y = 0 \\ \sum M_O(F) = 0 \end{array}\right\} \tag{2-13}$$

也可以用两个力矩式表示：

$$\left.\begin{array}{l} \sum M_A(F) = 0 \\ \sum M_B(F) = 0 \end{array}\right\} \tag{2-14}$$

且力 F 与 A、B 两点连线不平行。

例 2-15　塔式起重机如图 2-47（a）所示，已知轨距为 4 m，机身重量 $G = 500$ kN，其作用线至机架中心线的距离为 4 m；起重机最大起吊载荷 $G_1 = 260$ kN，其作用线至机架中心线的距离为 12 m；平衡块 G_2 至机架中心线的距离为 6 m，欲使起重机满载时不向右倾倒，空载时不向左倾倒，试确定平衡块重量 G_2；当平衡块重量 $G_2 = 600$ kN 时，试求满载时轨道对轮子的约束反力。

解：（1）取起重机为研究对象，画受力图。

主动力：机身重量 G、起吊载荷 G_1、平衡块重量 G_2。

约束反力：轨道对轮子的约束反力 F_A、F_B。

受力图如图 2-47（b）所示。

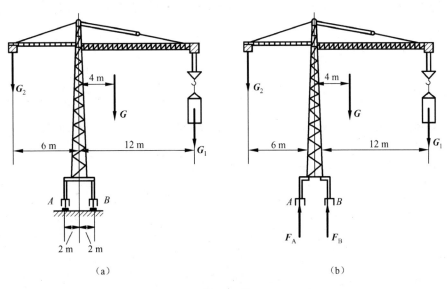

图　2-47

（2）列平衡方程，求平衡块重。

① 满载时的情况。满载时，若平衡块太轻，起重机将会绕 B 点向右翻倒，在平衡的临界状态时，F_A 等于零，平衡块重达到允许的最小值 $G_{2\min}$。

② 空载时的情况。空载时，起重机在平衡块的作用下，将会绕 A 点向左翻倒，在平衡的临界状态时，F_B 等于零，平衡块重达到允许的最大值 $G_{2\max}$。

$$\sum M_{\mathrm{B}}(F) = 0 \quad G_{2\min} \times (6+2) - G \times (4-2) - G_1 \times (12-2) = 0$$

$$\sum M_{\mathrm{A}}(F) = 0 \quad G_{2\max} \times (6-2) - G \times (4+2) = 0$$

解得 $G_{2\min} = 450 \text{ kN}$，$G_{2\max} = 750 \text{ kN}$。

因此，要保证起重机在满载和空载时均不致翻倒，平衡块重应满足如下条件：

$$450 \text{ kN} \leqslant G_2 \leqslant 750 \text{ kN}$$

（3）列平衡方程，求当平衡块重量 $G_2 = 600 \text{ kN}$，满载时轮轨对机轮的约束反力。

$$\begin{cases} \sum M_{\mathrm{A}}(F) = 0 \\ \sum M_{\mathrm{B}}(F) = 0 \end{cases} \Rightarrow \begin{cases} G_2 \times (6-2) + F_{\mathrm{B}} \times 4 - G \times (4+2) - G_1 \times (12+2) = 0 \\ G_2 \times (6+2) - F_{\mathrm{A}} \times 4 - G \times (4-2) - G_1 \times (12-2) = 0 \end{cases}$$

解得 $F_{\mathrm{A}} = 300 \text{ kN}$，$F_{\mathrm{B}} = 1\,060 \text{ kN}$。

例 2-16　图 2-48（a）所示为卧式密闭容器结构简图。设容器总重量沿筒体轴向均匀分布，集度为 $q = 20 \text{ kN/m}$，容器两端端部折算重力为 $G = 10 \text{ kN}$，力矩为 $M = 800 \text{ kN·m}$，容器鞍座结构可简化为一端为固定铰链支座，另一端为活动铰链支座，容器计算简图如图 2-48（b）所示。试求支座 A、B 的约束力。

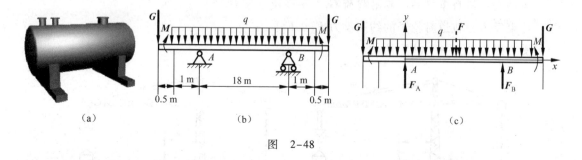

图　2-48

解：取容器整体为研究对象，画受力图如图 2-48（c）所示为一平面平行力系。图中 q 表示均布载荷大小。

选取坐标系 Axy，列平衡方程：

$$\sum F_y = 0 \quad -G - F - G + F_{\mathrm{A}} + F_{\mathrm{B}} = 0$$

$$\sum M_{\mathrm{A}}(F) = 0 \quad G \times 1.5 - M - F \times 9 + F_{\mathrm{B}} \times 18 + M - G \times 19.5 = 0$$

其中，$F = q \times 20$。代入已知量，解平衡方程，求得未知量 $F_{\mathrm{A}} = F_{\mathrm{B}} = 210 \text{ kN}$。

现将解共面力系平衡问题的方法和步骤归纳如下：

（1）根据问题条件和要求，选取研究对象。

（2）分析研究对象的受力情况，画受力图。画出研究对象所受的全部主动力和约束力。

（3）根据受力类型列写平衡方程。平面一般力系只有三个独立平衡方程。为计算简捷，应选取适当的坐标系和矩心，以使方程中未知量最少。

（4）求未知量。校核和讨论计算结果。

拓展知识

常见分布载荷简化结果及 Maple 软件应用示例

1. 常见分布载荷的简化结果（见表 2-1）

表 2-1　常见分布载荷的简化结果

序　号	分布载荷形式	简化结果	合力大小	合力作用线位置
1	均匀分布 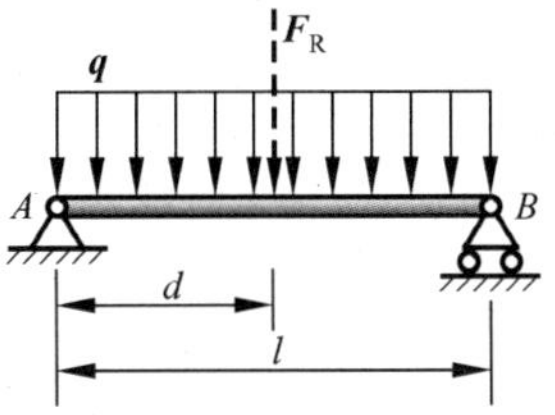	合力	$F_R = ql$	$d = \dfrac{l}{2}$
2	三角形分布 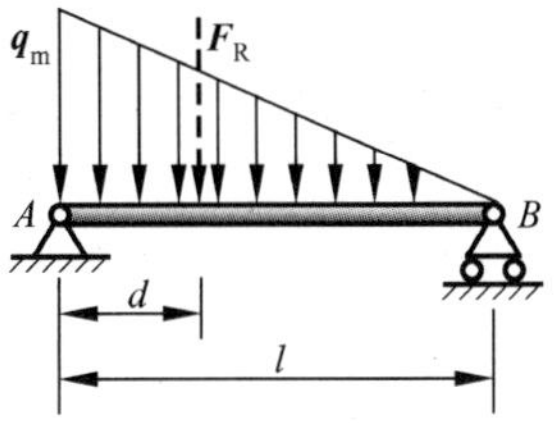	合力	$F_R = \dfrac{1}{2}q_m l$	$d = \dfrac{l}{3}$
3	梯形分布 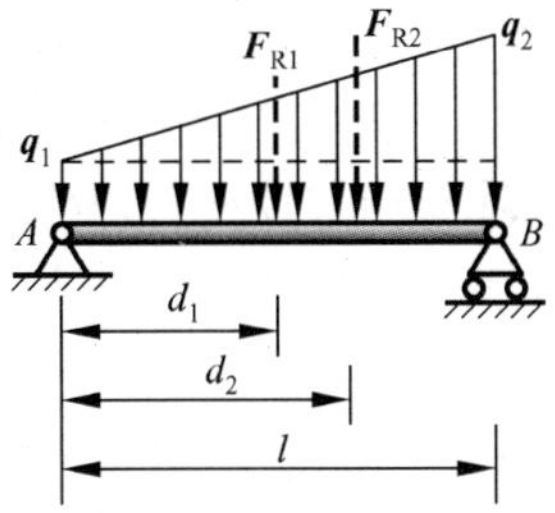	合力	$F_{R1} = q_1 l$ $F_{R2} = \dfrac{(q_2 - q_1)\,l}{2}$	$d_1 = \dfrac{l}{2}$ $d_2 = \dfrac{2l}{3}$

2. 利用 Maple 软件解决下列问题

例 2-17　图 2-49（a）所示为拱架结构，拱架由两个相同的钢架 *AC* 和 *BC* 在 *C* 点铰接而成，吊车梁支承在钢架的 *D*、*E* 点上。设两钢架各重 $P = 60\,\text{kN}$；吊车梁重为 $P_1 = 20\,\text{kN}$，其作用线通过 *C* 点；载荷为 $P_2 = 10\,\text{kN}$；风力 $F = 10\,\text{kN}$，尺寸如图所示。*D*、*E* 两点在力 *P* 的作用线上。求固定铰支座 *A* 和 *B* 的约束力。

解：受力分析如图 2-49（b）所示。

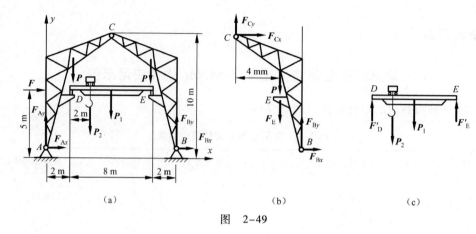

图　2-49

Maple 程序

```
> restart:                                                              #清零

> eq1: = F[E] * a[1] - P1 * a[1]/2 - P2 * a[3]:        #吊车梁 ∑ M_D(F) = 0

> eq2: = F[By] * (a[1] + 2 * a[2]) - f * h[2] - P * a[2] - P * (a[1] + a[2])

>    - P1 * (a[1]/2 + a[2]) - P2 * (a[2] + a[3]) = 0:    # 整个拱架 ∑ M_A(F) = 0

> eq3: = F[Ay] + F[By] - 2 * P - P1 - P2 = 0:           # 整个拱架 ∑ F_y = 0

> eq4: = F[Bx] * h[1] + F[By] * (a[1]/2 + a[2]) - F[E] * a[1]/2

- P * a[1]/2 = 0:                                          # 右边钢架 ∑ M_C(F) = 0

eq5: = F[Ax] + F[Bx] + f = 0;                            # 整个拱架 ∑ F_x = 0

solve({eq1,eq2,eq3,eq4,eq5},{F[E],F[By],F[Ay],F[Bx],F[Ax]});   # 解方程组

> F[Ax]: = 1/2 * (P2 * a[2] - 2 * h[1] * f + 2 * P * a[2] + P1 * a[2]

+ f * h[2])/h[1]:                                         #F_Ax 的大小

> F[Ay]: = -1/2 * (2 * f * h[2] - 2 * P * a[1] - P1 * a[1] - 2 * a[1] * P2 - 4 * P * a[2]

>    - 2 * P1 * a[2] - 2 * P2 * a[2] + 2 * P2 * a[3])/(a[1] + 2 * a[2]):   #F_Ay 的大小

> F[Bx]: = -1/2 * (P2 * a[2] + 2 * P * a[2] + P1 * a[2] + f * h[2])/h[1]:  #F_Bx 的大小

> F[By]: = 1/2 * (2 * f * h[2] + 2 * P * a[1] + P1 * a[1] + 4 * P * a[2] + 2 * P1 * a[2]

>    + 2 * P2 * a[2] + 2 * P2 * a[3])/(a[1] + 2 * a[2]):   #F_By 的大小

> P: = 60 * 10^3;   P1: = 20 * 10^3;   P2: = 10 * 10^3; f: = 10 * 10^3;   #已知条件

> a[1]: = 8: a[2]: = 2: a[3]: = 2: h[1]: = 10: h[2]: = 5:   #已知条件

F[Ax]: = evalf(F[Ax]);                                    #F_Ax 的大小的数值

> F[Ay]: = evalf(F[Ay]);

> F[Bx]: = evalf(F[Bx]);

> F[By]: = evalf(F[By]);
```

综合练习

1. 填空题

（1）共面一般力系的平衡条件是_____。

（2）列平衡方程时，为便于解题，通常把坐标轴选在与_____的方向上；把矩心选在_____的作用点上。

（3）均布载荷对平面上任一点的力矩，等于均布载荷的合力乘以均布载荷的_____和_____的距离。

（4）力矩 $M = 10\,\text{kN}\cdot\text{m}$ 的力偶作用在图 2-50 所示结构上，若 $a = 1\,\text{m}$，不计各杆重量，支座 D 的约束力 $F_D = $ _____。

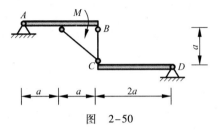

图　2-50

2. 判断题

（1）力系的主矢量是力系的合力。（　　）

（2）若一个共面力系向 A、B 两点简化的结果相同，则其主矢为零主矩必定不为零。（　　）

（3）首尾相接构成一个封闭力多边形的共面力系是共面一般力系。（　　）

（4）力系的主矢和主矩都与简化中心的位置有关。（　　）

（5）已知一个刚体在五个力作用下处于平衡，如其中四个力的作用线汇交于 O 点，则第五个力的作用线必经过 O 点。（　　）

3. 某桥墩顶部受到两边桥梁传来的铅直力 $F_1 = 2\,000\,\text{N}$，$F_2 = 800\,\text{N}$，水平力 $F_3 = 200\,\text{N}$，桥墩重量 $P = 5 \times 10^6\,\text{N}$，各力作用线位置如图 2-51 所示。求力系向基底截面中心的简化结果；如果能简化为一合力，求合力作用线位置。

4. 如图 2-52 所示，起重机的铅直支柱 AB 由止推轴承 B 和径向轴承 A 支持。起重机上有载荷 P_1 和 P_2 作用，它们与支柱的距离分别为 a 和 b。如果 A、B 两点间的距离为 c，求轴承 A 和 B 的约束力。

5. 图 2-53 所示为曲轴冲床简图，由轮Ⅰ、连杆 AB 和冲头 B 组成。A、B 两处为铰链连接。$OA = R$，$AB = l$。如果忽略摩擦和物体的自重，当 OA 在水平位置、冲压力为 F 时，系统处于平衡状态。试求：（1）作用在轮Ⅰ上的力偶之矩 M 的大小；（2）轴承处的约束反力；（3）连杆 AB 受到的力；（4）冲头给导轨的侧压力。

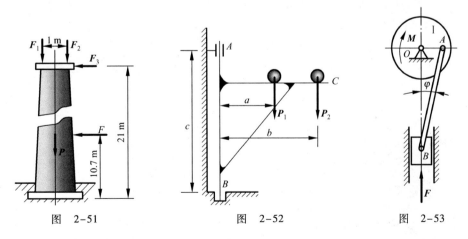

图　2-51　　　　　图　2-52　　　　　图　2-53

6. 飞机起落架的尺寸如图 2-54 所示。A、B、C 三处均为铰链，杆 OA 垂直于 A、B 两点连线。当飞机匀速直线滑行时，地面作用于轮上的铅直正压力 $F_N = 30\,\text{kN}$，水平摩擦力和各杆自重都比较小，可略去不计。试求 A、B 两处的约束力。

7. 图 2-55 所示的无底圆柱形空筒放在光滑的固定面上，内有两个重球，设每个球重为 P，半径为 r，圆筒的半径为 R。不计各接触面的摩擦及筒壁厚度，试求圆筒不致翻倒的最小重量 P_{min}。

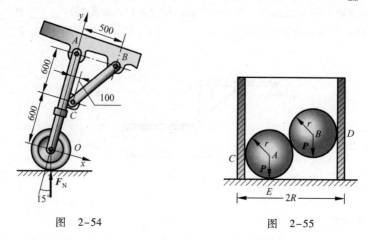

图 2-54   图 2-55

8. 如图 2-56 所示结构，每个支座最大承受 180 kN 的力，试求保证结构安全的最大 d 值。

9. 图 2-57 所示的 AB 杆平放于光滑支撑 C、D 上，试求杆保持平衡的最大力 P 值。

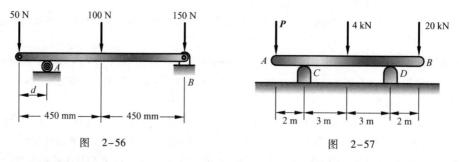

图 2-56   图 2-57

10. 图 2-58 所示为运送两个酒桶的小推车，每个酒桶的重量为 500 N，一人双手握住车把手，当 $\alpha = 30°$ 时，为保持平衡，此人每手用力 P 为多大、α 为多大时最省力？

11. 塔式起重机如图 2-59 所示。机架重 $P_1 = 800$ kN，作用线通过塔架的中心。最大起重量 $P_1 = 500$ kN，轨道间距 4 m，保证起重机在满载和空载时都不致翻到，平衡重 P_3 应为多少？

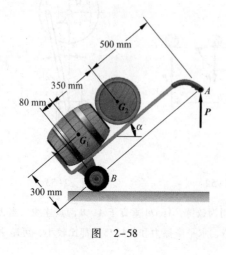

图 2-58

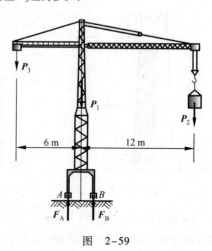

图 2-59

12. 炼钢炉送料机由跑车 A 和可移动的桥 B 组成。跑车可沿桥上的轨道运动，两轮间距离为 2 m，跑车与操作架 D、平臂 OC 以及料斗 C 相连，料斗每次装载物料 $W = 15$ kN，平臂 $OC = 5$ m，如图 2-60 所示。设跑车 A、操作架 D 和所有附件总重为 P，作用于操作架的轴线，问 P 至少应多大才能使料斗在满载时跑车不致翻倒？

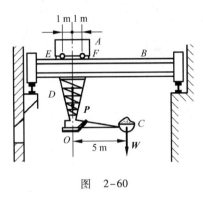

图 2-60

任务4 物体系统的平衡

任务目标

在工程中，常遇到几个物体通过一定的约束联系在一起的系统，这种系统称为物体系统。求解物体系统的平衡问题，关键在于恰当地选取研究对象，正确地选取投影轴和矩心，列出适当的平衡方程。总的原则是：尽可能地减少每一个平衡方程中的未知量，最好是每个方程只含有一个未知量，以避免求联立方程。本任务要求正确判断所求未知量所在的物体及物体系统，通过选取适当的求解顺序分别对物体及物体系统分析，更简便地解出未知量。

 基础知识

物体系统平衡时的特点及解题方法

处于平衡的物体系统具有如下特点：

（1）整体系统平衡，每个物体也平衡。可取整体或部分系统或单个物体为研究对象。

（2）分清内力和外力。在受力图上不考虑内力。

（3）灵活选取平衡对象和列写平衡方程。尽量减少方程中的未知量，简捷求解。

（4）如果系统由 n 个物体组成，而每个物体在平面力系作用下平衡，则有 $3n$ 个独立的平衡方程，可解 $3n$ 个未知量。

如图 2-61（a）所示的三角拱。作用于物体系统上的力，可分为内力和外力两大类。系统外的物体作用于该物体系统的力，称为外力；系统内部各物体之间的相互作用力，称为内力。对于整个物体系统来说，内力总是成对出现的，两两平衡，故无需考虑，如图 2-61（b）的 C 铰处。而当取系统内某一部分为研究对象时，作用于系统上的内力变成

工程力学

了作用在该部分上的外力，必须在受力图中画出，如图 2-61（c）中 C 铰处的 $\boldsymbol{F}_{Cx}$ 和 $\boldsymbol{F}_{Cy}$。

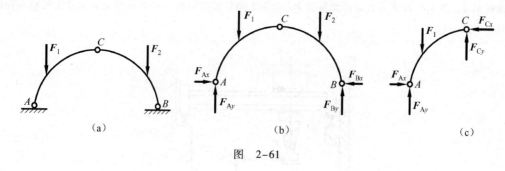

图 2-61

例 2-18 一静定多跨梁由梁 AB 和 BC 用中间铰 B 连接而成，支承和载荷情况如图 2-62 所示。已知 $F=20\,\mathrm{kN}$，$q=5\,\mathrm{kN/m}$，$\alpha=45°$。试求支座 A、C 和中间铰 B 处的约束反力。

解：分别画出梁 AB，BC 及整体的受力图，如图 2-63（a）～（c）所示，分析各部分受力情况，确定梁 AB 为研究对象，列平衡方程：

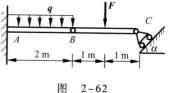

图 2-62

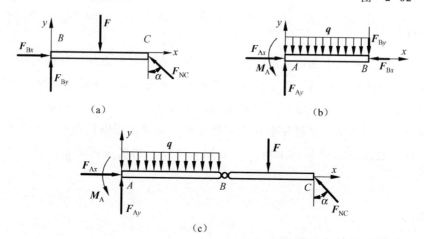

图 2-63

$$\sum F_x = 0, \quad F_{Bx} - F_{NC}\sin\alpha = 0$$

$$\sum F_y = 0, \quad F_{By} - F + F_{NC}\cos\alpha = 0$$

$$\sum M_B(F) = 0, \quad -F \times 1 + F_{NC}\cos\alpha \times 2 = 0$$

解得

$$F_{NC} = \frac{F}{2\cos\alpha} = \frac{20}{2 \times \cos45°} = 14.14\,\mathrm{N}$$

$$F_{Bx} = F_{NC}\sin\alpha = 14.14 \times \sin45° = 10\,\mathrm{N}$$

$$F_{By} = F - F_{NC}\cos\alpha = 20 - 14.14 \times \cos45° = 10\,\mathrm{N}$$

取 AB 梁为研究对象，列平衡方程：

$$\sum F_x = 0, \quad F_{Ax} - F'_{Bx} = 0$$

$$\sum F_y = 0, \quad F_{Ay} - q \times 2 - F'_{By} = 0$$

$$\sum M(F) = 0, \quad M_A - q \times 2 \times 1 - F'_{By} \times 2 = 0$$

解得 $F_{Ax} = 10\text{ kN}$，$F_{Ay} = 20\text{ kN}$，$M_A = 30\text{ kN} \cdot \text{m}$。

例 2-19 图 2-64（a）所示为三铰拱，每半拱重量 $G = 300\text{ kN}$，跨长 $l = 32\text{ m}$，拱高 $h = 10\text{ m}$。求铰链支座 A、B、C 的约束反力。

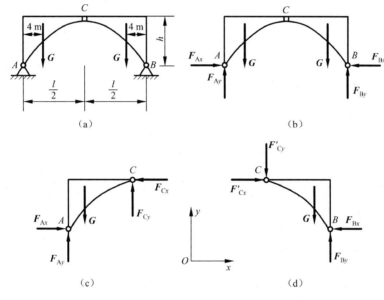

图 2-64

解：第一种解法：先取三铰拱整体为研究对象，再取半拱 AC（或 BC）为研究对象进行求解。

第二种解法：分别取半拱 AC、BC 为研究对象进行求解。

（1）先取三铰拱整体为研究对象，画出受力图。

主动力：两个半拱重量各为 G。

约束反力：铰链支座 A、B 出的约束反力 F_{Ax}、F_{Ay}、F_{Bx}、F_{By}。

受力图如 2-64（b）所示。

（2）建立坐标系 Oxy，列平衡方程：

$$\begin{cases} \sum F_x = 0 \\ \sum F_y = 0 \\ \sum M_A(F) = 0 \end{cases} \Rightarrow \begin{cases} F_{Ax} - F_{Bx} = 0 \\ F_{Ay} - G - G + F_{By} = 0 \\ -G \times 4 - G \times (l-4) + F_{By} \times l = 0 \end{cases}$$

解得 $F_{By} = F_{Ay} = 300\text{ kN}$。

（3）取半拱 AC 为研究对象，画出受力图。

半拱 AC 上作用有主动力 G，约束反力有 F_{Ax}、F_{Ay}、F_{Cx}、F_{Cy}，受力图如图 2-64（c）所示。

$$
\begin{cases}
\sum F_x = 0 \\
\sum F_y = 0 \\
\sum M_C(F) = 0
\end{cases}
\Rightarrow
\begin{cases}
F_{Ax} - F_{Cx} = 0 \\
F_{Ay} - G + F_{Cy} = 0 \\
F_{Ax} \times h - F_{Ay} \times \dfrac{l}{2} + G \times \left(\dfrac{l}{2} - 4 \right) = 0
\end{cases}
$$

解得　$F_{Ax} = F_{Bx} = 120 \text{ kN}$

解出物体系统平衡问题的步骤和方法：

（1）画出物体系统整体和各个物体的分离体和受力图。

（2）分析各部分受力图，选取静定物体或可求出某个未知量的可解物体为研究对象，列平衡方程，求出未知量。

（3）选取与上一步静定物体或可解物体相连（有关系）的静定物体为研究对象，求出未知量。

（4）重复上一步过程，最终求出全部未知量。

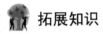 **拓展知识**

静定与超静定的概念

每种力系的独立平衡方程数 m 是一定的，因而能求解未知量的个数 n 也是一定的。静定与静不定问题或超静定问题可如表 2-2 所述：

表 2-2　静定与超静定问题

	n 和 m 的个数	求解情况	系统被约束情况	图例	说明
静定问题	$n = m$	刚体静力学方法能解出全部未知量	完全约束	图 2-65（a）～（c）；图 2-66	静力学主要内容
			不完全约束	图 2-67（系统只能在某各位置上平衡）；图 2-68（系统平衡时，主动力需满足一定关系）	有条件平衡。机构平衡属此类
超静定问题	$n > m$	刚体静力学方法不能解出全部未知量	多余约束	图 2-65（d）～（f）	增加变形条件，可解出全部未知量

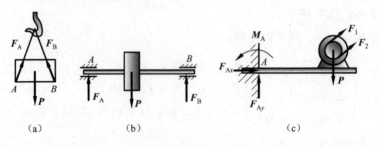

（a）　　　　　　（b）　　　　　　　　（c）

图　2-65

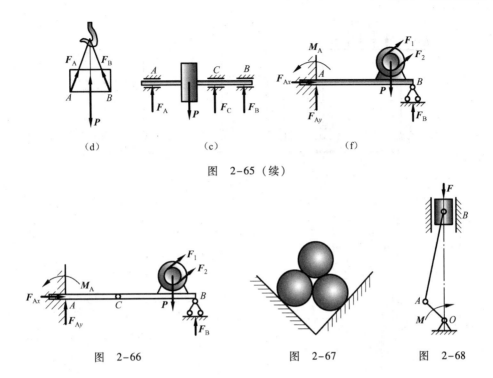

图 2-65（续）

图 2-66 图 2-67 图 2-68

综合练习

1. 活动梯子置于光滑水平面上（见图 2-69），并在铅锤面内，梯子两部分 AC 和 AB 重量均为 Q，中心在 A 点，彼此用铰链 A 和绳子 DE 连接。一人重量为 P 立于 F 处，试求绳子 DE 的拉力和 B、C 两点的约束力。

2. 如图 2-70 所示，已知梁 AB 和 BC 在 B 端铰接，C 为固定端（见图 2-70）。若 $M = 20\ \text{kN} \cdot \text{m}$，$q = 15\ \text{kN/m}$，试求 A、B、C 三处的约束力。

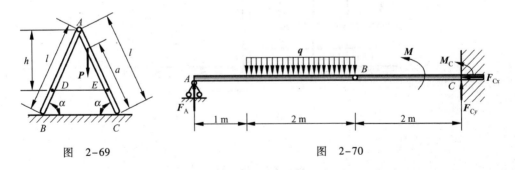

图 2-69 图 2-70

3. 钢架 ABC 和钢架 CD 通过铰链 C 连接，并与地面通过铰链 A、B、D 连接，如图 2-71 所示，载荷如图，试求钢架的支座约束力（尺寸单位为 m，力的单位为 kN，载荷集度单位为 kN/m）。

4. 由 AB、BC 和 CE 组成的支架和滑轮 E 支持着物体。物体的重量为 12 kN。D 处亦为铰链连接，尺寸如图 2-72 所示。试求固定铰链支座 A 和滚动铰链支座 B 的约束反力以及杆 BC 所受的力。

5. 起重构架如图 2-73 所示，尺寸单位为 mm。滑轮直径 $d = 200\ \text{mm}$，钢丝绳倾斜部分平行于杆 BE。吊起的重物的重量 $W = 10\ \text{kN}$，其他重量不计，求固定铰链支座 A、B 的约束反力。

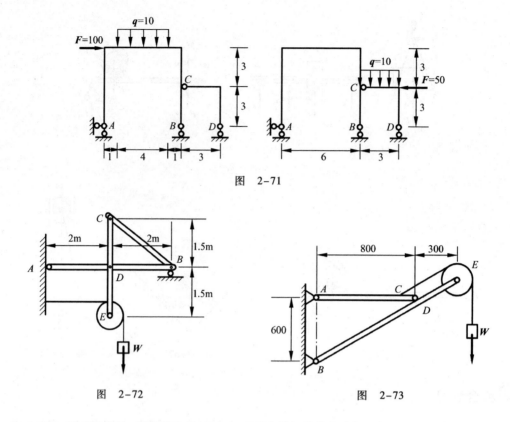

图 2-71

图 2-72   图 2-73

6. 如图 2-74 所示结构，缆绳拉力为 150 kN，求固定端 E 的约束反力。

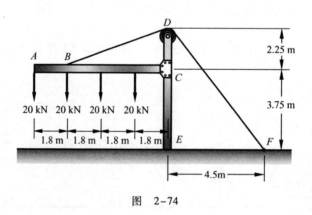

图 2-74

项 目 总 结

本项目介绍了共面力系的分析方法。重点掌握共面一般力系、共面特殊力系的平衡条件及其在解决实际问题中的应用；难点是如何灵活的应用平衡条件而更快速、简便地解决问题。知识结构如图 2-75 所示。

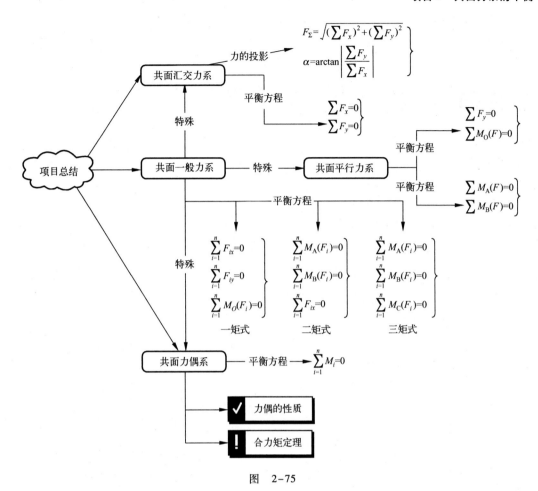

图　2-75

项目 ❸ 空间力系的平衡

项目引入

力系中各力作用线不在同一平面内，该力系称为空间一般力系，通常称为空间力系。空间力系按各力作用线的相对位置，可以分为空间汇交力系、空间平行力系和空间任意力系。在机械工程当中，较多零部件的受力呈空间任意力系状态。工程中使用带轮（见图3-1）绕线时，线轴受力也呈空间任意力系状态（见图3-2）等等。那么，这样的空间力系问题又将如何解决呢？

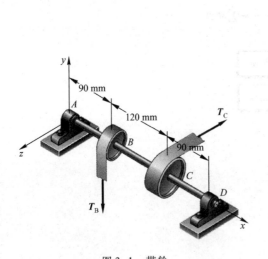

图3-1 带轮

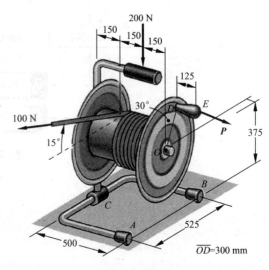

图3-2 手提线轴

目标要求

知识目标

- 理解空间力的投影。
- 理解力对轴的矩。
- 了解空间力系平衡的条件。
- 掌握平面图形形心的求法。

能力目标

- 可以运用空间力系的平衡条件分析空间力系。

● 能解决简单空间力系问题。

● 熟悉型钢规格。

任务 1　空间任意力系的平衡

任务目标

本任务将扩展共面力系中的理论内容，进一步探讨空间任意力系的解决方法。应理解空间力的投影、力对轴的矩等重要概念，并利用空间任意力系的平衡条件解决简单的实际问题。

基础知识

一、空间力的投影

力在空间直角坐标轴上的投影定义与在共面力系中的定义相同。若已知力与轴的夹角，就可以直接求出力在轴上的投影，这种求解方法称为直接投影法。

设空间直角坐标系的三个坐标轴如图 3-3 所示，已知力 F 与三轴间的所夹的锐角分别为 α、β、γ，则力在轴上的投影为 $F_x = \pm F\cos\alpha$，$F_y = \pm F\cos\beta$，$F_z = \pm F\cos\gamma$。

力在轴上的投影为代数量，其正负号规定：从力的起点到终点若投影后的趋向与坐标轴正向相同，力的投影为正；反之为负。而力沿坐标轴分解所得的分量则为矢量。虽然两者大小相同，但性质不同。

当力与坐标轴的夹角没有全部给出时，可采用二次投影法，即先将力投影到某一坐标平面上得到一个矢量，然后再将这个过渡矢量进一步投影到所选的坐标轴上。

如图 3-4 所示，已知力 F 的值和 F 与 z 轴的夹角 γ，以及力 F 在 Oxy 平面上的投影 F_{xy} 与 x 轴的夹角 φ，则 F 在 x、y、z 三轴上的投影可列写为

$$F_z = F\cos\gamma$$

$$F_{xy} = F\sin\gamma \Rightarrow \begin{cases} F_x = F_{xy}\cos\varphi = F\sin\gamma\cos\varphi \\ F_y = F_{xy}\sin\varphi = F\sin\gamma\sin\varphi \end{cases}$$

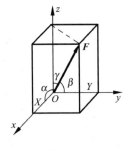

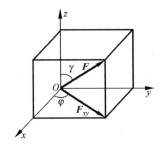

图　3-3　　　　　　　　　　图　3-4

若已知投影 F_x、F_y、F_z，则合力 F 的大小、方向可由下式求得

$$F = \sqrt{F_{xy}^2 + F_z^2} = \sqrt{(F_x^2 + F_y^2) + F_z^2} = \sqrt{F_x^2 + F_y^2 + F_z^2} \left.\begin{array}{c}\\\\\end{array}\right\}$$

$$\cos\alpha = \left|\frac{F_x}{F}\right| \quad \cos\beta = \left|\frac{F_y}{F}\right| \quad \cos\gamma = \left|\frac{F_z}{F}\right|$$

(3-1)

其中，α、β、γ 分别为力 F 与 x、y、z 轴间所夹之锐角。

共面汇交力系的合力投影定理可扩展为：空间汇交力系的合力在某一轴上的投影，等于力系中各力在同一轴上投影的代数和。

例 3-1 在边长 $a = 50\ mm$，$b = 100\ mm$，$c = 150\ mm$ 的六面体上，作用有三个空间力，如图 3-5 所示。$F_1 = 6\ kN$，$F_2 = 10\ kN$，$F_3 = 20\ kN$，试计算各力在三个坐标轴上的投影。

解：（1）求 F_1 的投影，力 F_1 与 z 轴平行 。

$$F_{1x} = 0, \quad F_{1y} = 0, \quad F_{1z} = 6$$

（2）求 F_2 的投影，力 F_2 与坐标平面 Oyz 平行。

$$F_{2y} = -F_2 \cdot \cos\beta = -F_2 \cdot \frac{b}{\sqrt{a^2 + b^2}} = -10 \times 10^3 \times \frac{0.1}{0.05^2 + 0.1^2}\ N = -8.94 \times 10^3\ N$$

$$F_{2z} = F_2 \cdot \sin\beta = F_2 \cdot \frac{a}{\sqrt{a^2 + b^2}} = 10 \times 10^3 \times \frac{0.05}{0.05^2 + 0.1^2}\ N = 4.47 \times 10^3\ N$$

（3）求 F_3 的投影，力 F_3 为空间力，应用二次投影法。

$$F_{3x} = -F_3 \cdot \cos\varphi = -F_3 \cdot \frac{c}{\sqrt{a^2 + b^2 + c^2}}$$

$$= -20 \times 10^3 \times \frac{0.15}{\sqrt{0.05^2 + 0.1^2 + 0.15^2}}\ N = 1.60\ kN$$

$$F_{3yz} = F_3 \cdot \sin\varphi = F_3 \cdot \frac{\sqrt{a^2 + b^2}}{\sqrt{a^2 + b^2 + c^2}}$$

$$= 20 \times 10^3 \times \frac{\sqrt{0.05^2 + 0.1^2}}{\sqrt{0.05^2 + 0.1^2 + 0.15^2}}\ N = 11.95 \times 10^3\ N$$

$$F_{3y} = F_{3yz} \cdot \cos\beta = 11.95 \times 10^3 \times \frac{0.1}{\sqrt{0.05^2 + 0.1^2}} = 1.14\ kN$$

$$F_{3z} = -F_{3yz} \cdot \sin\beta = -11.95 \times 10^3 \times \frac{0.05}{\sqrt{0.05^2 + 0.1^2}} = -0.57\ kN$$

二、力对轴的矩

在工程实际中，经常遇到刚体绕定轴转动的情形，为了度量力使物体绕定轴转动的效果，我们引入力对轴之矩的概念。

如图 3-6（a）所示，力 F 对 z 轴之矩等于该力在与 z 垂直的平面上的投影 F_{xy} 对轴与平面交点 O 之矩，有

$$M_z(F) = M_O(F_{xy}) = \pm F_{xy} \cdot h$$

力对轴之矩是代数量，表示力矩的大小和转向，并按右手规则确定其正负号，如图 3-6（b）所示，拇指指向与 z 轴一致为正，反之为负。

力与轴平行或相交时，力对该轴之矩等于零。空间力系的合力对某一轴之矩，等于力系中各分力对同一轴之矩的代数和。

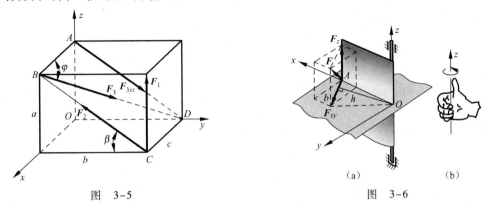

图　3-5　　　　　　　　　　　　　　　　　图　3-6

例 3-2　手柄 $ABCE$ 在平面 Axy 内，在 D 处作用一个力 F，如图 3-7 所示，它在垂直于 y 轴的平面内，偏离铅直线的角度为 α。如果 $CD = a$，杆 BC 平行于 x 轴，杆 CE 平行于 y 轴，AB 和 BC 的长度为 l。试求力 F 对三个坐标轴之矩。

解：将力 F 沿坐标轴分解为 F_x 和 F_z 两个分力，其中 $F_x = F\sin\alpha$，$F_z = F\cos\alpha$。注意到力与轴平行或相交时对该轴之矩为零，由合力矩定理有

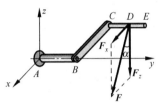

图　3-7

$$M_x(F) = M_x(F_z) = -F_z(\overline{AB} + \overline{CD}) = -F(l + a)\cos\alpha$$

$$M_y(F) = M_y(F_z) = -F_z \overline{BC} = -Fl\cos\alpha$$

$$M_z(F) = M_z(F_x) = -F_x(\overline{AB} + \overline{CD}) = -F(l + a)\sin\alpha$$

三、空间力系的平衡

求解空间力系平衡问题的基本方法和步骤与共面力系相同，即

- 选择研究对象，取出分离体，画分离体受力图。
- 建立空间直角坐标系，列平衡方程。
- 代入已知条件，求解未知量。其中，正确地选择研究对象，画分离体受力图是解决问题的关键。

1. 空间汇交力系

空间汇交力系平衡的解析条件是：力系中各力在任选空间直角坐标轴上的投影代数和分别等于零。

空间汇交力系平衡方程为

$$\begin{cases} \sum F_x = 0 \\ \sum F_y = 0 \\ \sum F_z = 0 \end{cases} \tag{3-2}$$

例 3-3　如图 3-8（a）所示，用起重杆吊起重物。起重杆的 A 端用球铰链固定在地面上，而 B 端则用绳 CB 和 DB 拉住，两绳分别系在墙上的 C、D 点，连线 CD 平行于轴 x。已

知 $CE = EB = DE$，$\theta = 30°$，CDB 平面与水平面间的夹角 $\angle EBF = 30°$，如图 3-8（b）所示，物体重量 $P = 10$ kN，如果起重杆的重量不计，试求起重杆所受的压力和绳子的拉力。

解： 由图 3-8（b）列平衡方程得

$$\sum F_y = 0，\quad -F_{BE}\cos30° + F_{AB}\sin30° = 0$$

$$\sum F_z = 0，\quad F_{BE}\sin30° - P + F_{AB}\cos30° = 0$$

解得 $FA = F_{AB} = 8\,660$ N，$F_{BE} = 5$ kN。

由几何关系得

$$F_1 = F_2 = \frac{F_{BE}}{2\cos45°} = 3\,535 \text{ N}$$

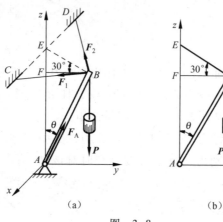

(a)　　　　　　(b)

图　3-8

2. 空间平行力系

空间平行力系平衡的解析条件是：力系中各力在与其平行的坐标轴上的投影的代数和等于零，且这些力对于其他两坐标轴之矩的代数和分别等于零。

空间平行力系平衡方程为

$$\begin{cases} \sum F_z = 0 \\ \sum M_x(F) = 0 \\ \sum M_y(F) = 0 \end{cases} \quad (3-3)$$

例 3-4　图 3-9 所示的三轮小车的重量 $P = 8$ kN，作用于点 E，载荷 $P_1 = 10$ kN 作用于点 C。求小车静止时地面对车轮的约束力。

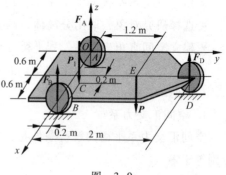

图　3-9

解： 取小车为研究对象，受力如图所示。5 个力构成空间平行力系。建立图示坐标系 $Oxyz$，得平衡方程：

$$\sum F_z = 0，\quad -P_1 - P + F_A + F_B + F_D = 0$$

$$\sum M_x(F) = 0，\quad -0.2 - 1.2P + 2F_D = 0$$

$$\sum M_y(F) = 0，\quad 0.8P_1 + 0.6P - 0.6F_D - 1.2F_B = 0$$

解得 $F_D = 5.8$ kN，$F_B = 7.777$ kN，$F_A = 4.423$ kN。

空间约束类型及其约束反力如表 3-1 所示。

表 3-1　空间约束的类型及约束反力

序号	空间约束类型	简化画法	约束反力
1	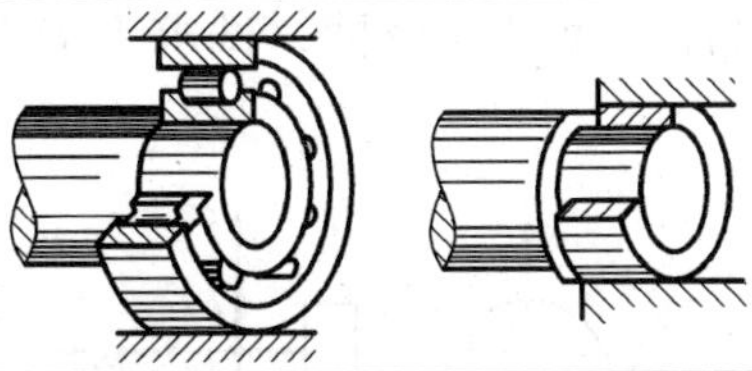	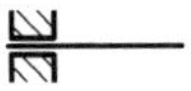	
2	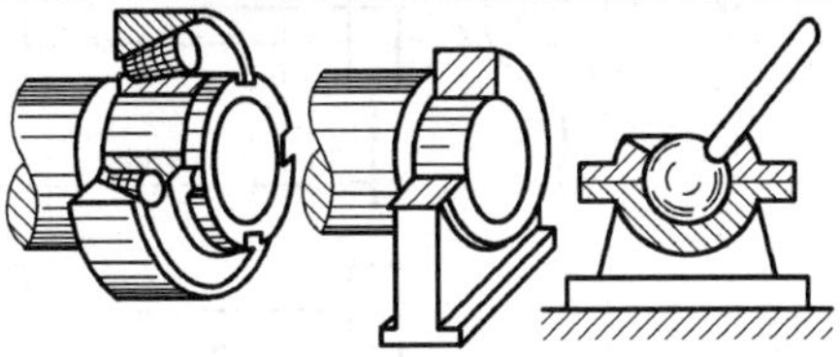		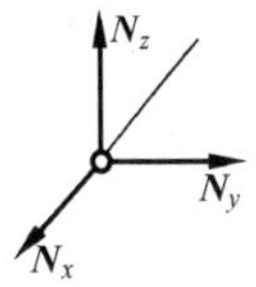
3	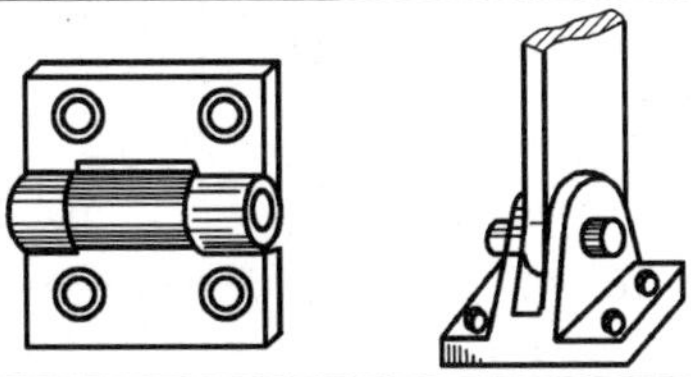	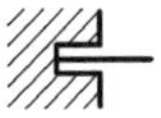	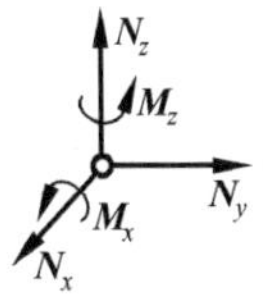
4	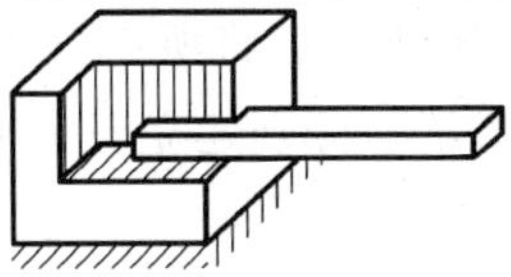	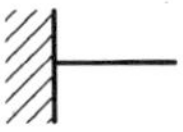	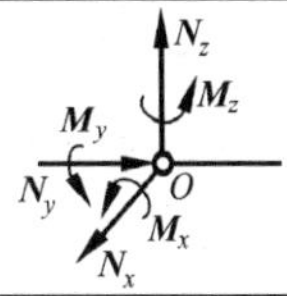

3. 空间力偶系

空间力偶系平衡的解析条件：力系中各力对坐标轴之矩的代数和分别等于零。空间力偶系平衡方程为

$$\begin{cases} \sum M_x(F) = 0 \\ \sum M_y(F) = 0 \\ \sum M_z(F) = 0 \end{cases} \tag{3-4}$$

4. 空间任意力系

空间任意力系平衡的解析条件：力系中各力在任选空间坐标轴上的投影的代数和分别等于零以及各力对三个坐标轴之矩的代数和分别等于零。

空间任意力系平衡方程为

$$\begin{cases} \sum F_x = 0 \\ \sum F_y = 0 \\ \sum F_z = 0 \\ \sum M_x(F) = 0 \\ \sum M_y(F) = 0 \\ \sum M_z(F) = 0 \end{cases} \tag{3-5}$$

例 3-5 一车床主轴如图 3-10(a)所示，齿轮 C 直径为 200 mm，卡盘 D 夹住一直径为 100 mm 的工件，A 为向心推力轴承，B 为向心轴承。切削时工件匀速转动，车刀给工件的切削力 $F_x = 466$ N，$F_y = 352$ N，$F_z = 1\,400$ N，齿轮 C 在啮合处受力为 F，作用在齿轮最低点［见图 3-10（b）］。不考虑主轴及附件的重量与摩擦，试求力 F 的大小及 A，B 处的约束力。

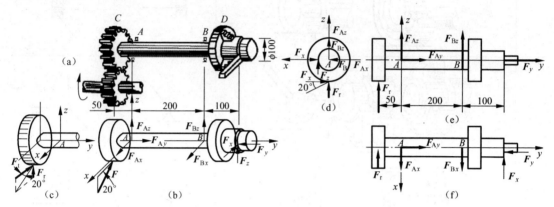

图 3-10

解：取主轴及工件为研究对象，画受力图，如图所示。将所有外力分别向空间三个坐标平面（xz、xy、yz）投影。按照平面力系的解题方法，分别建立三个平面力系的平衡方程求解。

（1）Axz 平面：

$$\sum M_A(F) = 0$$

$$F_t \times 0.1 - F_z \times 0.05 = 0$$

$$F_t = F\cos20°$$

解得 $F = 745$ N。

（2）Ayz 平面：

$$\sum M_A(F) = 0,\quad -F_r \times 0.05 + F_{Bz} \times 0.2 + F_z \times 0.3 = 0$$

$$\sum F_z = 0,\quad F_r + F_{Az} + F_{Bz} + F_z = 0$$

$$\sum F_y = 0,\quad F_{Ay} - F_y = 0$$

$$F_r = F\sin20°$$

解得 $F_{Bz} = -2\,036$ N，$F_{Az} = 318$ N，$F_{Ay} = 352$ N。

（3）Axy 平面：

$$\sum M_A(F) = 0,\quad -F_t \times 0.05 - F_{Bx} \times 0.2 + F_x \times 0.3 - F_y \times 0.05 = 0$$

$$\sum F_x = 0,\quad -F_t + F_{Ax} + F_{Bx} - F_x = 0$$

$$F_t = F\cos20°$$

解得 $F_{Bx} = 436\,\text{N}$，$F_{Ax} = 730\,\text{N}$。负号表示实际方向与图中假设方向相反。

拓展知识

Maple 软件应用示例

车床主轴如图 3-11 所示。已知车刀对工件的径向切削力 $F_x = 4.25\,\text{kN}$，纵向切削力 $F_y = 6.8\,\text{kN}$，主切削力（切向）$F_z = 17\,\text{kN}$，方向如图中所示。在直齿轮 C 上有切向力 F_t 和径向力 F_r，且 $F_r = 0.36F_t$。齿轮 C 的节圆半径为 $R = 50\,\text{mm}$，被切削工件的半径为 $r = 30\,\text{mm}$。卡盘及工件等自重不计，其余尺寸如图中所示。当主轴匀速转动时，试求：①齿轮啮合力 F_t 及 F_r；②径向轴承 A 和止推轴承 B 的约束力；③三爪卡盘 E 在 O 处对工件的约束力。

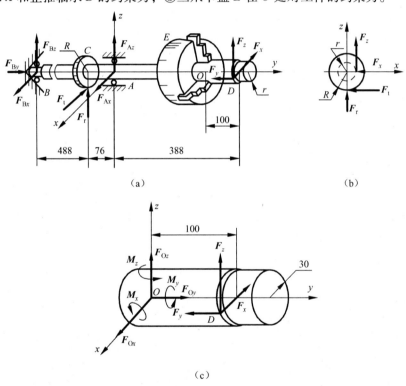

图　3-11

Maple 程序

```
> restart :                                              #清零

> eq0 : = Fr = lambda * Ft :                            #已知条件

> eq1 : = Ft * R – f[ z] * r = 0 :                      #系统 ∑ M_y(F) = 0

> eq2 : = F[ By] – f[ y] = 0 :                          #系统 ∑ F_y = 0

> eq3 : = F[ Bx] * ( a[ 1] + a[ 2] ) – Ft * a[ 2] – f[ y] * r + f[ x] * a[ 3] = 0 :   #系统 ∑ M_z(F) = 0

> eq4 : = F[ Bx] – Ft + F[ Ax] – f[ x] = 0 :           #系统 ∑ F_x = 0

> eq5 : = – F[ Bz] * ( a[ 1] + a[ 2] ) – Fr * a[ 2] + f[ z] * a[ 3] = 0 :            #系统 ∑ M_x(F) = 0
```

> eq6：= F[Bz] + Fr + F[Az] + f[z] = 0：　　　　　#系统 $\sum F_z = 0$

> solve({eq0,eq1,eq2,eq3,eq4,eq5,eq6} ,

> {Fr,Ft,F[Ax],F[Az],F[Bx],F[By],F[Bz]})；　　　#求解方程组

> Ft：= 1/R * f[z] * r：　　　　　　　　　　#齿轮啮合力 F_t 的大小

> Fr：= lambda/R * f[z] * r：　　　　　　　　#齿轮啮合力 F_r 的大小

> F[Ax]：= -(R * f[y] * r - R * f[x] * a[3] - a[2] * R * f[x] - a[1] * R * f[x]

> -a[1] * f[z] * r)/R/(a[1] + a[2])：　　#径向轴承 A 的约束力 F_{Ax} 的大小

> F[Az]：= -f[z] * (R * a[3] + R * a[2] + R * a[1] + a[1] * lambda * r)/R/(a[1] + a[2])：

　　　　　　　　　　　　　　　　　#径向轴承 A 的约束力 F_{Az} 的大小

> F[Bx]：= (R * f[y] * r - R * f[x] * a[3] + f[z] * r * a[2])/R/(a[1] + a[2])：

　　　　　　　　　　　　　　　　　#止推轴承 B 的约束力 F_{Bx} 的大小

> F[By]：= f[y]：　　　　　　　　　　　　#止推轴承 B 的约束力 F_{By} 的大小

> F[Bz]：= -f[z] * (-R * a[3] + lambda * r * a[2])/R/(a[1] + a[2])：

　　　　　　　　　　　　　　　　　#止推轴承 B 的约束力 F_{Bz} 的大小

> eq7：= F[Ox] - f[x] = 0：　　　　　　　#工件 $\sum F_x = 0$

> eq8：= F[Oy] - f[y] = 0：　　　　　　　#工件 $\sum F_y = 0$

> eq9：= F[Oz] + f[z] = 0：　　　　　　　#工件 $\sum F_z = 0$

> eq10：= M[x] + f[z] * a[4] = 0：　　　　#工件 $\sum M_x(F) = 0$

> eq11：= M[y] - f[z] * r = 0：　　　　　#工件 $\sum M_y(F) = 0$

> eq12：= M[z] + f[x] * a[4] - f[y] * r = 0：　#工件 $\sum M_z(F) = 0$

> solve({eq7,eq8,eq9,eq10,eq11,eq12} ,

> {F[Ox],F[Oy],F[Oz],M[x],M[y],M[z]})；#求解方程组

F[Ox]：= f[x]：　　　　　　　　　　#三爪卡盘 E 在 O 处对工件的约束力 F_{Ox} 的大小

> F[Oy]：= f[y]：　　　　　　　　　　#三爪卡盘 E 在 O 处对工件的约束力 F_{Oy} 的大小

> F[Oz]：= -f[z]：　　　　　　　　　#三爪卡盘 E 在 O 处对工件的约束力 F_{Oz} 的大小

> M[x]：= -f[z] * a[4]：　　　　　　　#三爪卡盘 E 在 O 处对工件的约束力 M_x 的大小

> M[y]：= f[z] * r：　　　　　　　　　#三爪卡盘 E 在 O 处对工件的约束力 M_y 的大小

> M[z]：= -f[x] * a[4] + f[y] * r：　　　#三爪卡盘 E 在 O 处对工件的约束力 M_z 的大小

> f[x]：= 4.25 * 10^3：f[y]：= 6.8 * 10^3：f[z]：= 17 * 10^3：　　#已知条件

> a[1]：= 488 * 10^(-3)：a[2]：= 76 * 10^(-3)：　　　　#已知条件

> a[3]：= 388 * 10^(-3)：a[4]：= 100 * 10^(-3)：　　　#已知条件

> R：= 50 * 10^(-3)：　r：= 30 * 10^(-3)：lambda：= 0.36：　　#已知条件

结果程序略。

综合练习

1. 填空题

(1) 空间力系的等效条件是＿＿＿＿＿＿＿＿＿＿＿＿＿＿＿＿＿。

(2) 空间力偶系等效的条件是＿＿＿＿＿＿＿＿＿＿＿＿＿＿＿＿。

（3）空间力系的各力作用线与一直线相交，则其独立的平衡方程数为_____；若各力作用线平行于固定平面，则其独立的平衡方程数为_____。

（4）力对轴的矩是代数量，用_____法则判断其正方向。

（5）空间力系有_____个独立方程，最多只能解出_____个未知量。

（6）空间固定约束有_____个约束力和_____个约束力偶矩。

2. 判断题

（1）当力与轴共面时，力对该轴之矩等于零。（　　　）

（2）在空间问题中，力偶对刚体的作用完全由力偶矩矢决定。（　　　）

3. 挂物架如图 3-12 所示，三杆的重量不计，用球铰链连接于 O 点，平面 BOC 为水平面，且 OB = OC，角度如图。若在 O 点挂一重物 G，重量为 1 000 N，求三杆所受的力。

4. 图 3-13 所示六杆支撑一水平板，在板角处受铅直力 **F** 作用。设板和杆自重不计，求各杆的内力。

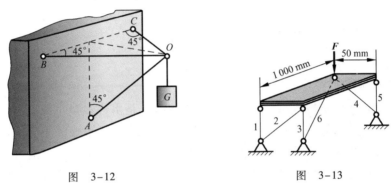

图　3-12　　　　　　　　　　　　　　图　3-13

5. 如图 3-14 所示，两个直径 150 mm 的带轮安装在轴 AD 上，求支座 A 的约束力。

6. 图 3-15 所示手摇钻由支点 C、钻头 A 和弯曲的手柄组成。当支点 C 处施加压力 F_x、F_y、F_z 以及手柄上加力 F 后即可带动钻头绕轴 AB 转动而钻孔，已知 F = 150 N，F_x = 50 N。试求：（1）钻头所受阻力偶的力偶矩；（2）材料给钻头的反力；（3）压力 F_y、F_z。

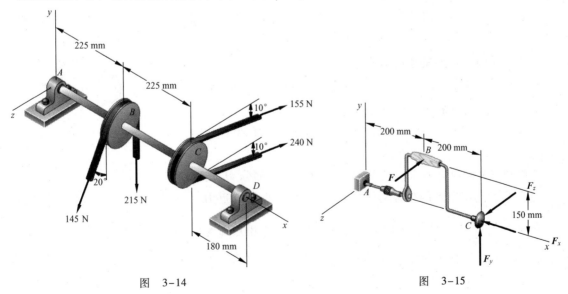

图　3-14　　　　　　　　　　　　　　图　3-15

任务2 物体的重心、形心

任务目标

　　重心、形心的概念在工程中具有重要意义，应用相当广泛。例如，水坝的重心位置关系到坝体在水压力作用下能否维持平衡；飞机的中心位置设计不当就不能安全稳定地飞行；构件截面形心位置将影响构件在载荷作用下的内力分布，与构件受载荷后能否安全工作有着密切的联系；即使是在日常活动中，人也在不断地调整自身的动作来变换重心的位置以达到平衡的目的。总之，重心（形心）与物体的平衡以及构件的内力分布紧密相连。本任务将介绍物体重心的概念和确定重心、形心的方法。

基础知识

一、重心的概念

　　物体的重力是地球对物体的引力，如果把物体看成是由许多微小部分组成的，则每个微小的部分都受到地球的引力，这些引力汇交于地球的中心，形成一个空间汇交力系，但由于我们所研究的物体尺寸与地球的直径相比要小得多，因此可以近似地看成是空间平行力系，该力系的合力即为物体的重量。由实践可知，无论物体如何放置，重力合力的作用线总是过一个确定点，这个点就是物体的重心。

　　重心的位置对于物体的平衡和运动，都有很大关系。在工程上，设计挡土墙、重力坝等建筑物时，重心位置直接关系到建筑物的抗倾稳定性及其内部受力的分布。机械的转动部分，如偏心轮应使其重心离转动轴有一定距离，以便利用其偏心产生的效果；而一般的高速转动物体又必须使其重心尽可能不偏离转动轴，以免产生不良影响。所以如何确定物体的重心位置，在实践中有着重要的意义。

二、重心与形心的坐标公式

　　为确定物体重心的位置，取直角坐标系 $Oxyz$，其中 z 轴竖直向上，将物体的重心以 C 表示，如图 3-16 所示。重心在坐标系中的坐标记为 x_C、y_C、z_C，下面建立中心坐标表达式。

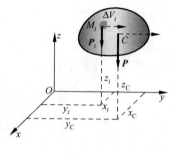

图 3-16

　　将物体分割成许多微小的部分，其中某微小部分 M_i 的重力为 P_i，其作用点的坐标为 x_i、y_i、z_i，各微小部分重力的合力 $P = \sum\limits_{i=1}^{n} P_i$，其大小即为物体的重量，其作用点即为重心 C。按图 3-16 所示，对 x 轴和 y 轴分别应用合力矩定理，则

$$-y_{C}P = -\sum_{i=1}^{n} y_{i}P_{i} \atop x_{C}P = \sum_{i=1}^{n} x_{i}P_{i} \Bigg\} \tag{3-6}$$

由式（3-6）可求得重心坐标 x_{C} 和 y_{C}，为求坐标 z_{C} 可将物体固结在坐标系中，随坐标系一起绕 x 轴顺时针方向旋转 90°，坐标轴 y 的正向铅直向下。这时，重力 **P** 和 **P**$_{i}$ 都平行于 y 轴，且与 y 轴同向，如图 3-16 中虚线箭头所示，在此情况下对 x 轴应用合力矩定理，有

$$-z_{C}P = -\sum_{i=1}^{n} z_{i}P_{i} \tag{3-7}$$

由式（3-6）和式（3-7）可得物体重心坐标 C 的坐标公式为

$$x_{C} = \frac{\sum_{i=1}^{n} x_{i}P_{i}}{P} \atop y_{C} = \frac{\sum_{i=1}^{n} y_{i}P_{i}}{P} \atop z_{C} = \frac{\sum_{i=1}^{n} z_{i}P_{i}}{P} \Bigg\} \tag{3-8}$$

如果物体是匀质的，以 V_{i} 表示微小部分 M_{i} 的体积，以 $V = \sum_{i=1}^{n} V_{i}$ 表示整个物体的体积，则得到物体重心坐标的另一表达式：

$$x_{C} = \frac{\sum_{i=1}^{n} x_{i}V_{i}}{V} \atop y_{C} = \frac{\sum_{i=1}^{n} y_{i}V_{i}}{V} \atop z_{C} = \frac{\sum_{i=1}^{n} z_{i}V_{i}}{V} \Bigg\} \tag{3-9}$$

均质物体的重心又称为形心，对均质物体而言，重心和形心重合在一起。如果物体在某一轴线上的横截面完全一致（即等厚）情况下，设横截面每个微小的面积为 A_{i}，横截面面积为 $A = \sum_{i=1}^{n} A_{i}$，则物体形心坐标为

$$x_C = \cfrac{\sum\limits_{i=1}^{n} x_i A_i}{A} \left.\begin{array}{c}\\\\\\\\\\\\\end{array}\right\} \tag{3-10}$$

$$y_C = \cfrac{\sum\limits_{i=1}^{n} y_i A_i}{A}$$

三、物体重心位置的求法

匀质等厚物体可根据表 3-2 进行图形组合的方法求其重心。

表 3-2　简单物体重心坐标公式

类　别	图　形	重 心 位 置
矩形	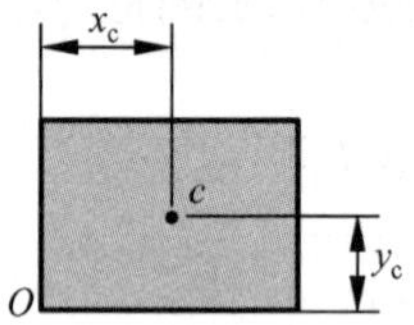	在对角线交点
三角形	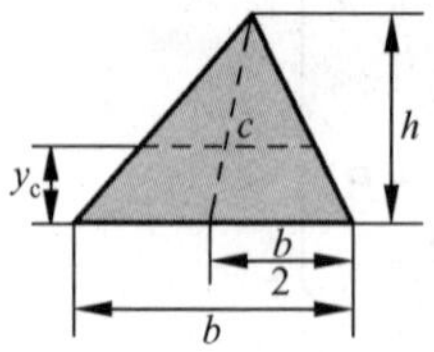	在中线的交点 $y_c = \dfrac{1}{3}h$
扇形	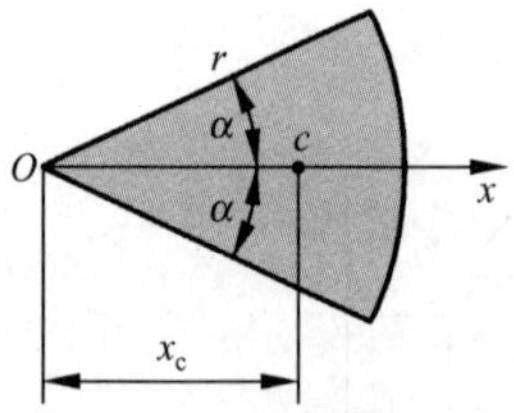	$x_c = \dfrac{2}{3}\dfrac{r\sin\alpha}{\alpha}$ 半圆：$x_c = \dfrac{4r}{3\pi}$
弓形	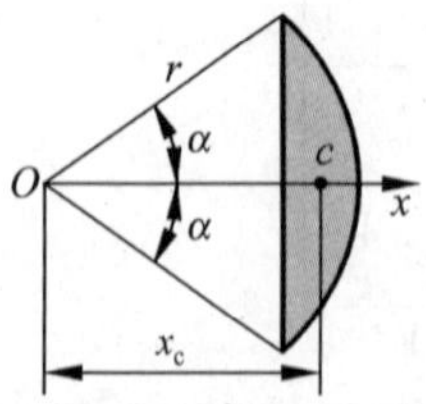	$x_c = \dfrac{2}{3}\dfrac{r^3 \sin^3\alpha}{S}$ $S = \dfrac{r^2(2\alpha - \sin 2\alpha)}{2}$
抛物面	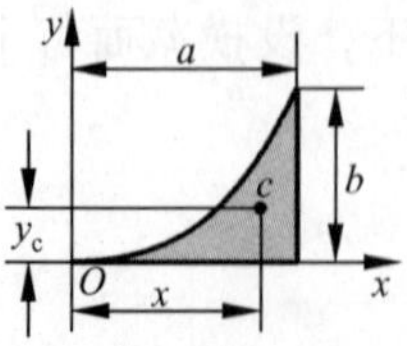	$x_c = \dfrac{3}{4}a$ $y_c = \dfrac{3}{10}b$

例 3-6 热轧不等边角钢的横截面近似简化如图 3-17 所示，求该截面形心的位置。

解： 解法一

如图 3-17（a）所示，取坐标系 Oxy，则矩形 Ⅰ、Ⅱ 的面积和形心坐标分别为

$$A_1 = 120 \times 12 \, \text{mm}^2 = 1\,440 \, \text{mm}^2, \quad x_1 = 6 \, \text{mm}, \quad y_1 = 60 \, \text{mm}$$

$$A_2 = (80 - 12) \times 12 \, \text{mm}^2 = 816 \, \text{mm}^2, \quad y_2 = 6 \, \text{mm}, \quad x_2 = 46 \, \text{mm}$$

求形心坐标：

$$x_C = \frac{\sum A_i \cdot x_i}{A} = \frac{A_1 \cdot x_1 + A_2 \cdot x_2}{A_1 + A_2} = \frac{1\,440 \times 6 + 816 \times 46}{1\,440 + 816} \, \text{mm} = 20.5 \, \text{mm}$$

$$y_C = \frac{\sum A_i \cdot y_i}{A} = \frac{A_1 \cdot y_1 + A_2 \cdot y_2}{A_1 + A_2} = \frac{1\,440 \times 60 + 816 \times 6}{1\,440 + 816} \, \text{mm} = 40.5 \, \text{mm}$$

所以，截面形心 C 点坐标为（20.5 mm，40.5 mm）。

解法二

如图 3-17（b）所示，取坐标系 Oxy，则矩形 Ⅰ、Ⅱ 的面积和形心坐标分别为

$$A_1 = 80 \times 120 \, \text{mm}^2 = 9\,600 \, \text{mm}^2$$

$$A_2 = -108 \times 68 \, \text{mm}^2 = -7\,344 \, \text{mm}^2$$

求形心坐标：

$$x_C = \frac{\sum A_i \cdot x_i}{A} = \frac{A_1 \cdot x_1 + A_2 \cdot x_2}{A_1 + A_2} = \frac{9\,600 \times 40 - 7\,344 \times 46}{9\,600 - 7\,344} \, \text{mm} = 20.5 \, \text{mm}$$

$$y_C = \frac{\sum A_i \cdot y_i}{A} = \frac{A_1 \cdot y_1 + A_2 \cdot y_2}{A_1 + A_2} = \frac{9\,600 \times 60 - 7\,344 \times 66}{9\,600 - 7\,344} \, \text{mm} = 40.5 \, \text{mm}$$

例 3-7 试求图 3-18 所示图形的形心。已知 $R = 100 \, \text{mm}$，$r_2 = 30 \, \text{mm}$，$r_3 = 17 \, \text{mm}$。

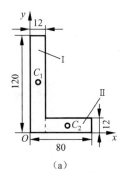 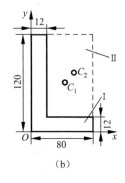

图 3-17

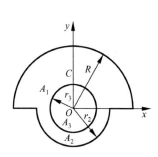

图 3-18

解： 取坐标系 Oxy，将图形看成由半径为 R 的半圆、半径为 r_2 的小半圆、挖去半径为 r_3 的小圆三部分组成。

半径为 R 的半圆面：

$$A_1 = \frac{\pi R^2}{2} = \frac{\pi \times 100^2}{2} \, \text{mm}^2 = 15\,700 \, \text{mm}^2, \quad y_1 = \frac{4R}{3\pi} = \frac{4 \times 100}{3\pi} \, \text{mm} = 42.4 \, \text{mm}$$

半径为 r_2 的小半圆面：

$$A_2 = \frac{\pi \cdot r_2^2}{2} = \frac{\pi \times 30^2}{2} \text{ mm}^2 = 1\,400 \text{ mm}^2, \quad y_2 = -\frac{4r_2}{3\pi} = -\frac{4 \times 30}{3\pi} \text{ mm} = -12.7 \text{ mm}$$

挖去半径为 r_3 的小圆面：

$$A_3 = -\pi \cdot r_3^2 = -\pi \times 17^2 \text{ mm}^2 = -910 \text{ mm}^2, \quad y_3 = 0$$

求形心坐标：

$$y_C = \frac{\sum A_i \cdot y_i}{A} = \frac{A_1 \cdot y_1 + A_2 \cdot y_2 + A_3 \cdot y_3}{A_1 + A_2 + A_3}$$

$$= \frac{15\,700 \times 42.4 + 1\,400 \times (-12.7) - 910 \times 0}{15\,700 + 1\,400 - 910} \text{ mm} = 40 \text{ mm}$$

$$x_C = 0 (该图形作用对称)$$

拓展知识

实验法求重心

不规则物体的重心位置常由实验测定。一般采用悬挂法和称重法。

1. 悬挂法

如图 3-19 所示。按一定比例作成模拟物体（如水坝）的截面，通过两悬挂点 A、B 的铅垂线的交点即为物体重心。

2. 称重法

如图 3-20 所示。为确定具有对称轴的内燃机连杆的重心坐标 x_C，先称出连杆重量 P，然后将其一端支承于 A 点，另一端放在磅秤 B 上。测得两支点的水平距离 l 及 B 处约束力。由平衡方程

$$\sum M_A(F) = 0: \quad -Px_C + F_B l = 0$$

得 $x_C = \dfrac{F_B l}{P} = \dfrac{G}{P} l$。

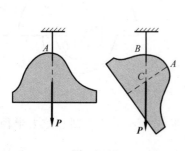

图 3-19

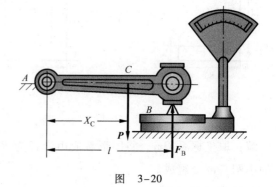

图 3-20

综合练习

1. 求图 3-21 中图形的形心。

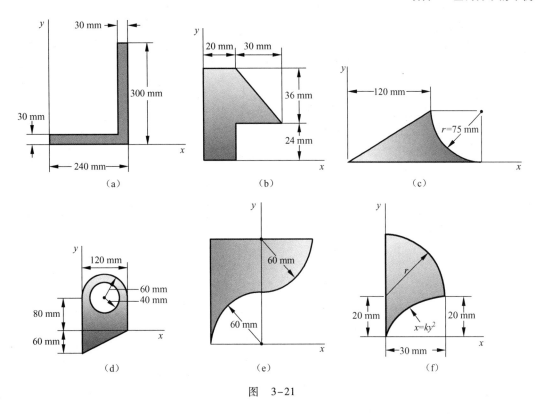

图　3-21

2. 图 3-22 所示机床重量为 50 kN，当水平放置时 $\theta = 0°$ 时，秤上读数为 15 kN；当 $\theta = 30°$，秤上读数为 10 kN。试确定机床重心的位置。

3. 均质块尺寸如图 3-23 所示，求其重心的位置。

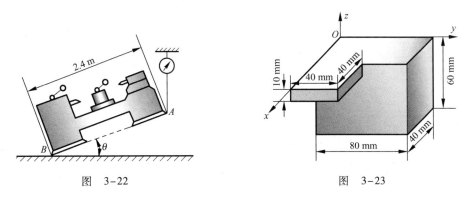

图　3-22　　　　　　　图　3-23

项 目 总 结

与共面力系相比，本项目在理论上的扩展是：将力对点的矩和力偶矩以矢量表示；引伸出力对轴的矩，并在平衡方程中引入力对轴取矩的平衡方程。知识结构如图 3-24 所示。

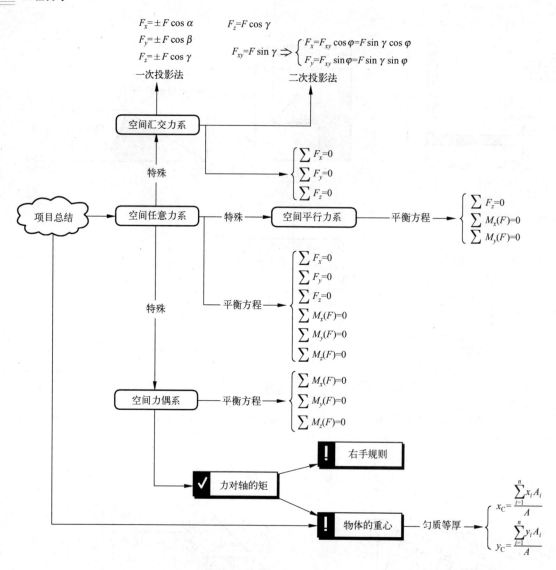

图 3-24

项目❹ 摩擦

项目引入

　　前面讨论物体平衡问题时，物体间的接触面都假设是绝对光滑的。事实上这种情况是不存在的，两物体之间一般都要有摩擦存在。只是有些问题中，摩擦不是主要因素，可以忽略不计。但在另外一些问题中，例如重力坝与挡土墙的滑动称定问题中，带轮与摩擦轮的转动等等，摩擦是重要的甚至是决定性的因素，必须加以考虑。按照接触物体之间的相对运动形式，摩擦可分为滑动摩擦和滚动摩擦。如图 4-1 所示，一辆车拖着一个板条箱，那么，当此车在同样的输出功率时，后轮驱动和四轮驱动两种状态所能拖动的板条箱的最大质量是否不同，与摩擦又有着什么关系呢。

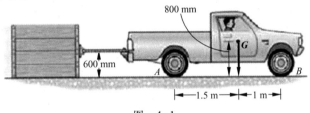

图　4-1

目标要求

知识目标

- 理解摩擦对物体受力的影响。
- 理解摩擦、自锁的概念。
- 掌握摩擦问题的分类。
- 掌握解决摩擦问题的方法。

能力目标

- 应用摩擦角的概念解决实际问题。
- 能解决简单的摩擦平衡问题。

任务　考虑摩擦时物体的平衡

任务目标

　　考虑摩擦时，对于物体的平衡问题，首先要正确理解摩擦的类型，其次对不同类型摩擦问题列出相应的方程，最后结合共面力系的平衡方程解决摩擦问题。

 基础知识

一、滑动摩擦分析

当两物体接触面间有相对滑动或有相对滑动趋势时，沿接触点的公切面彼此作用着阻碍相对滑动的力，称为滑动摩擦力，简称摩擦力，用 F 表示。

图 4-2 所示一重量为 G 的物体放在粗糙水平面上，受水平力 P 的作用，当拉力 P 由零逐渐增大，只要不超过某一定值，物体仍处于平衡状态。这说明在接触面处除了有法向约束反力 N 外，必定还有一个阻碍重物沿水平方向滑动的摩擦力 F，这时的摩擦力称为静摩擦力。静摩擦力可由平衡方程确定：$\sum F_x=0$，$P-F=0$，解得 $P=F$。可见，静摩擦力 F 随主动力 P 的变化而变化。

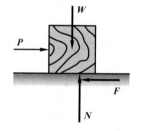

但是静摩擦力 F 并不是随主动力的增大而无限制地增大，当水平力达到一定限度时，如果再继续增大，物体的平衡状态将被破坏而产生滑动。我们将物体即将滑动而未滑动的平衡状态称为临界平衡状态。在临界平衡状态下，静摩擦力达到最大值，称为最大静摩擦力，用 F_m 表示。所以静摩擦力大小只能在零与最大静摩擦力 F_m 之间取值。

$$0 \leq F \leq F_m$$

最大静摩擦力与许多因素有关。大量实验表明，最大静摩擦力　　　　图　4-2
的大小可用如下近似关系：最大静摩擦力的大小与接触面之间的正压力（法向反力）成正比，即

$$F_m = f \cdot N \tag{4-1}$$

这就是库伦摩擦定律。式中，f 是无量纲的比例系数，称为静摩擦系数。其大小与接触体的材料以及接触面状况（如粗糙度、湿度、温度等）有关，一般可在一些工程手册中查到，常用的滑动摩擦系数如表 4-1 所示。式（4-1）表示的关系只是近似的，对于一般的工程问题来说能够满足要求，但对于一些重要的工程，如采用式（4-1）必须通过现场测量与实验精确地测定静摩擦系数的值作为设计计算的依据。

表 4-1　常用的滑动摩擦系数

材 料 名 称	静摩擦系数		动摩擦系数	
	无润滑	有润滑	无润滑	有润滑
钢－钢	0.15	0.1～0.12	0.09	0.05～0.1
钢－青铜	0.15	0.1～0.15	0.15	0.1～0.15
钢－铸铁	0.3	—	0.18	0.05～0.15
铸铁－铸铁	—	0.18	0.15	0.07～0.12
橡皮－铸铁	—		0.8	0.5
皮革－铸钢	0.3～0.5	0.15	0.3	0.15
木材－木材	0.4～0.6	0.1	0.2～0.5	0.07～0.15

物体间在相对滑动的摩擦力称为动摩擦力，用 F' 表示。实验表明，动摩擦力的方向与接触物体间的相对运动方向相反，大小与两物体间的法向反力成正比。即

$$F' = f' \cdot N \tag{4-2}$$

这就是动滑动摩擦定律。式中，无量纲的系数 f' 称为动摩擦系数。还与两物体的相对速度有关，但由于它们关系复杂，通常在一定速度范围内，可以不考虑这些变化，而认为只与接触的材料以及接触面状况有关。

二、摩擦角和自锁

1. 摩擦角

考虑图 4-3（a）所示物体的受力，物体的重量为 P，当物体有相对运动趋势时，支撑面对物体的法向反力 F_N 和摩擦力 F_S 可合成为一个合力 $F_{RA} = F_N + F_S$ 称为支持面的全反力。全反力与支持面公法线所夹锐角为 α，由于 P 与 F_N 为常量，故 F_{RA} 与 α 随静摩擦力 F_S 的变化而变化。当物体处于平衡的临界状态时，静摩擦力达到最大值 F_{max}，夹角 α 达到最大值 φ，全反力与法线间夹角的最大值 φ 称为摩擦角，如图 4-3（b）所示，可见

$$\tan\varphi = \frac{F_{max}}{F_N} = f \tag{4-3}$$

即摩擦角的正切值等于静摩擦系数。

由于物体可以在平面上任意滑动，因此，每个方向的滑动都可以找到与摩擦角对应的全反力的作用线。所用方向的全反力作用线在空间形成一个锥形，称为摩擦锥，如图 4-3（c）所示。

2. 自锁

摩擦角和摩擦锥形象地说明了物体平衡时，主动力位置的变动范围，即 $0 \leqslant \alpha \leqslant \varphi$。由图 4-4 可知：只要主动力的合力作用线在摩擦角内，无论主动力多大，物体仍保持平衡。这种现象称为摩擦自锁；如果主动力的合力作用线在摩擦角外，无论主动力多小，物体一定滑动。这种与力大小无关，而只与摩擦角有关的平衡条件称为自锁条件。

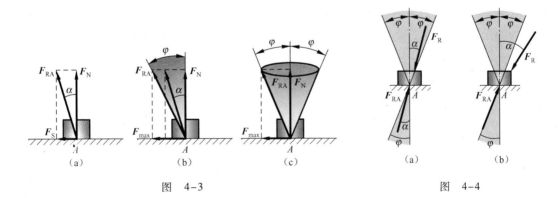

图 4-3　　　　　　　　　　　　　　　　图 4-4

> **思考**
>
> 如果物体自由地放在斜面上，那么斜面的倾斜角度在什么范围内才不会使物体沿斜面滑落呢？

三、考虑摩擦时刚体的平衡

考虑摩擦时刚体的平衡问题与不考虑摩擦时刚体的平衡问题大致相同，不同的是在画受力图时要画出摩擦力。摩擦力的方向总是与刚体有相对滑动趋势的方向相反，它的大小又在一定的范围内变化。因此解决其平衡问题时，要按以下两类情况来考虑：

（1）刚体处于临界平衡状态。

（2）刚体处于静止状态，此时摩擦力在一定范围内变化。

当刚体处于不同状态时，应采用不同的分析方法。

例 4-1 图 4-5 所示为将长度 $l = 4$ m，重量 $G = 200$ N 的梯子的上端 B 斜靠在光滑的墙上，下端 A 放置在静摩擦系数 $f = 0.4$ 的粗糙的地面上，其与地面夹角为 $60°$，有一重量 $G_1 = 600$ N 的人登梯而上，问他上到何处时梯子开始滑倒？

解： 人自下而上开始登梯，摩擦力由小逐渐变大，当人登到距下端为 a_m 时梯子处于临界状态，此时的 a_m 就是题解。

取临界状态下的梯子为研究对象，画梯子受力图。选取坐标 xAy，矩心为 A 点，建立平衡方程和补充方程

$$\begin{cases} \sum F_x = 0, & F_{NA} - F_{Afm} = 0 \\ \sum F_y = 0, & F_{NA} - G - G_1 = 0 \\ \sum M_A(F) = 0, & G \cdot \dfrac{l}{2} \cdot \cos 60° + G_1 \cdot a_m \cdot \cos 60° - F_{NB} \cdot l \cdot \sin 60° = 0 \\ F_{Afm} = f \cdot F_{NA} \end{cases}$$

联立方程求得 $a_m = 3.03$ m。

例 4-2 一重量为 G 的物体放在倾角为 α 的斜面上，如图 4-6 所示。若静摩擦系数为 f，摩擦角为 $\varphi (\alpha > \varphi)$。试求使物体保持静止的水平推力 F 的大小。

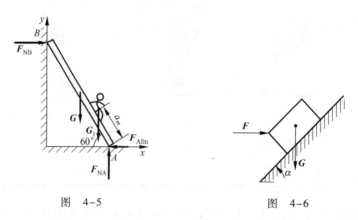

图 4-5   图 4-6

解： 设 $F = F_{min}$，物体处于将向下滑的临界状态。

取物体处于将向下滑的临界状态研究，画受力图。选取坐标轴 xy，建立平衡方程和补充方程：

$$\sum F_x = 0, \quad F_{min}\cos\alpha - G\sin\alpha + F_{1fm} = 0$$

$$\sum F_y = 0, \quad F_{N1} - F_{min}\sin\alpha - G\cos\alpha = 0$$

$$F_{1fm} = f \cdot F_N = F_N \cdot \tan\varphi$$

解得 $F_{min} = G\tan(\alpha - \varphi)$。

设 $F = F_{max}$，物体处于向上滑动的临界状态，取物体处于将向上滑的临界状态研究，画受力图。选取坐标轴 xy，建立平衡方程和补充方程：

$$\sum F_x = 0, \quad F_{max}\cos\alpha - G\sin\alpha - F_{2fm} = 0$$

$$\sum F_y = 0, \quad F_{N2} - F_{max}\sin\alpha - G\cos\alpha = 0$$

$$F_{2fm} = f \cdot F_N = F_{N2} \cdot \tan\varphi$$

解得 $F_{max} = G\tan(\alpha + \varphi)$。

结论：只有当力 F 满足以下条件时，物体才能处于平衡

$$G\tan(\alpha - \varphi) \leq F \leq G\tan(\alpha + \varphi)$$

例 4-3　制动器的构造和主要尺寸如图 4-7（a）所示，制动块与鼓轮表面间的静摩擦系数为 f，试求制动鼓轮转动所必需的最小力 F_P。

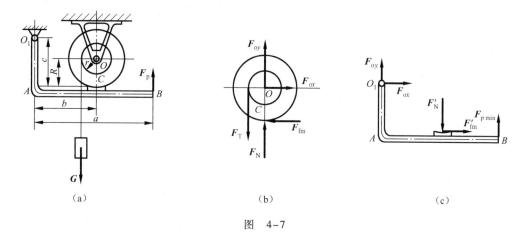

图　4-7

解：取制动轮研究，画受力图，如图 4-7（b）所示。

选取 O 点为矩心，建立平衡方程，补充方程求出摩擦力。

$$\sum M_O(F) = 0, \quad F_T \cdot r - F_{fm} \cdot R = 0, \quad F_T = G$$

解得 $F_{fm} = \dfrac{r}{R}F_T = \dfrac{r}{R}G$。

再取制动杆 O_1AB 为研究对象，画其受力图，如图 4-7（c）所示。

选取 O_1 点为矩心，建立平衡方程和补充方程：

$$F_N' = -F_N$$

$$F_{fm}' = -F_{fm}$$

$$\begin{cases} \sum M_{O1}(F) = 0, \quad F_{P\min} \cdot a + F'_{fm} \cdot c - F'_{N} \cdot b = 0 \\ F'_{fm} = F_{fm} = f \cdot F_{N} = \dfrac{r}{R} \cdot G \end{cases}$$

解得 $F_{P\min} = \dfrac{Gr}{aR}\left(\dfrac{b}{f} - c\right)$。

拓展知识

滚 动 摩 擦

当两物体有相对滚动趋势或有相对滚动时，在接触部分产生的对滚动的阻碍作用称为滚动摩擦。在滚动摩擦问题中，由于接触部分变形产生的阻碍物体滚动的力偶称为滚动摩阻力偶。

如图 4-8（a）所示，在滚轮中心上作用一个不大的水平推力 **F**，则轮有滚动趋势。由于接触处变形，作用于轮上的约束力为一分布力系。此力系向 A 点简化得一力 **F**$_R$ 及矩为 M 的力偶，称为滚动摩阻力偶（简称滚阻力偶），如图 4-8（b）所示。该力偶与图 4-8（c）所示的力偶（**F**$_S$，**F**）平衡，其转向与轮的滚动趋势相反，其矩称为滚阻力偶矩。

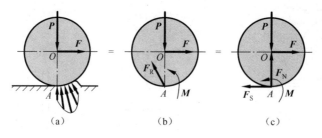

图 4-8

滚阻力偶矩具有最大值 $M_{\max}$，刚体平衡时，该力偶矩变化范围为

$$0 \leqslant M \leqslant M_{\max}$$

滚动摩阻定律：滚阻力偶矩的最大值与法向反力成正比，即

$$M_{\max} = \delta F_{N}$$

其中，δ 为滚动摩阻系数，具有长度量纲，且与材料硬度及湿度等因素有关。

综合练习

1. 砖夹的宽度为 25 cm，曲杆 AGB 与 GCED 在 G 点铰接。砖的重量为 W，提砖的合力 F 作用在砖对称中心线上，尺寸如图 4-9 所示。如果砖夹与砖之间的摩擦因数 $f = 0.5$，试问 b 的尺寸应为多大才能把砖夹起（b 是 G 点到砖块上所受正压力作用线的垂直距离）。

2. 如图 4-10 所示。重量 $P = 100$ N 的均质滚轮夹在无重杆 AB 和水平面之间，在杆端 B 作用一垂直于 AB 的力 **F**$_B$，其大小 $F_B = 50$ N。A 为光滑铰链，轮与杆间的静摩擦系数 $f = 0.4$。轮的半径为 r，杆长为 l，当 $\alpha = 60°$ 时，$AC = CB = \dfrac{l}{2}$。试求当 D 处静摩擦系数 f_D 分别为 0.3 和 0.15 时，维持系统平衡需作用于轮心 O 点的最小水平推力。

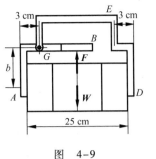

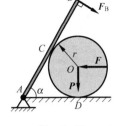

图 4-9

图 4-10

3. 重量为 500 N 的物体 A 置于重量为 400 N 的物体 B 上，B 又置于水平面 C 上，如图 4-11 所示。已知 $f_{AB}=0.3$，$f_{BC}=0.2$，现在 A 上作用一与水平面成 30° 的力 F。问当力 F 逐渐加大时，是 A 先动还是 A、B 一起滑动？如果 B 物体的重量为 200 N，情况又如何？

4. 如图 4-12 所示为凸轮机构。已知推杆（不计自重）与滑道间的摩擦系数为 f，滑道宽度为 b。设凸轮与推杆接触处的摩擦忽略不计。问 a 为多大，推杆才不致被卡住？

5. 如图 4-13 所示，重量为 500 N 的混凝土块由夹具匀速提起，试确定 F、G 与混凝土块之间允许的最小摩擦系数。

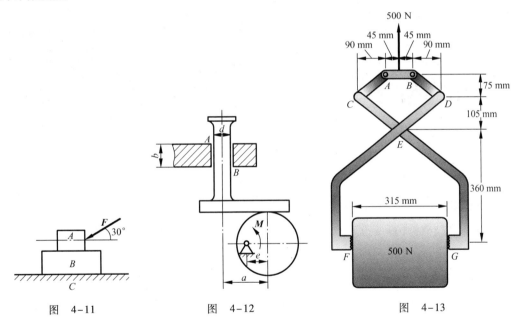

图 4-11

图 4-12

图 4-13

项目总结

解决具有摩擦的问题，首先要正确理解摩擦的类型，其次对不同类型的摩擦问题列出相应的方程，最后结合前面力系的平衡方程解决摩擦问题。

项目❺ 材料力学基础

项目引入

材料力学是一门研究各种构件的抗力性能的学科，其知识广泛应用于机械、建筑、航空等各个领域。例如，图5-1所示郑州黄河高速特大桥（又称郑州黄河二桥）的桥面、立柱、拉杆、桥墩，图5-2所示海洋石油钻井平台，图5-3所示高速列车的轨道支撑，这些构件的设计、材料的选择都是材料力学要解决的问题。

图5-1 郑州黄河高速特大桥

图5-2 海洋钻井平台

图5-3 高速列车的轨道支撑

目标要求

知识目标

- 了解工程材料常用的力学性能。
- 了解材料力学研究的对象。
- 掌握内力和应力的概念。

能力目标

- 掌握低碳钢拉伸实验的原理。
- 理解内力与应力的区别。

任务1 材料的力学性能

任务目标

各种材料按其性能的不同，可以用于结构、零部件、工具或物理功能器件等。工程技术人员选用材料时首先要掌握材料的使用性能，同时要考虑材料的工艺性能和经济性。使用性能是材料在使用过程中表现出来的性能，主要有力学性能、物理性能与化学性能。工艺性能是指材料在各种加工过程中表现出来的性能，例如，铸造、锻造、焊接、热处理和切削加工等性能。当然还要关注经济性能，要力求材料选用的总成本为最低。在机械行业选用材料时，一般以力学性能作为主要依据。本任务重点了解材料的力学性能。

 基础知识

材料常用的力学性能指标有强度、塑性、硬度、冲击韧度和疲劳极限等。

一、强度和塑性

材料的强度与塑性是极为重要的力学性能指标，采用拉伸试验方法测定。所谓拉伸试验是指用静拉伸力对标准拉伸试样进行缓慢的轴向拉伸，直至拉断的一种试验方法。在拉伸试验中和拉伸试验后可测量力的变化与相应的伸长，从而测出材料的强度与塑性。

试验前，将材料制成一定形状和尺寸的标准拉伸试样的圆形标准拉伸试样，试样（见图5-4）的直径为 d_0，标距的长度为 L_0。将试样装夹在拉伸试验机上，缓慢增加试验力，试样标距的长度将逐渐增加，直至拉断。若将试样从开始加载直到断裂前所受的拉力 F，与其所对应的试样标距长度 L_0 的伸长量 ΔL 绘成曲线，便得到拉伸曲线。图5-5所示为退火低碳钢的拉伸曲线。用试样原始截面积 S_0 去除拉力 F 得到应力 σ，以试样原始标距 L_0 去除绝对伸长 ΔL 得到应变 ε，即 $\sigma = F/S_0$，$\varepsilon = \Delta L/L_0$，可得力应变曲线。

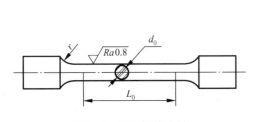

图5-4　标准拉伸式样

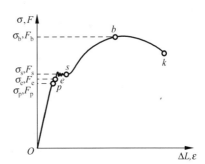

图5-5　低碳钢的拉伸曲线

曲线表达了这样一个变形过程。曲线的 Oe 段近乎一条直线，表示受力不大时，试样处于弹性变形阶段，若卸除试验力，试样能完全恢复到原来的形状和尺寸，其中，在 Op 阶段应力与应变呈正比关系即符合胡克定律。当拉伸力继续增加时，试样将产生塑性变形，并且在 s 点附近曲线上出现平台或锯齿状线段，这时应力不增加或只有微小增加，试样却继续伸长，称为屈服。屈服后曲线又呈上升趋势，表示试样恢复了抵抗拉伸力的能力。b 点表示试样抵抗拉伸力的最大能力。这时试样上的某处截面积开始减小，形成缩颈。随后，试样承受拉伸力的能力迅速减小，直至在 k 点断裂。

1. 强度

强度是材料在外力作用下抵抗塑性变形和断裂的能力。工程上常用的静拉伸强度判据有弹性极限、屈服点和抗拉强度等。在弹性阶段内，卸力后而不产生塑性变形的最大应力为材料的弹性伸长应力，通常称为弹性极限，以 σ_s 表示，即

$$\sigma_{s} = F_{s}/S_{0} \tag{5-1}$$

式中，F_{s} 为材料屈服时的最小拉伸力。

屈服点是具有屈服现象的材料特有的强度指标。由于大多数合金没有明显的屈服现象，因此提出"规定残余伸长应力"作为相应的强度指标。国家标准规定：当试样卸除拉伸力后，其标距部分的残余伸长达到规定的原始标距百分比时的应力，作为规定残余伸长应力 σ_{r}，$\sigma_{r0.2}$ 表示规定残余伸长率为 0.2% 时的应力。

拉伸过程中最大力 F_{b} 所对应的应力称为抗拉强度，抗拉强度表征材料对最大均匀变形的抗力，是材料在拉伸条件下所能承受最大力的应力值，它是设计和选材的主要依据之一。

2. 塑性

将断裂前材料发生不可逆永久变形的能力称为塑性。常用的塑性判据是材料断裂时的最大相对塑性变形，例如，拉伸时的断后伸长率和断面收缩率。

试样拉断后，标距的伸长量与原始标距的百分比称为断后伸长率，以 δ 表示：

$$\delta = \frac{L_{1} - L_{0}}{L_{0}} \times 100\% \tag{5-2}$$

式中，L_{1} 为试样拉断后的标距；L_{0} 为试样原始标距。

试样拉断后，缩颈处横截面积的最大缩减量与原始横截面积的百分比称为断面收缩率，以 ψ 表示。其数值按下式计算：

$$\psi = \frac{S_{0} - S_{1}}{S_{0}} \times 100\% \tag{5-3}$$

式中，S_{0} 为试样的原始截面积；S_{1} 为试样断裂后缩颈处的最小横截面积。

δ 或 ψ 数值越大，则材料的塑性越好。

常用材料的力学性能如表 5-1 所示。

表 5-1　常用材料的力学性能

材料名称	牌　号	σ_{s}/MPa	σ_{b}/MPa	δ_{5}	备　注
普通碳素钢	Q215	215	335～450	26%～31%	对应旧牌号 A2
	Q235	235	375～500	21%～26%	对应旧牌号 A3
	Q255	255	410～550	19%～24%	对应旧牌号 A4
	Q275	275	490～630	15%～20%	对应旧牌号 A5
优质碳素钢	25	275	450	23%	25 号钢
	35	315	530	20%	35 号钢
	45	355	600	16%	45 号钢
	55	380	645	13%	55 号钢
低合金钢	15MnV	390	530	18%	15 锰钒
	16Mn	345	510	21%	16 锰
合金钢	20Cr	540	835	10%	20 铬
	40Cr	785	980	9%	40 铬
	30CrMnSi	885	1080	10%	30 铬锰硅

续表

材料名称	牌　号	σ_s/MPa	σ_b/MPa	δ_5	备　注
铸钢	ZG200 - 400	200	400	25%	—
	ZG270 - 500	270	500	18%	—
灰铸铁	HT150	—	150	—	—
	HT250	—	250	—	—
铝合金	LY12Q	274	412	19%	硬铝

二、疲劳极限

许多机械零件在失效时所承受的应力通常都低于材料的屈服强度。材料在循环应力和应变作用下，在一处或几处产生局部永久性累积损伤，经一定循环次数后产生裂纹或突然发生完全断裂的过程称为材料的疲劳。

疲劳失效与静载荷下的失效不同，断裂前没有明显的塑性变形，发生断裂也较突然。这种断裂具有很大的危险性，常常造成严重的事故。据统计，大部分机械零件的失效是由金属疲劳造成的。

除正常条件下的疲劳问题以外，特殊条件下的疲劳问题，例如，腐蚀疲劳、接触疲劳、高温疲劳、热疲劳等也值得高度重视。疲劳断裂通常在机件最薄弱的部位或缺陷所造成的应力集中处发生。为了提高零部件的疲劳抗力，防止疲劳断裂事故的发生，在进行机件设计和成形加工时，应选择合理的结构形状，防止表面损伤，避免应力集中。

 拓展知识

金属疲劳现象的研究

1853 年，有一位名叫墨仁（A. Morin）的法国人在他出版的书中讨论了法国公路上负责管理邮车的两位工程师的报告。报告说，车辆行驶 70 000 km 后，车轴的截面尺寸将发生改变，在突然凹入的尖角处仿佛有裂纹出现。

随着铁道建设的发展，机车轴的疲劳越来越多。1843 年，英国工程师兰金（W. J. M. Rankine）的论文第一次系统讨论了疲劳问题。他描述说，裂口的出现是从一个光滑的、形状规则的、细小的裂纹开始，在轴颈周围逐渐扩大，其穿入深度的平均值达到半寸。它们好像从表面逐渐向中心穿入，直到中心处的好铁的厚度不够支持所经受的振动，在这种情况下，轴颈的破裂端是凸出的，而轴身的破裂端是凹入的。

同时，伦敦的机械工程师学会铁道建筑物钢铁利用委员会（成立于 1848 年）完成了一些研究工作。例如，初步制造了多次载荷的试验机，研究表明，在承载能力 1/3 之下，疲劳破坏很少发生。之后，德国人沃勒（August Wohler, 1819—1914）设计了正式的疲劳试验机。该机采用全交变式、偏心轮式、复杂应力交变式等。经过试验之后他建议在轴向有交变应力时，应取常拉力强度时的 1/2，即安全系数取 2。一般认为疲劳研究是从沃勒真正开始的。

综合练习

1. 填空题

（1）低碳钢材料在轴向拉伸时经历了 _____、_____、_____、_____ 阶段，对应有 _____ 个强度指标，它们分别是 _____、_____、_____。

（2）根据材料的抗拉、抗压性能不同，工程实际中低碳钢材料适宜作受 _____ 杆件，铸铁材料适宜作 _____ 杆件。

（3）材料的塑性指标用 _____ 表示，表达式为 _____。

（4）冷作硬化工艺是将载荷加到材料的 _____ 阶段卸载，再加载使材料的 _____ 极限提高，同时使材料的 _____ 性降低。

（5）低碳钢屈服阶段的锯齿形曲线部分有较高点对应的应力值，有较低点对应的应力值，工程实际中从构件安全正常工作的角度考虑，取 _____ 点的应力值作为材料的屈服点。

（6）没有明显屈服阶段的塑性材料，通常用产生 0.2% 塑性应变所对应的应力值作为 _____ 屈服点，称作 _____，用 _____ 表示。

2. 选择题

（1）标准试件常温、静载下测定的指标，作为材料的力学性能指标，而杆件在常温、静载下测定的指标，不能作为材料的力学性能指标，是因为（　　）。

A. 杆件与标准试件的组织结构不一样

B. 材料做成杆件，性能发生了改变

C. 杆件比标准件的截面相撞和截面尺寸大，包含的缺陷多

D. 均匀连续性假设不正确

（2）选取安全系数时不考虑的因素有（　　）。

A. 载荷估计的准确性 　　　　　　　　B. 材料的均匀性

C. 计算方法的近似性 　　　　　　　　D. 构件的经济性

E. 构件的形状尺寸 　　　　　　　　　F. 构件是否重要

（3）材料呈塑性或脆性是依据（　　）划分的。

A. 比例极限 　　　　B. 屈服点 　　　　C. 伸长率 　　　　D. 强度极限

3. 已知某构件常用材料的 $\sigma_p = 210\,\text{MPa}$，$\sigma_s = 240\,\text{MPa}$，$\sigma_b = 360\,\text{MPa}$，若选用安全系数为 2，那么此构件的许用应力为多少？

4. 某低碳钢的拉伸试件，直径 $d = 10\,\text{mm}$，标准 $l_0 = 50\,\text{mm}$，在实验比例阶段测得拉力增量 $\Delta F = 9\,\text{kN}$，对应伸长量 $\Delta l = 0.028$，屈服时拉力 $F_s = 17\,\text{kN}$，拉断前的最大拉力 $F_b = 32\,\text{kN}$。打断后，量得标距增长到 $l_1 = 62\,\text{mm}$，断口处直径 $d_1 = 6.9\,\text{mm}$，试计算该钢的 σ_s、σ_b、δ 和 ψ。

任务2　材料力学基本概念

任务目标

本任务首先介绍了材料力学的任务及其与相关课程的关系；其次，在材料力学中是把实际材料看作均匀、连续、各向同性的可变形固体，且在大多数场合下局限在小变形并在弹性变形范围内进行研究，并给出了杆件变形的四种基本形式：轴向拉压、剪切、扭转和

弯曲；最后，简单介绍了用截面法求杆件内力的基本方法和步骤。

 基础知识

一、材料力学的任务及其与相关课程的关系

工程力学中，各种构件所承受的所有外力统称为载荷。例如，吊车梁的重力、墙体的自重、家具和设备的重力、风载、雪载、地震力和爆炸力等。建筑物中承受载荷并且传递载荷的空间骨架称为结构，而任何结构都是由构件所组成的。因此，为了保证结构能够正常的工作，就必须要求组成结构的每一个构件在载荷作用下能够正常的工作。

为保证构件在载荷作用下的正常工作，必须使它同时满足三方面的力学要求，即强度、刚度和稳定性的要求。

1. 强度

构件抵抗破坏的能力称为强度。对构件的设计应保证它在规定的载荷作用下能够正常工作而不会发生破坏。例如，桥梁、机器在载荷作用下不会发生破坏。

2. 刚度

构件抵抗变形的能力称为刚度。构件的变形必须要限制在一定的限度内，构件刚度不满足要求同样也不能正常工作。例如，吊车梁如果变形过大，将会影响吊车的运行。

3. 稳定性

构件在受到载荷作用时在原有形状下的平衡应保证为稳定的平衡，这就是对构件的稳定性要求。例如，厂房中的钢柱应该始终维持原有的直线平衡形态，保证不被压弯。

构件设计时，构件的强度、刚度和稳定性与其所用的材料的力学性能有关，而材料的力学性能需要通过试验的方法来测定。因此，试验研究和理论研究是材料力学的两个基本研究手段。综上所述，通过对材料力学的学习，我们将了解构件设计的基本力学原理，以适当地选择材料以及构件的截面形状与尺寸。材料力学的任务就是在满足强度、刚度和稳定性要求下，使构件的设计既安全又经济。

二、材料力学的基本假设

静力学的研究对象是刚体。但是在材料力学中，构件的变形不能忽略不计，因此我们把构件作为可变形体来研究，称它们为可变形固体。在对可变形固体材料制成的构件进行强度、刚度和稳定性研究时，为抽象出某种理想的力学模型，通常根据其主要性质做出一定的假设，同时忽略一些次要因素，然后进行理论分析。在材料力学中，通常对可变形固体作如下基本假设：

1. 连续性假设

连续性假设认为，构件的材料在变形后仍然保持连续性，在其整个体积内都毫无空隙地充满了物质，忽略了体积内空隙对材料力学性质的影响。

2. 均匀性假设

均匀性假设认为，构件的材料各部分的力学性能是相同的。从任意一点取出的单元体，都具有与整体同样的力学性能。

3. 各向同性假设

各向同性假设认为，构件的材料在各个方向的力学性能是相同的。例如工程上常用的金属材料，虽然从它们的晶粒来说，其力学性能并不一样；但从宏观上看，各个方向的力学性能接近相同。有些材料沿各方向的力学性能并不相同，像这样的材料称之为各向异性材料，例如木材等。

4. 小变形假设

小变形假设认为，材料力学中所研究的构件在承受载荷作用时，其变形量总是远小于其外形尺寸。所以，在研究构件的平衡以及内部受力和变形等问题时，一般可按构件的原始尺寸进行计算。

5. 线弹性假设

工程上所用的材料，在载荷作用下均将发生变形。如果在卸载后变形消失，物体恢复原状，则称这种变形为弹性变形；但当载荷过大时，则发生的变形只有一部分在卸载后能够消失，另一部分变形将不会消失而残留下来，这种残留下来的变形部分称为塑性变形。对每种材料来讲，在一定的受力范围内，其变形完全是弹性的，并且外力与变形之间成线性关系，这种关系称为胡克定律。在材料力学中所研究的大部分问题都局限在弹性变形范围内。

综上所述，在材料力学中是把实际材料看作均匀、连续、各向同性的可变形固体，且在大多数场合下局限在小变形并在弹性变形范围内进行研究。

三、杆件的变形

杆件在不同的受力情况下有不同的变形，杆件变形的基本形式有四种。

1. 轴向拉伸或轴向压缩

在一对等值、反向、作用线与杆轴线重合的外力作用下，直杆的主要变形是长度的改变。这种变形形式称为轴向拉伸或轴向压缩，如图 5-6（a）、（b）所示。

2. 剪切

在一对相距很近的等值、反向的横向外力作用下，杆的主要变形是横截面沿外力作用方向发生的相对错动变形，这种变形形式称为剪切，如图 5-6（c）所示。

3. 扭转

在一对等值、反向、作用面都垂直于杆轴的两个力偶作用下，杆件的任意两个相邻横截面绕轴线发生相对转动变形，而轴线仍维持直线，这种变形形式称为扭转，如图 5-6（d）所示。

4. 弯曲

在一对等值、反向、作用在杆件纵向平面内的两个力偶作用下，杆件将在纵向平面内发生变曲变形，变形后的杆轴线将弯成曲线，这种变形形式称为弯曲，如图 5-6（e）所示。

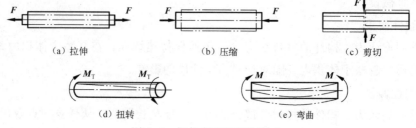

（a）拉伸   （b）压缩   （c）剪切

（d）扭转   （e）弯曲

图 5-6　杆件变形的基本形式

四、杆件的内力与应力

根据静力学的知识，我们可以对一个构件进行受力分析。例如图5-7（a）所示杆件的整体受力分析图，载荷 F、支座反力 F_{Ax}、F_{Ay} 和 F_{By} 对于该杆件来说都称为"外力"。由共面任意力系三个独立的平衡方程，可以求出杆件三个支座反力 $F_{Ax} = F\cos\alpha$、$F_{Ay} = F_{By} = \dfrac{1}{2}$ $F\sin\alpha$，这样杆 AB 所受外力就全部确定了。在外力作用下，杆件内部各质点间的相对位置将发生变化，杆件内任意相邻部分之间的相互作用力也将会发生变化，杆件内部的相互作用力所产生的变化量称为杆件的内力。由于假设物体是均匀连续的可变形固体，所以在物体内部相邻部分之间相互作用的内力，实际上是一个连续分布的内力系，分布内力系的合成（力或力偶），简称为内力。

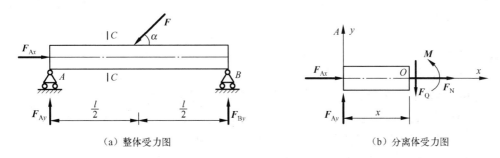

（a）整体受力图　　　　　　　　　　（b）分离体受力图

图5-7　用截面法求内力

现在，假想沿截面 C—C 把杆件切开，如图5-7（b）所示，在切开的截面上，内力实际上是分布在整个截面上的一个连续分布的内力系。把这个分布内力系向截面形心 O 简化，即可得到截面内力的三个分量 F_N、F_Q 和 M。

由于杆件整体是平衡的，因此其任一脱离体也应该处于平衡状态。假想沿截面 C—C 把杆件切开后，其左右两个脱离体仍然都能保持静力平衡状态。这样，我们可以利用静力平衡方程求出截面上的内力。

取杆件的左边部分为脱离体，如图5-7（b）所示，对其进行受力分析，建立静力平衡方程：

$$\sum F_x = 0 \qquad F_{Ax} + F_N = 0 \tag{5-4}$$

$$\sum F_y = 0 \qquad F_{Ay} - F_Q = 0 \tag{5-5}$$

$$\sum M_O(F) = 0 \qquad F_{Ay} \cdot x - M = 0 \tag{5-6}$$

 提　示

截面法是贯穿材料力学始终的、求解内力的重要方法。

联立求解可得到 F_N、F_Q 和 M 的值。值得注意的是，在式（5-6）中，是以被切断截面形心为矩心所建立的力矩平衡方程。如果取右半部分为脱离体，也可以求出相同的结果。

上述求杆件某一截面处内力的方法，称为截面法（method of section）。其一般步骤如下：

（1）在需求内力的截面处假想地把杆件截开，取其中某一部分为脱离体。

（2）对所取的脱离体进行受力分析。脱离体所受的力包括作用于脱离体上的外力和切断截面上的内力。

（3）对脱离体建立静力平衡方程求出截面未知内力。截面法求解杆件内力的关键是截开杆件取脱离体，这样就使杆件的截面内力转化为脱离体上的外力。

那么，在外力作用下，杆件某一截面上一点处内力的分布集度称为应力，不同变形的应力求法将在后面的内容中进行介绍。

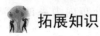 **拓展知识**

皮革的变形与强度

在《考工记》的《函人》和《鲍人》篇中，叙述了如何判断皮革好坏的方法。我们将有关的文字引述如下。

"凡甲，锻不挚（俗语，熟皮子。"锻"，锻革；"挚"，精致），则不坚。已敝（"敝"，镀过头，太熟之意）桡。凡察革之道，视其钻空（"空"，同孔），欲其窬（"窬"，形容孔小）也。视其里，欲其易（"易"，治之意，指除去革里层的脂肪、污物）也。……视其钻空而窬，则革坚也。视其里而易，则材更（"更"，好、佳之意）也。"

"（革）引而信（"信"，同伸）之，欲其直也。信之而直，则取材正也。信之而枉，则是一方缓一方急。若苟一方缓一方急，则及其用之也，必自急者先裂。若苟自急者先裂，则是以博为浅也。卷而搏（"搏"，同团）之而不迤（"迤"，同斜），则厚薄序（"序"，意舒。指革均）也。视其著（"著"，指两皮相连接处）而浅，则革信也。"

试将这两段文字译成现代文：

凡是造皮甲的，皮革锻熟的不精致就不坚固，锻熟过头，伤其革理，就会发桡变形。观察皮革好坏的方法是，看看线缕连缀革片部分的小孔，孔愈小愈好。看其革里，无残脂污秽为好……缝制皮革的小孔愈小，皮革一定坚固。革里无残脂污秽，品质一定优良。

用力拉伸皮革后，皮革伸展平直。革伸展平直，革理一定规则整齐。如果用力拉伸后，革有歪斜现象，那是皮革一边太松、一边太紧。若是皮革一边松一边紧，用的时候，必定紧的一边先断裂。如果紧的一边先断裂，那么皮革的广狭就不同。将皮革卷成圆筒而不歪斜，它的厚薄必定是平均有序。两皮相连的地方不厚不薄、不多不少，皮革就不会伸缩变形。

《考工记》是从工艺角度来阐述检验皮革好坏的方法，这不仅可以作为我们今天选择毛皮制品作参考而且其中所含的力学道理也是值得我们注意的。例如，皮革制品的松紧不同，紧的一边会先断裂。春秋战国时期的人们，已经注意到并且记载下这种力学现象在当时这大概是很高的科学理论。而今天我们知道，这是应力集中的结果。

综合练习

1. 材料力学的基本假设有哪些？

2. 材料力学中杆件的基本变形有哪些？

项 目 总 结

为保证构件在载荷作用下的正常工作，必须使它同时满足三方面的力学要求，即强度、刚度和稳定性的要求。材料力学的任务就是在满足强度、刚度和稳定性要求下，使构件的设计既安全又经济。

在材料力学中，通常对可变形固体作如下基本假设：连续性假设、均匀性假设、各向同性假设、小变形假设和线弹性假设。在材料力学中所研究的大部分问题都局限在弹性范围内。杆件的四种基本变形形式：轴向拉压、剪切、扭转和弯曲。

用截面法求内力，首先是取其中某一部分为脱离体，然后对所取的脱离体进行受力分析，最后对脱离体建立静力平衡方程求出截面未知内力。截面法求解杆件内力的关键是截开杆件取脱离体，这样就使杆件的截面内力转化为脱离体上的外力。

项目❻　轴向拉（压）杆

项目引入

轴向拉伸和压缩变形是杆件的基本变形之一。当作用在杆件上的外力的作用线与杆件的轴线重合时，杆件即发生轴向拉伸或压缩变形，外力为拉力时即为轴向拉伸，如图6-1（a）所示；外力为压缩时即为轴向压缩，如图6-1（b）所示。轴向拉伸、压缩可简称为拉伸、压缩。这类杆件称为轴向拉、压杆或拉、压杆。

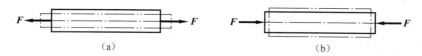

（a）　　　　　　　　　　　　　　　　（b）

图　6-1

轴向拉伸、压缩的杆件在工程上是常见的。例如连接螺栓［见图6-2（a）］、起重机的钢丝绳［见图6-2（b）］及吊钩头部［见图6-2（c）］都承受拉力作用，而桥墩［见图6-2（d）］及建筑物的立柱［见图6-2（e）］都承受压力作用。

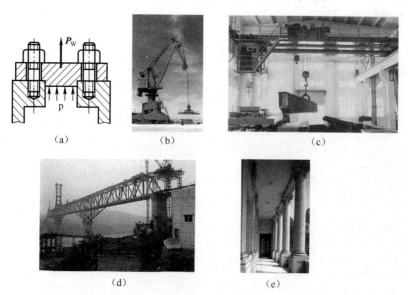

（a）　　　　　　（b）　　　　　　　　　　（c）

（d）　　　　　　　　　　（e）

图　6-2

为了判断材料是否会被破坏，首先需要计算内力，还必须了解内力在截面上的分布状况，即应力。由试验观察得到的现象做出平面假设，进而得出横截面上的正应力计算公式。

根据有些构件受轴力作用后破坏形式是沿斜截面断裂，进一步讨论斜截面上的应力计算公式。为了保证构件的安全工作，需要满足强度条件，根据强度条件可以进行强度校核，也可以选择截面尺寸或者计算容许载荷。

本项目还研究了轴向拉压杆的变形计算，一个目的是分析拉压杆的刚度问题，另一个目的就是为解决超静定结构问题做准备，因为超静定结构必须借助于结构的变形协调关系所建立的补充方程，才能求出全部未知力。在超静定结构问题中还介绍了温度应力和装配应力的概念及计算。

目标要求

知识目标

- 了解工程中存在的拉（压）杆结构。
- 理解拉压杆内力和应力计算方法。
- 理解胡克定律在拉压杆变形中的应用。
- 掌握强度分析的思路。
- 理解超静定问题的解法。

能力目标

- 熟练掌握拉压杆的内力、应力计算。
- 培养解决材料力学问题的思路。
- 培养逻辑分析能力。

任务1　轴向拉（压）杆的内力

任务目标

在实际工程中，承受轴向拉伸或压缩的构件是相当多的，例如起吊重物的钢索、桁架中的拉杆和压杆、悬索桥中的拉杆等，这类杆件共同的受力特点是外力或外力合力的作用线与杆轴线重合；共同的变形特点是杆件沿着杆轴方向伸长或缩短。这种变形形式就称为轴向拉伸或压缩，这类构件称为拉杆或压杆。为了进行拉（压）杆的强度计算，必须首先研究杆件横截面上的内力，然后分析横截面上的应力。本任务就是研究图6-1所示直杆拉（压）时的内力。

基础知识

一、轴力的概念

取一直杆，在它两端施加一对大小相等、方向相反、作用线与直杆轴线相重合的外力，使其产生轴向拉伸变形，如图6-3（a）所示。为了显示拉杆横截面上的内力，取横截面 m—m 把拉杆分成两段。杆件横截面上的内力是一个分布力系，其合力为 F_N，如图6-3

（b）、（c）所示。由于外力 **P** 的作用线与杆轴线相重合，所以 **F_N** 的作用线也与杆轴线相重合，故称 **F_N** 为轴力。由左段的静力平衡条件 $\sum F_x = 0$，$F_N + (-P) = 0$，得 $F_N = P$。

为了使左、右两段同一横截面上的轴力具有相同的正负号，对轴力的符号作如下规定：使杆件产生纵向伸长的轴力为正，称为拉力；使杆件产生纵向缩短的轴力为负，称为压力。不难理解，拉力的方向是离开截面的，压力的方向是指向截面的；亦或是拉力的方向与横截面的外法向方向相同，压力的方向与横截面的内法向方向相同。

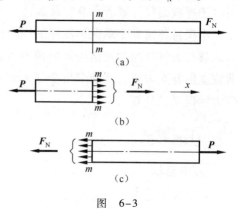

图　6-3

二、截面法求轴力

在上面分析轴力的过程中所采用的方法就是本书项目 5 的任务 2 中已经介绍的截面法，它是求内力的一般方法，也是材料力学中的基本方法之一。用截面法求轴向拉（压）杆轴力的基本步骤如下：

（1）在需要求内力的截面处，假想地用横截面将杆件截为两部分。

（2）任取一部分为研究对象，画出其受力图，需要注意的是，要将另一部分对其的作用力（轴力）加到该研究对象的受力图中。

（3）利用平衡条件建立平衡方程，求出截面内力即轴力。

为了便于由计算结果直接判断内力的实际指向，无论截面上实际内力指向如何，一律先设为正方向，即未知轴力均设为拉力。求出来的结果如果是正值，说明实际指向与所设方向相同，即为拉力；如果求出来的结果是负值，说明实际指向与所设方向相反，即为压力。

三、轴力图

多次利用截面法，可以求出所有横截面上的轴力，轴力沿杆轴的分布可以用图形描述。一般以与杆件轴线平行的坐标轴表示各横截面的位置，以垂直于该坐标轴的方向表示相应的内力值，这样作出的图形称为轴力图。轴力图能够简洁地表示杆件各横截面的轴力大小及方向，它是进行应力、变形、强度和刚度等计算的依据。

下面说明轴力图的绘制方法：选取一坐标系，其横坐标表示横截面的位置，纵坐标表示相应横截面的轴力，然后根据各段内的轴力的大小与符号，就可绘出表示杆件轴力与截面位置关系的图线，即为轴力图。从轴力图上不但可以看出各段轴力的大小，而且还可以根据正、负号看出各段的变形是拉伸还是压缩。

例 6-1 直杆 AD 受力如图 6-4 所示。已知 $F_1 = 16\,kN$，$F_2 = 10\,kN$，$F_3 = 20\,kN$，试求出直杆 AD 的轴力图。

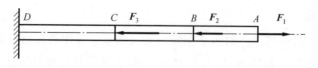

图　6-4

解：（1）画出悬臂梁的受力图如图 6-5（a）所示，计算 D 端支座反力。由整体受力图建立平衡方程：

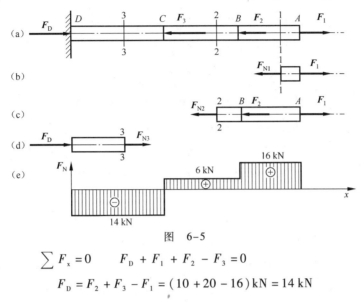

图 6-5

$$\sum F_x = 0 \qquad F_D + F_1 + F_2 - F_3 = 0$$
$$F_D = F_2 + F_3 - F_1 = (10 + 20 - 16)\,\text{kN} = 14\,\text{kN}$$

思考

截面上的内力为什么假设为拉力？

（2）分断计算轴力。将杆件分为三段。用截面法截取如图 6-5（b）、（c）、（d）所示的研究对象，分别用 F_{N1}、F_{N2}、F_{N3} 替代另一段对研究对象的作用，一般可先假设为拉力，由平衡方程分别求得

$$F_{N1} = F_1 = 16\,\text{kN}$$
$$F_{N2} = F_1 - F_2 = (16 - 10)\,\text{kN} = 6\,\text{kN}$$
$$F_{N3} = -F_D = -14\,\text{kN}$$

（3）画轴力图如图 6-5（e）所示。

画图时需要注意以下四点：

① 内力是由外力引起的，是原有相互作用力的"改变量"；可见内力的大小应完全取决于外力；外力解除，内力也随之消失。

② 杆件横截面上内力的大小及其在杆件内部的分布规律随外力的改变而变化，若内力的大小超过某一限度，则杆件将不能正常工作。内力分析与计算是解决杆件强度、刚度和稳定性计算的基础。

③ 内力随外力增大而增大外力消失，内力也消失。

④ 直接利用外力计算轴力的规则：杆件承受拉伸（或压缩）时，杆件任一横截面上的轴力等于截面一侧（左侧或右侧）所有轴向外力的代数和。外力背离截面时取正号，外力指向截面时取负号。

例 6-2 已知图 6-6（a）所示变直杆承受外力作用。$F_{P1} = 20\,\text{N}$，$F_{P2} = 100\,\text{N}$，不计自重及摩擦。求杆的内力并画出内力图。

解：（1）画出悬臂梁的受力图，计算约束反力。变直杆的主动力为 F_{P1}、F_{P2}；约束反力（固定端）为 F_{RAx}、F_{RAy} 及 M_A。

$$\begin{cases} \sum F_x = 0 \\ \sum F_y = 0 \\ \sum M_A(F) \end{cases} \Rightarrow \begin{cases} F_{RAx} + F_{P1} - F_{P2} = 0 \\ F_{RAy} = 0 \\ M_A = 0 \end{cases}$$

$$\begin{cases} F_{RAx} = F_{P2} - F_{P1} = 100 - 20 = 80(\text{kN}) = F_{RA} \\ F_{RAy} = 0 \\ M_A = 0 \end{cases}$$

（2）截面法计算内力，如图 6-6（b）所示。变直杆在外力作用下，产生轴向拉伸、压缩变形。

AB 段（1—1 横截面）：

$$\sum F_x = 0, \quad F_{RA} - F_{N1} = 0, \quad F_{N1} = F_{RA} = 80\,\text{N}（压力）$$

BC 段（2—2 横截面）：

$$\sum F_x = 0, \quad F_{P2} - F_{N2} = 0, \quad F_{N2} = F_{P2} = 100\,\text{N}（拉力）$$

（3）绘制轴力图，如图 6-6（c）所示。

例 6-3 钢杆上端固定，下端自由，不计自重，受力如图 6-7（a）所示。已知 $l = 2\,\text{m}$，$F = 4\,\text{kN}$，$q = 2\,\text{kN/m}$，试画出杆件的轴力图。

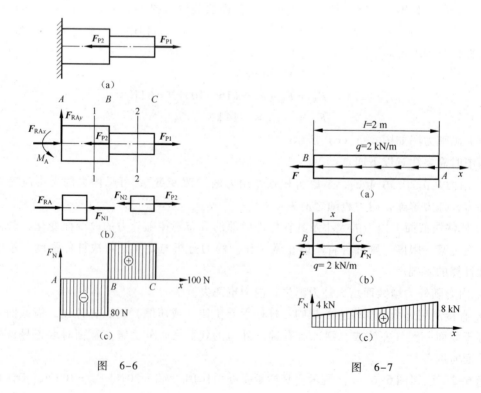

图 6-6   图 6-7

解：以 B 点为坐标原点，BA 为正方向建立 x 轴；将杆件从位置坐标为 x 的 C 截面处截开。由 BC 受力图建立平衡方程：

$$\sum F_x = 0 \quad F_N - F - qx = 0$$

$$F_N = F + qx = 4 + 2x \quad (0 \leqslant x \leqslant 2)$$

由轴力 F_N 的表达式可知，轴力 F_N 与横截面位置坐标 x 成线性关系，轴力图为一条斜线。当 $x = 0$ 时，$F_N = 4\,\text{kN}$；当 $x = 2\,\text{m}$ 时，$F_N = 8\,\text{kN}$。画出轴力图如图 6-7（c）所示，$F_{\text{Nmax}} = 8\,\text{kN}$，发生在截面 A 上。

拓展知识

中国古代的应力萌芽——"一发引千钧"

人们常用唐代韩愈（768—824 年）在《昌黎先生集·与孟尚书书》中讲的"一发引千钧"来比喻情势之危急。其实，"一发引千钧"也包含有应力概念的萌芽。

人的头发丝有粗细，根据测量，青少年头发的直径为 0.04～0.08 mm。一般认为，唐代的 1 斤约 596.82 g。若取头发丝的直径为 0.06 mm，则可算出一根头发丝引千钧时所受的拉应力为 62.1×10^6 MPa。根据测量，青少年的发径为 0.05 mm，拉断时需加力 0.9 N；发径为 0.07 mm，拉断时需加力 1.6 N；发径为 0.08 mm，拉断时需加力 1.9 N。也就是说人发的强度极限为 380～460 MPa，和 A3 钢不相上下。由此可见，"一发引千钧"时它所受的拉应力，是头发强度极限的十多万倍。显然，"一发引千钧"是根本不可能的，它只不过是一种艺术上夸张的语言。

但是，我们所以能够进行上述的计算和比较，这件事本身又说明了什么呢？似乎可以认为，韩愈"一发引千钧"的话里包含了应力概念的萌芽，因为头发丝的粗细总是有一定的范围，将它所受的拉力与横截面积联系起来，就不难得出应力的概念和数值。

按照这样的观点，宋应星也有涉及应力概念的论述。他在《天工开物·舟车·漕舫》中谈到牵引船帆用的缆索时说，"凡舟中带篷索，以火麻稭（一名大麻）绹绞。粗成径寸以外者，即系万钧不绝。"一般认为，明代的 1 斤约 596.82 g，1 寸等于 31.1 mm。由于宋应星只说缆索直径大于 1 寸，而未给出具体的尺寸，那么试以 1 寸、2 寸和 3 寸为例，计算出系万钧时缆索的平均拉应力分别为 2 311 MPa、578 MPa 和 257 MPa，后一数值与竹的抗拉强度有些接近。虽然不能肯定宋应星给出的概数是实际测量的结果，但跟"一发引千钧"相比，宋应星这里讲的与实际接近多了。因此，作为应力概念的萌芽，宋应星的记载比韩愈又前进了一步。

综合练习

1. 填空题

（1）轴向拉（压）杆的受力特点：外力（合外力）沿杆件的_____作用，变形特点：杆件沿轴向方向_____，沿横向_____。

（2）杆件由于外力作用而引起的附加内力简称为_____，轴向拉（压）时杆件的内力称为_____，用符号_____表示，并规定_____截面的内力为正，反之为负。

（3）求任一截面上的内力应用_____法，具体步骤：在欲求内力的_____上，假想地用一截面把杆件截分为_____，取其中_____为研究对象，列静力学的_____，解出截面内力的大小和方向。

2. 选择题

（1）下列结论中（   ）是正确的。

① 外力是作用在物体外部的力。　　　　　② 杆件的自重不属于外力。

③ 支座约束反力不属于外力。　　　　　　④ 运动杆件的惯性力不属于外力。

A. ①②　　　　B. ①④　　　　C. 全对　　　　D. 全错

（2）下列结论中（   ）是正确的。

① 轴力是轴向拉（压）杆横截面唯一的内力。　　② 轴力必垂直于杆件的横截面。

③ 非轴向拉（压）的杆件，横截面上无轴力。　　④ 轴力作用线必通过杆件横截面的形心。

A. ①③　　　　B. ②③　　　　C. ①②③　　　　D. 全对

（3）在图 6-8 所示的杆件中，（   ）杆件或杆段属于轴向拉（压）。

A. 杆 A_1B_1

B. 杆 A_1B_1，杆 A_2B_2

C. 杆 A_1B_1，杆 A_2B_2，B_3C_3 段，C_4B_4 段，D_4A_4 段

D. 杆 A_1B_1，杆 A_2B_2，B_3C_3 段，D_3A_3 段，B_4C_4 段，D_4A_4 段

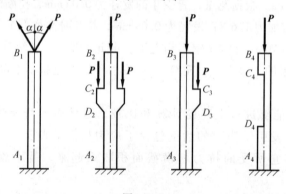

图　6-8

（4）变截面杆 AD 受集中力作用，如图 6-9 所示。设 N_{AB}、N_{BC}、N_{CD} 分别表示该杆 AB 段，BC 段和 CD 段的轴力，则下列结论中（   ）是正确的。

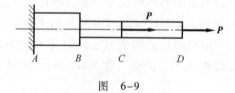

图　6-9

A. $N_{AB} > N_{BC} > N_{CD}$　　　　　　　　B. $N_{AB} = N_{BC} = N_{CD}$

C. $N_{AB} = N_{BC} > N_{CD}$　　　　　　　　D. $N_{AB} < N_{BC} = N_{CD}$

3. 用截面法求图 6-10 所示各杆指定截面的内力，并画出轴力图。

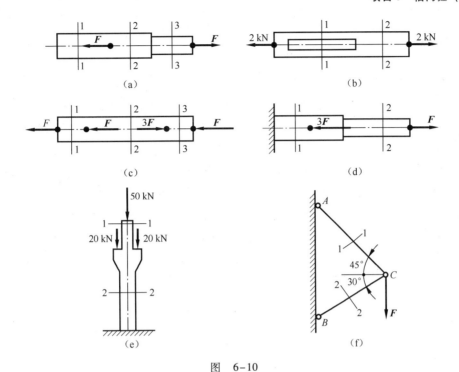

图 6-10

4. 求图6-11所示三角结构中各杆的轴力及轴力图。

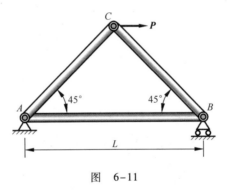

图 6-11

任务2 轴向拉（压）杆的应力与强度计算

任务目标

横截面是垂直于杆轴线的截面，前面已经介绍了如何求杆件的轴力，但是，仅知道杆件横截面上的轴力，并不能立即判断杆在外力作用下是否会因强度不足而破坏。例如，两根材料相同而粗细不同的直杆，受到同样大小的拉力作用，两杆横截面上的轴力也相同，随着拉力逐渐增大，细杆必定先被拉断。这说明杆件强度不仅与轴力大小有关，而且与横截面面积有关，所以必须用横截面上的内力分布集度（即应力）来度量杆件的强度。本任务就是要研究轴向拉（压）杆的应力与强度。

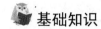

基础知识

一、横截面上的应力

在拉（压）杆横截面上，与轴力 F_N 相对应的是正应力，一般用 σ 表示。要确定该应力的大小，必须了解它在横截面上的分布规律。一般可通过观察其变形规律，来确定正应力 σ 的分布规律。

取一等直杆，在其侧面上面做两条垂直于轴线的横线 ab 和 cd，如图 6-12（a）所示，在两端施加轴向拉力 P，观察发现，在杆件变形过程中，ab 和 cd 仍保持为直线，且仍然垂直于轴线，只是分别平移到了 $a'b'$ 和 $c'd'$［见图 6-12（a）中双点画线］，这一现象是杆件变形的外在反映。根据这一现象，从变形的可能性出发，可以做出假设：原为平面的横截面变形后仍保持为平面，且垂直于轴线，这个假设称为平面假设，该假设意味着杆件变形后任意两个横截面之间所有纵向线段的伸长相等。又由于材料的均质连续性假设，由此推断：横截面上的应力均匀分布，且方向垂直于横截面，即横截面上只有正应力 σ 且均匀分布，如图 6-12（b）所示（这一推断已被弹性试验证实）。

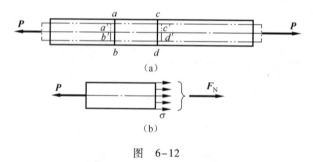

图　6-12

设杆的横截面面积为 A，微面积 dA 上的内力分布集度为 σ，由静力关系得

$$F_N = \int_A \sigma dA = \sigma \int_A dA = \sigma A$$

因此得拉杆横截面上正应力 σ 的计算公式：

$$\sigma = \frac{F_N}{A} \tag{6-1}$$

式中　σ——横截面上的正应力；

$\quad F_N$——横截面上的轴力；

$\quad A$——横截面面积。

公式（6-1）也同样适用于轴向压缩的情况。当 F_N 为拉力时，σ 为拉应力；当 F_N 为压力时，σ 为压应力，根据前面关于内力正负号的规定，所以拉应力为正，压应力为负。

应该指出，正应力均匀分布的结论只在杆上离外力作用点较远的部分才成立，在载荷作用点附近的截面上有时是不成立的。这是因为在实际构件中，载荷以不同的加载方式施加于构件，这对截面上的应力分布是有影响的。但是，实验研究表明，加载方式的不同，只对作用力附近截面上的应力分布有影响，这个结论称为圣维南原理。根据这一原理，在拉（压）杆中，离外力作用点稍远的横截面上，应力分布便是均匀的了。一般在拉（压）

杆的应力计算中直接用公式（6-1）。

当杆件受多个外力作用时，通过截面法可求得最大轴力 F_{Nmax}，如果是等截面杆件，利用公式（6-1）就可立即求出杆内最大正应力 $\sigma_{max} = \dfrac{F_{Nmax}}{A}$；如果是变截面杆件，则一般需要求出每段杆件的轴力，然后利用公式（6-1）分别求出每段杆件上的正应力，再进行比较，确定最大正应力 σ_{max}。

例 6-4　一变截面圆钢杆 ABCD，如图 6-13（a）所示，已知 $P_1 = 20\ kN$，$P_2 = 35\ kN$，$P_3 = 35\ kN$，$d_1 = 12\ mm$，$d_2 = 16\ mm$，$d_3 = 24\ mm$，求：（1）各截面上的轴力并作轴力图；（2）杆的最大正应力。

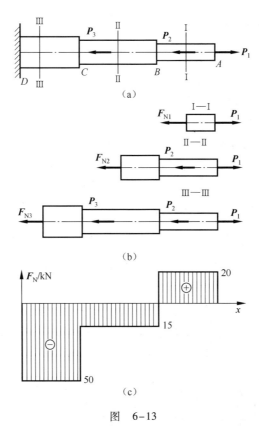

图　6-13

解：（1）求内力并画轴力图。

分别取三个横截面 Ⅰ - Ⅰ、Ⅱ - Ⅱ、Ⅲ - Ⅲ 将杆件截开，以右边部分为研究对象，各截面上的轴力分别用 F_{N1}、F_{N2}、F_{N3} 表示，并设为拉力，各部分的受力图如图 6-13（b）所示。由各部分的静力平衡方程 $\sum F_x = 0$ 可得

$$F_{N1} = P_1 = 20\ kN$$

$$F_{N2} + P_2 - P_1 = 0 \quad F_{N2} = -15\ kN$$

$$F_{N3} + P_3 + P_2 - P_1 = 0 \quad F_{N3} = -50\ kN$$

其中，符号表示轴力与所设方向相反，即为压力，作出轴力图如图 6-13（c）所示。

提示

是否可以以左边为研究对象? 如果以右边为研究对象有什么好处?

（2）求最大正应力。由于该杆为变截面杆，AB、BC 及 CD 三段内不仅内力不同，横截面面积也不同，这就需要分别求出各段横截面上的正应力。利用式（6-1）分别求得 AB、BC 和 CD 段内的正应力为

$$\sigma_1 = \frac{F_{N1}}{A} = \frac{20 \times 10^3}{\frac{\pi \times 12^2}{4}} \text{N/mm}^2 = 176.84 \text{ N/mm}^2 = 176.84 \text{ MPa}$$

$$\sigma_2 = \frac{F_{N2}}{A} = \frac{-15 \times 10^3}{\frac{\pi \times 16^2}{4}} \text{N/mm}^2 = -74.60 \text{ N/mm}^2 = -74.60 \text{ MPa}$$

$$\sigma_3 = \frac{F_{N3}}{A} = \frac{-50 \times 10^3}{\frac{\pi \times 24^2}{4}} \text{N/mm}^2 = -110.52 \text{ N/mm}^2 = -110.52 \text{ MPa}$$

由上述结果可见，该钢杆最大正应力发生在 AB 段内，大小为 176.84 MPa。

提示

正应力计算结果的正负号有何意义?

例 6-5 如图 6-14 所示，一中段正中开槽的直杆，承受轴向载荷 $F = 20 \text{ kN}$ 的作用。已知 $h = 25 \text{ mm}$，$h_0 = 10 \text{ mm}$，$b = 20 \text{ mm}$。求：杆内最大正应力。

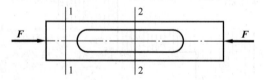

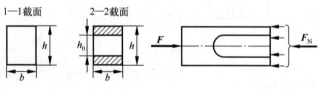

图 6-14

解：（1）计算轴力。用截面法求得各截面上的轴力均为

$$F_N = -F = -20 \text{ kN}$$

（2）计算最大正应力。开槽部分的横截面积为 $A = (h - h_0)b = (25 - 10) \times 20 \text{ mm}^2 = 300 \text{ mm}^2$
则杆件最大正应力 σ_{max}。

$$\sigma_{max} = \frac{F_N}{A} = -\frac{20 \times 10^3}{300 \times 10^{-6}} \text{Pa} = -66.7 \times 10^6 \text{ Pa} = -66.7 \text{ MPa}$$

二、斜截面上的应力

前面讨论了拉（压）杆横截面上的正应力，但实验表明，有些材料拉（压）杆的破坏发生在斜截面上。为了全面研究杆件的强度，还需要进一步讨论斜截面上的应力。

设直杆受到轴向拉力 P 的作用，其横截面面积为 A，用任意斜截面 $m-m$ 将杆件假想的切开，设该斜截面的外法线与 x 轴的夹角为 α，如图 6-15（a）所示。设斜截面的面积为 A_α 则

$$A_\alpha = \frac{A}{\cos\alpha}$$

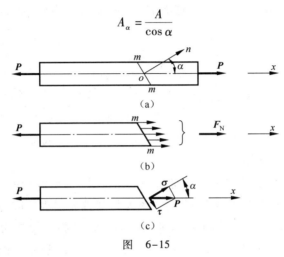

图 6-15

设 $F_{N\alpha}$ 为 $m-m$ 截面上的内力，由左段平衡求得为 $F_{N\alpha}=P$，如图 6-15（b）所示。依照横截面上应力的推导方法，可知斜截面上各点处应力均匀分布。用 P_α 表示其上的应力，则

$$P_\alpha = \frac{P}{A_\alpha} = \frac{P\cos\alpha}{A} = \sigma\cos\alpha$$

式中，σ 为横截面上的正应力。将应力 P_α 分解成沿斜截面法线方向分量 σ_α 和沿斜截面切线方向分量 τ_α，σ_α 称为正应力，τ_α 称为切应力，如图 6-15（c）所示。关于应力的符号规定为正应力符号规定同前，切应力绕截面顺时针转动时为正；反之为负。α 的符号规定：由 x 轴逆时针转到外法线方向时为正，反之为负。从图 6-15（c）可知：

$$\sigma_\alpha = P_\alpha\cos\alpha = \sigma\cos^2\alpha \tag{6-2}$$

$$\tau_\alpha = P_\alpha\sin\alpha = \sigma\sin\alpha\cos\alpha = \frac{\sigma}{2}\sin 2\alpha \tag{6-3}$$

从式（6-2）和式（6-3）可以看出，σ_α 和 τ_α 随角度 α 而改变。当 $\alpha=0°$ 时，σ_α 达到最大值，其值为 σ，斜截面 $m-m$ 为垂直于杆轴线的横截面，即最大正应力发生在横截面上；当 $\alpha=45°$ 时，τ_α 达到最大值，其值为 $\frac{\sigma}{2}$，最大切应力发生在与轴线成 45°的斜截面上。

以上分析结果对于压杆也同样适用。

尽管在轴向拉（压）杆中最大切应力只有最大正应力大小的二分之一，但是如果材料抗剪比抗拉（压）能力要弱很多，材料就有可能由于切应力而发生破坏。有一个很好的例子就是铸铁在受轴向压力作用的时候，沿着 45°斜截面方向发生剪切破坏。

三、应力集中

前面所介绍的应力计算公式适用于等截面的直杆，在工程实际中，对于横截面平缓变

化的拉压杆按该公式计算应力一般是允许的；然而在实际工程中某些构件常有切口、圆孔、沟槽等几何形状发生突然改变的情况。试验和理论分析表明，此时横截面上的应力不再是均匀分布，而是在局部范围内急剧增大，这种现象称为应力集中。

如图 6-16（a）所示的带圆孔的薄板，承受轴向拉力 **P** 的作用，由试验结果可知：在圆孔附近的局部区域内，应力急剧增大；而在离这一区域稍远处，应力迅速减小而趋于均匀，如图 6-16（b）所示。在 Ⅰ-Ⅰ 截面上，孔边最大应力 $\sigma_{\max}$ 与同一截面上的平均应力 σ_n 之比，用 K 表示。

$$K = \frac{\sigma_{\max}}{\sigma_n} \qquad (6-4)$$

K 称为理论应力集中系数，它反映了应力集中的程度，是一个大于 1 的系数。试验和理论分析结果表明：构件的截面尺寸改变越急剧，构件的孔越小，缺口的角越尖，应力集中的程度就越严重。因此，构件上应尽量避免带尖角、小孔或槽，在阶梯形杆的变截面处要用圆弧过渡，并尽量使圆弧半径大一些。

各种材料对应力集中的反应是不相同的。塑性材料（例如低碳钢）具有屈服阶段，当孔边附近的最大应力 $\sigma_{\max}$ 到达屈服极限 σ_s 时，该处材料首先屈服，应力暂时不再增大，若外力继续增大，增大的内力就由截面上尚未屈服的材料所承担，使截面上其他点的应力相继增大到屈服极限，该截面上的应力逐渐趋于平均，如图 6-17 所示。因此，用塑性材料制作的构件，在静载荷作用下可以不考虑应力集中的影响。而对于脆性材料制成的构件，情况就不同了。因为材料不存在屈服，当孔边最大应力的值达到材料的强度极限时，该处首先产生裂纹。所以用脆性材料制作的构件，应力集中将大大降低构件的承载力。因此，即使在静载荷作用下也应考虑应力集中对材料承载力的削弱。不过有些脆性材料内部本来就很不均匀，存在不少孔隙或缺陷，例如含有大量片状石墨的灰铸铁，其内部的不均匀性已经造成了严重的应力集中，测定这类材料的强度指标时已经包含了内部应力集中的影响，而由构件形状引起的应力集中则处于次要地位，因此对于此类材料做成的构件，由其形状改变引起的应力集中就可以不再考虑了。

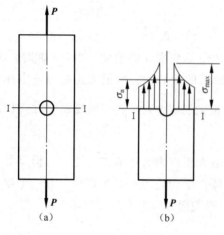

图 6-16

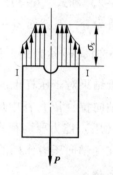

图 6-17 塑性材料的应力集中

四、强度计算

根据分析计算所得构件的应力称为工作应力（working stress）。为了保证构件有足够的强度，要求构件的工作应力必须小于材料的极限应力。由于分析计算时采取了一些简化措施，作用在构件上的外力估计不一定准确，而且实际材料的性质与标准试样可能存在差异等因素可能使构件的实际工作条件偏于不安全，因此，为了有一定的强度储备，在强度计算中，引入了安全系数，设定了构件工作时的最大容许值。确定安全系数时，应考虑材质的均匀性、构件的重要性、工作条件及载荷估计的准确性等。在建筑结构设计中倾向于根据构件材料和具体工作条件，并结合过去制造同类构件的实践经验和当前的技术水平，规定不同的安全系数。对于各种材料在不同工作条件下的安全系数和许用应力，设计手册或规范中有具体规定。一般在常温、静载下，对塑性材料的安全系数取 $1.5 \sim 2.2$，对脆性材料的安全系数一般取 $3.0 \sim 5.0$，甚至更大。

为了保证构件在工作时不至于因强度不够而破坏，要求构件的最大工作应力不超过材料的许用应力，于是得到强度条件为

$$\sigma_{max} \leqslant [\sigma] \tag{6-5}$$

对于轴向拉伸和压缩的等直杆，强度条件可以表示为

$$\sigma_{max} = \frac{F_{Nmax}}{A} \leqslant [\sigma] \tag{6-6}$$

式中　σ_{max}——最大正应力；

　　$[\sigma]$——许用正应力；

　　F_{Nmax}——为杆件的最大轴力；

　　A——为横截面面积。

对于截面变化的拉（压）杆件（例如阶梯形杆），需要求出每一段内的正应力，找出最大值，再应用强度条件进行计算。

根据强度条件，可以解决以下三类强度问题。

1. 强度校核

若已知拉压杆的截面尺寸、载荷大小以及材料的许用应力，即可用公式（6-6）验算不等式是否成立，进而确定强度是否足够，即工作时是否安全。

2. 设计截面

若已知拉压杆承受的载荷和材料的许用应力，则强度条件变成

$$A \geqslant \frac{F_{Nmax}}{[\sigma]} \tag{6-7}$$

以确定构件所需要的横截面面积的最小值。

3. 确定承载能力

若已知拉压杆的截面尺寸和材料的许用应力，则强度条件变成

$$F_{Nmax} \leqslant A[\sigma] \tag{6-8}$$

以确定构件所能承受的最大轴力，再确定构件能承担的许可载荷。

最后还应指出，如果最大工作应力 σ_{max} 略微大于许用应力，即一般不超过许用应力的

5%，在工程上仍然被认为是允许的。

例 6-6 图 6-18 所示为三角架提升重物。已知重物 $G = 60\,\text{kN}$，钢制杆 AC 的横截面面积 $A_1 = 700\,\text{mm}^2$，许用正应力 $\sigma_1 = 160\,\text{MPa}$，木制杆 BC 的横截面面积 $A_2 = 5\,000\,\text{mm}^2$，$\sigma_1 = 8\,\text{MPa}$，不计自重与摩擦。校核此三角架的强度。

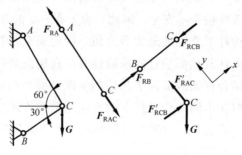

图 6-18

解：（1）画出研究对象受力图，计算约束反力。杆 AC 和杆 BC 均为二力构件，约束反力为 $\boldsymbol{F}_{RA}$ 和 $\boldsymbol{F}_{RAC}$，$\boldsymbol{F}_{RB}$ 和 $\boldsymbol{F}_{RBC}$，可按照两力平衡公里确定铰链点 C（节点）的主动力为 $\boldsymbol{G}$，约束反力为 $\boldsymbol{F}'_{RAC}$ 和 $\boldsymbol{F}'_{RBC}$。

选择直角坐标系 xy，列平衡方程：

$$\begin{cases} \sum F_x = 0 \\ \sum F_y = 0 \end{cases} \Rightarrow \begin{cases} F'_{RCB} - G\cos 60° = 0 \\ F'_{RAC} - G\cos 30° = 0 \end{cases} \Rightarrow \begin{cases} F'_{RCB} = G\cos 60° = 60 \times 0.5\,\text{kN} = 30\,\text{kN} = F_{RCB} \\ F'_{RAC} = G\cos 30° = 60 \times \dfrac{\sqrt{3}}{2}\,\text{kN} = 52\,\text{kN} = F_{RAC} \end{cases}$$

（2）分析变形类型，用截面法计算内力。

杆 AC 和杆 BC 在外力作用下，产生轴向拉伸、压缩变形。

杆 AC：
$$F_{NAC} = F_{RAC} = 52\,\text{kN}$$

杆 BC：
$$F_{NBC} = F_{RCB} = 30\,\text{kN}$$

（3）强度校核。

杆 AC（钢制）：$\sigma_{max} = \dfrac{F_{NAC}}{A_1} = \dfrac{52 \times 10^3}{700}\,\text{MPa} = 74.2\,\text{MPa} < [\sigma_1] = 160\,\text{MPa}$

杆 BC（木制）：$\sigma_{max} = \dfrac{F_{NBC}}{A_2} = \dfrac{30 \times 10^3}{5\,000}\,\text{MPa} = 6\,\text{MPa} < [\sigma_2] = 8\,\text{MPa}$

所以，钢制杆 AC 轴向拉伸强度，木制杆 BC 的轴箱压缩强度的都合格。

由于钢材抗拉性能较强，所以用于制造承受拉力的构件；自行车的辐条用较细的钢丝制成，这样既能保证强度又能减轻重量；铸铁、砖、石等材料的抗压性能较强，一般用于制造承受压力的构件，如拱桥、拱门等都是用砖石砌成的；钢筋混凝土梁中，钢筋应放置在梁的下部，水泥、石子放置在梁的上部。

例 6-7 某机构的连杆直径 $d = 240\,\text{mm}$，承受最大轴向外力 $F = 3\,780\,\text{kN}$，连杆材料的许用应力 $[\sigma] = 90\,\text{MPa}$。试校核连杆由圆形改为矩形截面，高与宽之比 $h/b = 1.4$，试设计连杆的高度 h 和宽度 b。

解：（1）求活塞杆的轴力。由题意可用截面法求得连杆的轴力为
$$F_N = 3\,780\,\text{kN}$$

（2）校核圆截面连杆的强度。连杆横截面上的正应力为

$$\sigma = \frac{F_N}{A} = \frac{3\,780 \times 10^3}{\pi \times (0.24)^2 / 4} \text{Pa} = 83.6 \text{ MPa}$$

（3）设计矩形截面连杆的尺寸。

$$A = bh = 1.4b^2 \geqslant \frac{F_N}{[\sigma]} = \frac{3\,780 \times 10^3}{90 \times 10^6} \text{m}^2 = 0.042 \text{ m}^2$$

分别计算出 $b \geqslant 0.173$ m，$h \geqslant 0.242$ m，实际设计时可取整为 $b = 175$ mm，$h = 245$ mm。

例 6-8 图 6-19（a）为简易起重设备的示意图，杆 AB 和 BC 均为圆截面钢杆，直径均为 $d = 36$ mm，钢的许用应力 $[\sigma] = 170$ MPa，试确定吊车的最大许可起重量 $[W]$。

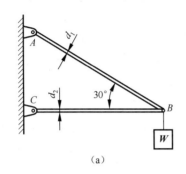 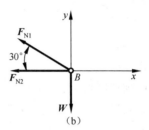

图 6-19

解：（1）计算 AB、BC 杆的轴力。设 AB 杆的轴力为 F_{N1}，BC 杆的轴力为 F_{N2}，根据节点 B 的平衡，有

$$F_{N1}\cos 30° + F_{N2} = 0$$
$$F_{N1}\sin 30° - W = 0$$

解得 $F_{N1} = 2W$，$F_{N2} = -\sqrt{3}\,W$。

上式表明，AB 杆受拉伸，BC 杆受压缩，在强度计算时，可取绝对值。

（2）求许可载荷。由式（6-8）可知，当 AB 杆达到许用应力时

$$F_{N1} = 2W \leqslant A[\sigma] = \frac{\pi \times 36^2}{4} \times 170 \text{ N} = 173.0 \text{ kN}$$

得 $W \leqslant 86.5$ kN。

当 BC 杆达到许用应力时

$$F_{N2} = \sqrt{3}\,W \leqslant A[\sigma] = \frac{\pi \times 36^2}{4} \times 170 \text{ N} = 173.0 \text{ kN}$$

得 $W \leqslant 99.9$ kN。

两者之间取小值，因此该吊车的最大许可载荷为 $[W] = 86.5$ kN。

拓展知识

强度问题解决案例——田单当将军

公元前 284 年，燕昭王派乐毅率兵攻打齐国。齐军节节败退，燕军长驱直入，攻下齐国

许多城池。田单逃回家乡安平。不久，燕军又攻打安平。城被攻破，齐人逃走，争先夺路，车马拥挤，互相碰撞。由于车的抽头折断，或者由于套在轴头上的铜套筒破裂，车辆毁坏，不能前进，许多齐人便当了燕军的俘虏。唯独田单和他族人的车辆完好无损，往东逃到即墨。

后来，燕军席卷了齐国大片领土，只莒城和即墨没有攻下。燕国包围莒城，几年仍未能攻破，于是调兵向东，围攻即墨。即墨的地方长官出城迎战，兵败身亡。城里的人公推田单出来领兵，他们说："安平那一仗，因单事先在车辆上采取了有效措施，所以能顺利撤退到即墨，可见他懂得兵法。"于是拥立田单为将军坚守即墨，抵抗燕军。

公元前 279 年，田单施反间计，使燕国撤换了名将乐毅，并用火牛阵大败燕军，一举收复了失去的 70 多座城池。那么，田单在车上采取了什么措施，使他一族人能安然撤退到即墨呢？

原来，当时为了使车辆运行平稳，往往将轮毂做得很长，有的长达半米。一些古籍往往用"长毂"两个字来表示战车。为了防止轮子从车轴上脱落，在轮毂外的轴端又套上一个铜套筒。这样，车轮外面便伸出了很长一段的轮毂和轴头，因而运行时车辆之间容易在这外伸部分相互碰撞。

田单预计到这种情况，事先采取了有效措施。他让族人将轴头锯短，并用铁箍裹住剩下的短轴头，同样可以起到铜套筒阻止轮子脱落的作用。这样一来，不仅铁箍比铜套筒具有较高的强度，而更重要的是减少了与其他车辆相接的机会。此外，由于截短了轴头，可以减小撞击时的静弯矩，而动载系数则会变大。如果仅以轴头的受力而论，或许还比长轴头略低一些，因为动载系数中的静挠度应以车轴伸出车厢外的整个长度计算（当时的车轴固定在车厢底板上，轮子转而轴不转）。

上面讲的这个故事，出自西汉著名的史学家、文学家和思想家司马迁撰写的《史记》。《东周列国志》也讲了这个故拿，但个别细节与《史记》稍有出入。

综合练习

1. 填空题

（1）应力是内力在截面的_____，其单位用____表示。通常把垂直于截面的应力称为____应力，用符号_____表示。由于一般机械类工程构件尺寸较小，因此可采用_____、_____、_____的工程单位换算较简便。

（2）通过实验观察和平面假设可以推指，轴向拉（压）杆横截面上有_____于截面的_____应力，且在横截面上是_____分布的。

（3）为了保证拉（压）杆能够安全正常地工作，其最大的工作应力必须小于或等于材料的_____，表达式为_____，此式称为拉（压）杆的_____准则。

（4）用强度设计准则可以解决拉（压）杆强度计算的_____类问题，即校核_____、设计_____、确定_____。

2. 选择题

（1）轴向拉（压）杆件的应力公式 $\sigma = \dfrac{F_N}{A}$ 在（　　）条件下不适用。

A. 杆件不是等截面直杆

B. 杆件（或杆段）各横截面上的内力不仅有轴力，还有弯矩

C. 杆件（或杆段）各横截面上的轴力不相同

D. 作用于杆件的每一个外力，其作用线不完全与杆件轴线相重合

（2）矩形截面杆两端受载荷 P 作用，如图 6-20 所示。设杆件的横截面积为 A，则下列结论中（　　）是正确的。

① 在截面 $m-m$ 上的法向内力 $N = P\cos\alpha$。

② 在截面 $m-m$ 上的切向内力（剪力）$Q = P\sin\alpha$。

③ 在截面 $m-m$ 上的正应力 $\sigma = P/A\sin\alpha$。

④ 在截面 $m-m$ 上的剪应力 $\tau = P/A\cos\alpha$。

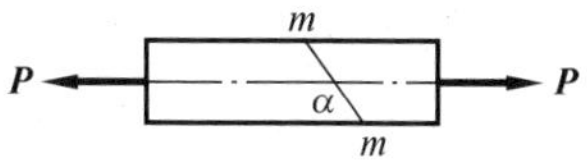

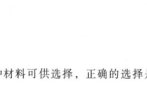

图　6-20

A. ①②　　　　　　　B. ③④　　　　　　　C. 全对　　　　　　　D. 全错

（3）下列结论正确的是（　　）。

A. 杆件某截面上的内力是该截面上应力的代数和

B. 杆件某截面上的应力是该截面上内力的平均值

C. 应力是内力的集度

D. 内力必大于应力

（4）对于应力，以下四种说法中错误的是（　　）。

A. 一点处的内力集度称为应力，记作 P，P 称为总应力

B. 总应力 P 垂直于截面方向的分量 σ 称为正应力

C. 总应力 P 与截面相切的分量 τ 称为剪应力

D. 剪应力 τ 的作用效果使相邻的截面分离或接近

（5）图 6-21 所示的构件由 AB 和 CD 两杆组成，现有低碳钢和铸铁两种材料可供选择，正确的选择是（　　）。

A. AB 杆为铸铁，CD 杆为铸铁

B. AB 杆为铸铁，CD 杆为低碳钢

C. AB 杆为低碳钢，CD 杆为铸铁

D. AB 杆为低碳钢，CD 杆为低碳钢

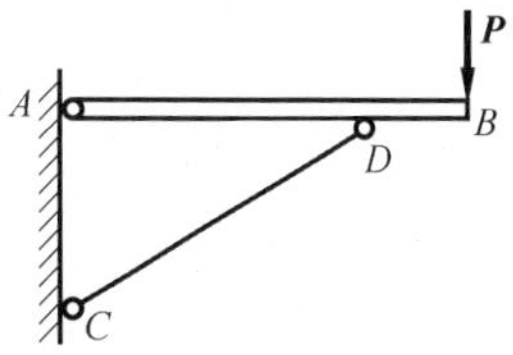

（6）横截面面积相等、材料不同的两等截面直杆，承受相同的轴向拉力，则两杆的（　　）。

图　6-21

A. 轴力相同，横截面上的正应力不同　　　B. 轴力相同，横截面上的正应力也相同

C. 轴力不同，横截面上的正应力相同　　　D. 轴力不同，横截面上的正应力也不同

（7）以下关于材料力学性能的结论中（　　）是错误的。

A. 脆性材料的抗拉能力低于其抗压能力

B. 脆性材料的抗拉能力高于其抗压能力

C. 脆性材料的抗拉能力低于韧性材料的抗拉能力

D. 脆性材料的抗拉能力等于其抗压能力

3. 起重机吊钩在上端用螺母固定，如图 6-22 所示，若吊钩材料的许用应力 $[\sigma] = 80$ MPa，试校核螺牙处杆的拉伸强度。

4. 起重吊环如图 6-23 所示，已知 $F = 1\,000$ kN，夹角 $\alpha = 30°$，两臂 OA、OB 的横截面为矩形，$h/b = 3$，材料的许用应力 $[\sigma] = 140$ MPa，试确定两臂的截面尺寸 h、b。

5. 链条结构如图 6-24 所示，链环由 Q235 钢制成，许用应力 $[\sigma] = 60$ MPa，需要提起的重量 $F = 30.8$ kN，试根据链环受轴向拉伸部分的强度，确定链环圆钢直径 d。

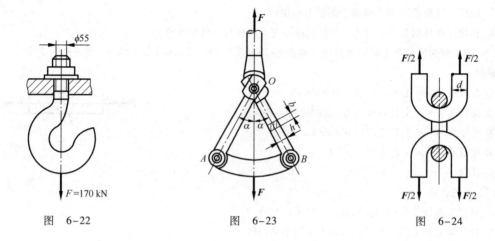

图 6-22   图 6-23   图 6-24

任务3 轴向拉（压）杆的刚度与超静定问题

任务目标

本任务将研究拉（压）杆的变形，并利用变形条件解决拉（压）杆的超静定问题。

基础知识

一、胡克定律

杆件在轴向拉伸或压缩时，其轴线方向的尺寸和横向尺寸将发生改变。杆件沿轴线方向的变形称为纵向变形，杆件沿垂直于轴线方向的变形称为横向变形。

假设一等直杆的原长为 l，横截面面积为 A，如图 6-25 所示。在轴向拉力 P 的作用下，杆件的长度由 l 变为 l_1，其纵向伸长量为

$$\Delta l = l - l_1$$

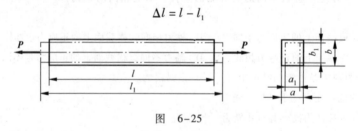

图 6-25

Δl 称为绝对伸长，它只反映总变形量，无法说明杆的变形程度。将 Δl 除以 l 得杆件纵向正应变为

$$\varepsilon = \frac{\Delta l}{l} \tag{6-9}$$

当材料应力不超过某一限值 σ_p 时，应力与应变成正比，即

$$\sigma = E\varepsilon \tag{6-10}$$

这就是胡克定律，是根据著名的英国科学家 Robert Hooke 命名的。公式（6-10）中的 E 是弹性模量，也称为杨氏模量，是根据另一位英国科学家 Thomas Young 命名的，由于 ε 是无

量纲量，故 E 的量纲与 σ 相同，常用单位为 MPa、GPa。E 随材料的不同而不同，对于各向同性材料而言均与方向无关。公式（6-9）、公式（6-10）同样适用于轴向压缩的情况。

将公式（6-1）和公式（6-9）代入公式（6-10）中，可得胡克定律的另一种表达式，即

$$\Delta l = \frac{F_\text{N} l}{EA} \tag{6-11}$$

该式可以看出，若杆长及外力不变，EA 值越大，则变形 Δl 越小，因此，EA 反映杆件抵抗拉伸（或压缩）变形的能力，称为杆件的抗拉（抗压）刚度。

公式（6-11）也适用于轴向压缩的情况，应用时 F_N 为压力，是负值，伸长量 Δl 算出来是负值，即杆件缩短了。

设拉杆变形前的横向尺寸分别为 a 和 b，变形后的尺寸分别为 a_1 和 b_1（见图 6-25），则

$$\Delta a = a_1 - a \qquad \Delta b = b_1 - b$$

由试验可知，两者横向正应变相等，故

$$\varepsilon' = \frac{\Delta a}{a} = \frac{\Delta b}{b} \tag{6-12}$$

试验结果表明，当应力不超过材料的比例极限时，横向正应变与纵向正应变之比的绝对值为一常数，该常数称为泊松比，用 μ 来表示，它是一个无量纲的量，可表示为

$$\mu = \left| \frac{\varepsilon'}{\varepsilon} \right| \tag{6-13}$$

泊松比 μ 也是材料的弹性常数，随材料的不同而不同，由试验测定。对于绝大多数各向同性材料，μ 介于 0 ～ 0.5 之间。几种常用材料的弹性模量 E 和泊松比 μ 如表 6-1 所示。

表 6-1　材料的弹性模量 E 和泊松比 μ

弹性常数	钢与合金钢	铝 合 金	铜	铸 铁	木（顺纹）
E/GPa	200～220	70～72	100～120	80～160	8～12
μ	0.25～0.30	0.26～0.34	0.33～0.35	0.23～0.27	—

例 6-9　图 6-26 所示为变直杆的受力图。已知 $F_\text{P} = 40\,\text{kN}$，$d_1 = 40\,\text{mm}$，$d_2 = 20\,\text{mm}$，材料的弹性模量 $E = 200\,\text{GPa}$，不计自重及摩擦。求：变直杆的总变形。

解：（1）画出变直杆受力图，计算约束反力。变直杆的主动力为 F_P；约束反力（固定端）为 $F_{\text{R}Ax}$、$F_{\text{R}Ay}$ 及 M_A。

$$\begin{cases} \sum F_x = 0 \\ \sum F_y = 0 \\ \sum M_A(F) \end{cases} \Rightarrow \begin{cases} F_\text{P} - F_{\text{R}Ax} = 0 \\ F_{\text{R}Ay} = 0 \\ M_\text{A} = 0 \end{cases}$$

$$\begin{cases} F_{\text{R}Ax} = F_\text{P} = 40\,\text{kN} = F_{\text{R}A} \\ F_{\text{R}Ay} = 0 \\ M_\text{A} = 0 \end{cases}$$

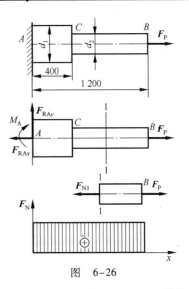

图　6-26

（2）截面法计算内力。变直杆在外力作用下，产生轴向拉伸、压缩变形。AB 段（1—1 横截面）：

$$\sum F_x = 0, \quad F_{N1} - F_P = 0, \quad F_{N1} = F_P = 40\,kN$$

（3）绘制轴力图。横坐标 x 为变直杆内横截面的位置，纵坐标为轴力的大小，杆件分一段按比例绘制。

（4）计算绝对变形：

$$\Delta l_{AC} = \frac{F_{N1} l_{AC}}{EA_1} = \frac{40 \times 10^3 \times 400}{200 \times 10^3 \times \frac{\pi}{4} \times 40^2}\,mm = 0.064\,mm$$

$$\Delta l_{CB} = \frac{F_{N1} l_{CB}}{EA_2} = \frac{40 \times 10^3 \times (1\,200 - 400)}{200 \times 10^3 \times \frac{\pi}{4} \times 40^2}\,mm = 0.51\,mm$$

$$\Delta l_{AB} = \Delta l_{AC} + \Delta l_{CB} = (0.064 + 0.51)\,mm = 0.574\,mm$$

例 6-10　图 6-27 所示发电机主轴承受外力作用。已知 $F_{P1} = 1\,300\,kN$，$F_{P2} = 700\,kN$，$D = 500\,mm$，$d = 340\,mm$，$l_1 = 2\,m$，$l_2 = 5.5\,m$，材料的弹性模量 $E = 200\,GPa$，不计自重及摩擦。求主轴 AB 的总伸长量。

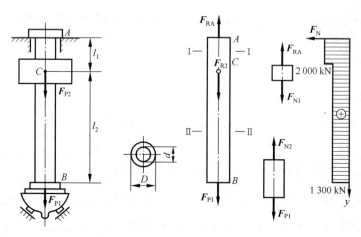

图　6-27

解：（1）画出主轴受力图，计算约束反力。主轴的主动力为 F_{P1}、F_{P2}，约束反力（固定端）为 F_{RA}。

$$\sum F_y = 0, \quad F_{RA} - F_{P2} - F_{P1} = 0$$

$$F_{RA} = F_{P2} + F_{P1} = (1\,300 + 700)\,kN = 2\,000\,kN$$

（2）截面法计算内力。主轴在外力作用下，产生轴向拉伸变形。

AC 段（Ⅰ—Ⅰ横截面）：

$$\sum F_y = 0, \quad F_{RA} - F_{N1} = 0, \quad F_{N1} = F_{RA} = 2\,000\,kN$$

CB 段（Ⅱ—Ⅱ横截面）：

$$\sum F_y = 0, \quad F_{P1} - F_{N2} = 0$$

$$F_{N2} = F_{P1} = 1\,300\ \text{kN}$$

（3）绘制轴力图。纵坐标为主轴横截面的位置，横坐标为轴力的大小，该主轴分两段按比例绘制。

（4）计算总伸长量：

$$\Delta l_{AC} = \frac{F_{N1}l_1}{EA_1} = \frac{2\,000 \times 10^3 \times 2 \times 10^3}{200 \times 10^3 \times \dfrac{\pi}{4} \times (500^2 - 340^2)}\ \text{mm} = 0.189\ \text{mm}$$

$$\Delta l_2 = \frac{F_{N1}l_2}{EA_2} = \frac{1\,300 \times 10^3 \times 5.5 \times 10^3}{200 \times 10^3 \times \dfrac{\pi}{4} \times (500^2 - 340^2)}\ \text{mm} = 0.339\ \text{mm}$$

$$\Delta l_{AB} = \Delta l_1 + \Delta l_2 = (0.189 + 0.339)\ \text{mm} = 0.528\ \text{mm}$$

例 6-11　图 6-28（a）所示一简易托架，杆件的横截面面积 $A_{BC} = 268.80\ \text{mm}^2$，$A_{BD} = 10.24\ \text{cm}^2$，两杆的弹性模量 $E = 200\ \text{GPa}$，$P = 60\ \text{kN}$，试求 B 点的位移。

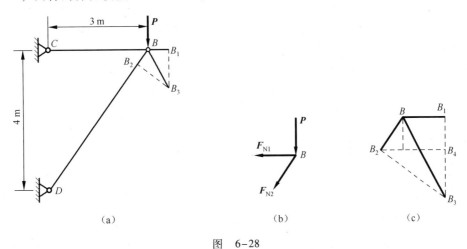

图　6-28

解：（1）计算各杆的内力，截断 BC 和 BD 两杆，以结点 B 为研究对象，设 BC 杆的轴力为 F_{N1}，BD 杆的轴力为 F_{N2}，如图 6-28（b）所示。根据静力平衡方程计算得

$$F_{N1} = \frac{3}{4}P = 45\ \text{kN}$$

$$F_{N2} = -\frac{5}{4}P = -75\ \text{kN}$$

（2）计算 B 点的位移，由公式(6-11)可求出 BC 杆的伸长量为

$$\Delta l_{BC} = \frac{F_{N1}l_{BC}}{EA_{BC}} = \frac{45 \times 10^3 \times 3 \times 10^3}{200 \times 10^3 \times \dfrac{\pi}{4} \times 268.80}\ \text{mm} = 2.511\ \text{mm}$$

BD 杆的变形量为

$$\Delta l_{BD} = \frac{F_{N2}l_{BD}}{EA_{BD}} = \frac{-75 \times 10^3 \times 5 \times 10^3}{200 \times 10^3 \times \dfrac{\pi}{4} \times 10.24 \times 100}\ \text{mm} = -1.830\ \text{mm}$$

计算出的结果为负值，说明杆件是缩短的。

假想把托架从结点 B 拆开，那么 BC 杆伸长变形后成为 B_1C，BD 杆压缩变形后成 B_2D，分别以 C 点和 D 点为圆心，以 CB 和 DB 为半径作弧相交于 B 处，该点即为托架变形后 B 点的位置。由于是小变形，BB_1 和 BB_2 是两段极短的弧，因而可分别用 BC 和 BD 的垂线来代替，两垂线的交点为 B_3，BB_3 即为 B 点的位移。这种作图法称为"切线代圆弧"法。

现用解析法计算位移。为了清楚起见，可将多边形 $BB_1B_3B_2$ 放大，如图 6-28（c）所示。由图可知 B 点的水平位移和垂直位移分别为

$$\Delta B_x = \overline{BB_1} = \Delta l_{BC} = 2.511 \text{ mm}$$

$$\Delta B_y = \overline{B_1B_4} + \overline{B_4B_3} = \overline{BB_2} \times \frac{4}{5} + \overline{B_2B_3} \times \frac{3}{4} = \left[\Delta l_{BD} \times \frac{4}{5} + \left(\Delta l_{BC} + \Delta l_{BD} \times \frac{3}{5} \right) \times \frac{3}{4} \right] \text{mm} = 4.171 \text{ mm}$$

B 点的总位移为

$$\Delta l_B = \sqrt{\Delta B_x^2 + \Delta B_y^2} = \sqrt{2.511^2 + 4.171^2} \text{ mm} = 3.34 \text{ mm}$$

与结构原尺寸相比很小的变形称为小变形。在小变形的条件下，一般按结构的原有几何形状与尺寸计算支座反力和内力，并可以采用上述用切线代替圆弧的方法确定位移，从而大大简化计算。在以后的学习中也有很多地方利用它来简化计算。

二、拉（压）杆的超静定问题

1. 超静定问题的概念

前面所讨论的问题中，约束反力和杆件的内力都可以用静力平衡方程全部求出。这种能用静力平衡方程式求解所有约束反力和内力的问题，称为静定问题。但在工程实践上由于某些要求，需要增加约束或杆件，未知约束反力的数目超过了所能列出的独立静力平衡方程式的数目，这样，它们的约束反力或内力，仅凭静力平衡方程式不能完全求得。这类问题称为超静定问题或静不定问题。例如图 6-29（a）所示的结构，其受力如图 6-29（b）所示，根据 AB 杆的平衡条件可列出三个独立的平衡方程，即 $\sum F_x = 0$，$\sum F_y = 0$，$\sum M_C = 0$，而未知力有四个，即 F_{NA}、Y_A、F_{N1}、F_{N2}。显然，仅用静力平衡方程不能求出全部的未知量，所以该问题为超静定问题。未知力数比独立平衡方程数多出的数目，称为超静定次数，故该问题为一次超静定问题。

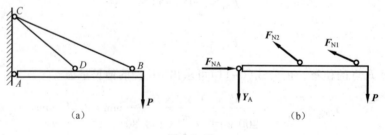

（a）　　　　　　　　　　　　　　（b）

图　6-29

2. 超静定问题的解法

超静定问题的解法一般从以下三个方面的条件来进行考虑：

（1）静力平衡方程。

（2）补充方程（变形协调条件）。

（3）物理关系（胡克定律、热膨胀规律等）。

例 6-12　图 6-30（a）所示的结构，1、2、3 杆的弹性模量为 E，横截面面积均为 A，杆长均为 l。横梁 AB 的刚度远远大于 1、2、3 杆的刚度，故可将横梁看成刚体，在横梁上作用的载荷为 P。若不计横梁及各杆的自重，试确定 1、2、3 杆的轴力。

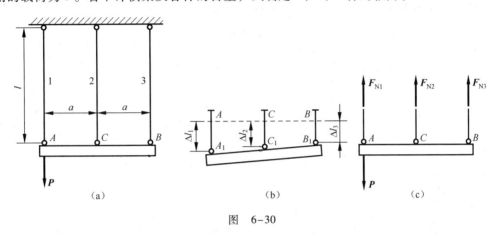

图　6-30

解：设在载荷 P 作用下，横梁 AB 移动到 $A_1C_1B_1$ 位置［见图 6-30（b）］，则各杆皆受拉伸。设各杆的轴力分别为 F_{N1}、F_{N2}、F_{N3}，且均为拉力［见图 6-30（c）］。由于该力系为平面平行力系，只有两个独立平衡方程，而未知力有三个，故为一次超静定问题。解决这类问题可以先列出静力平衡方程。

$$\sum F_y = 0 \quad F_{N1} + F_{N2} + F_{N3} = P$$

$$\sum M_A = 0 \quad F_{N2} \times a + F_{N3} \times 2a = 0$$

要求出三个轴力，还要列出一个补充方程。在力 P 的作用下，三根杆的伸长不是任意的，它们之间必须保持一定的互相协调的几何关系，这种几何关系称之为变形协调条件。由于横梁 AB 可视为刚体，故该结构的变形协调条件为 A_1、C_1、B_1 三点仍在一直线上［见图 6-30（b）］。设 Δl_1、Δl_2、Δl_3 分别为 1、2、3 杆的变形量，根据变形量的几何关系可以列出变形协调方程为

$$\frac{\Delta l_1 + \Delta l_3}{2} = \Delta l_2$$

杆件的变形和内力之间存在着一定的关系，称之为物理关系，即胡克定律，当应力不超过比例极限时，由胡克定律可知

$$\Delta l_1 = \frac{F_{N1}l}{EA}, \quad \Delta l_2 = \frac{F_{N2}l}{EA}, \quad \Delta l_3 = \frac{F_{N3}l}{EA}$$

将物理关系代入变形协调条件，即可建立内力之间应保持的相互关系，这个关系就是所需的补充方程，即

$$\frac{\dfrac{F_{\text{N1}}l}{EA}+\dfrac{F_{\text{N3}}l}{EA}}{2}=\frac{F_{\text{N2}}l}{EA}$$

整理后得

$$\frac{F_{\text{N1}}+F_{\text{N3}}}{2}=F_{\text{N2}}$$

这就是我们所要建立的补充方程。将以上各式联立，即可求得

$$F_{\text{N1}}=\frac{5}{6}P,\quad F_{\text{N2}}=\frac{1}{3}P,\quad F_{\text{N3}}=-\frac{1}{6}P$$

由计算结果可以看出，1、2 杆的轴力为正，说明实际方向与假设一致，变形为伸长；F_{N3} 为负值，说明 3 杆实际方向与假设相反，变形为缩短。这说明横梁 AB 是绕着 CB 两点之间的某一点发生了逆时针转动。

一般说来，在超静定问题中内力不仅与载荷和结构的几何形状有关，也和杆件的抗拉刚度 EA 有关，单独增大某一根杆的刚度，该杆的轴力也相应增大，这也是静不定问题和静定问题的重要区别之一。

3. 温度应力

在工程实际中，构件或结构物会遇到温度变化的情况。例如，工作条件中温度的改变或季节的变化，这时杆件就会伸长或缩短。静定结构由于可以自由变形，当温度变化时不会使杆内产生应力。但在超静定结构中，由于约束增加，变形受到部分或全部限制，温度变化时就会使杆内产生应力，这种应力称为温度应力。计算温度应力的方法与载荷作用下的超静定问题的解法相似，不同之处在于杆内变形包括两个部分，一是由温度引起的变形，另一部分是外力引起的变形。

例 6-13　图 6-31 (a) 所示的杆件 AB，两端与刚性支承面连接。当温度变化时，固定端限制了杆件的伸长或缩短，AB 两端就产生了约束反力，试求反力 R_{A} 与 R_{B}〔见图 6-31 (b)〕。

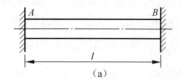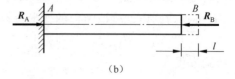

(a)　　　　　　　　　　　　　　　(b)

图 6-31

解： 由静力平衡方程 $\sum F_x=0$ 得出

$$R_{\text{A}}=R_{\text{B}}$$

由于未知支反力有两个，而独立的平衡方程只有一个，因此是一个一次超静定问题。要求解该问题必须补充一个变形协调条件。假设拆去右端支座，这时杆件可以自由地变形，当温度升高 ΔT 时，杆件由于升温而产生的变形（伸长）为

$$\Delta l_{\text{T}}=\alpha l\Delta T$$

式中　α——材料的线膨胀系数。

然后，在右端作用力 $\boldsymbol{R}_\text{B}$，杆由于力 $\boldsymbol{R}_\text{B}$ 作用而产生的变形（缩短）为

$$\Delta l_\text{R} = \frac{-R_\text{B}l}{EA}$$

式中　E——材料的弹性模量；

　　　A——杆件横截面面积。

事实上，杆件两端固定，其长度不允许变化，因此必须有

$$\Delta l_\text{T} + \Delta l_\text{R} = 0$$

这就是该问题的变形协调条件，联立以上方程得

$$\alpha l \Delta T - \frac{R_\text{B}l}{EA} = 0$$

$$R_\text{B} = EA\alpha\Delta T$$

由于轴力 $F_\text{N} = -R_\text{B}$，故杆中的温度应力为 $\sigma_\text{T} = \dfrac{F_\text{N}}{A} = -E\alpha\Delta T$，当温度变化较大时，杆内温度应力的数值是十分可观的。例如，一两端固定的钢杆，$\alpha = 12.5 \times 10^{-6}/\text{℃}$，当温度变化 40℃ 时，杆内的温度应力为

$$\sigma_\text{T} = E\alpha\Delta T = 200 \times 10^9 \times 12.5 \times 10^{-6} \times 40 \text{ MPa} = 100 \text{ MPa}$$

在实际工程中，为了避免产生过大的温度应力，往往采取某些措施以有效地降低温度应力。例如，在管道中加伸缩节，在钢轨各段之间留伸缩缝，这样可以削弱对膨胀的约束，从而降低温度应力。

例 6–14　刚性无重横梁 AB 在 O 点处铰支，并用两根抗拉刚度相同的弹性杆悬吊着，如图 6–32（a）所示。当两根吊杆温度升高 ΔT 时，求两杆内所产生的轴力。

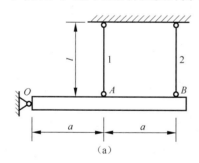
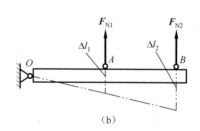

图　6–32

解：（1）列静力平衡方程。截取图 6–32（b）所示的研究对象，设 1 杆的轴力为 $\boldsymbol{F}_\text{N1}$，2 杆的轴力为 $\boldsymbol{F}_\text{N2}$，由静力平衡方程 $\sum M_o = 0$ 可得

$$F_\text{N1}a + F_\text{N2} \times 2a = 0$$

（2）列变形协调方程。假设拆除两杆与横梁间的联系，允许其自由膨胀。这时，两杆由于温度而产生的变形均为 $\Delta l_\text{T} = \alpha l \Delta T$，把已经伸长的杆与横梁相连接时，两杆内就分别引起了轴力 F_N1 和 F_N2 并使两杆再次变形。由于两杆变形使横梁绕 O 点转动，最终位置如图 6–32（b）中双点画线所示，图中的 Δl_1 和 Δl_2 分别为 1、2 杆所产生的总变形，包括温度和轴力所引起的变形。由变形协调条件得

$$\Delta l_2 = 2\Delta l_1$$

（3）列出物理方程

$$\Delta l_1 = \frac{-F_{N1}l}{EA} + \alpha l\Delta T, \quad \Delta l_2 = \frac{-F_{N2}l}{EA} + \alpha l\Delta T$$

联立以上方程得

$$\frac{F_{N2} - 2F_{N1}}{EA} = \alpha l\Delta T$$

上式即为补充方程。

联立静力平衡方程即得

$$F_{N1} = -\frac{2EA\alpha\Delta T}{5}, \quad F_{N2} = \frac{EA\alpha\Delta T}{5}$$

F_{N1} 为负值，说明 1 杆受压力，轴力与所设的方向相反。

4. 装配应力

构件在制造上产生的微小误差是难免的。在静定结构中，这种误差只会使结构的几何形状发生略微改变，不会使构件产生附加内力。但在超静定结构中，情况就不一样了，杆件几何尺寸的微小差异，还会使杆件内产生应力。例如图 6-33 所示静定结构，若杆 AB 在制作时比预定的尺寸缩短了一点，则与杆 AC 连接后，只会使 A 点位置发生微小的偏移，如图中双点画线所示。而在图 6-34（a）所示的超静定结构中，假设杆 3 在制作时比预定尺寸缩短了一点，若使三杆连接，则须将杆 3 拉长，杆 1、杆 2 缩短，强行安装于 A′ 点处。此时，杆 3 中产生拉力，杆 1、杆 2 中产生压力。这种由于安装而引起的内力称为装配内力，与之相应的应力称为装配应力。计算装配应力的方法与解超静定问题的方法相似，仅在几何关系中考虑尺寸的差异。下面举例说明。

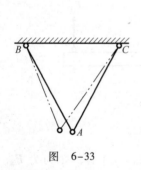
图　6-33

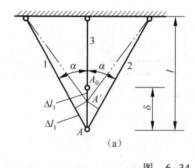
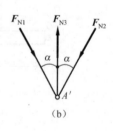
图　6-34

例 6-15　图 6-34（a）所示的桁架，杆 3 的设计长度为 l，加工误差为 δ，$\delta \ll l$。已知杆 1 和杆 2 的抗拉刚度均为 E_1A_1，杆 3 的抗拉刚度为 E_2A_2。求三杆中的轴力 F_{N1}、F_{N2} 和 F_{N3}。

解：三杆装配后，杆 1 和杆 2 受压，轴力为压力分别设为 F_{N1}、F_{N2}；杆 3 受拉，轴力为拉力，设为 F_{N3}。取结点 A′ 为研究对象，受力分析如图 6-34(b) 所示。由于该结点仅有两个独立的静力平衡方程，而未知力数目为 3，故是一次超静定问题。

以节点 A 为研究对象，列平衡方程：

$$\sum F_x = 0, \quad F_{N1}\sin\alpha - F_{N2}\sin\alpha = 0$$

$$\sum F_y = 0, \quad F_{N3} - F_{N1}\cos\alpha - F_{N2}\cos\alpha = 0$$

由此可得

$$F_{N1} = F_{N2}$$

$$F_{N3} - 2F_{N1}\cos\alpha = 0$$

由图 6-34（a）可知，其变形的几何关系为

$$\Delta l_3 + \frac{\Delta l_1}{\cos\alpha} = \delta$$

根据物理关系可得

$$\Delta l_3 = \frac{F_{N3}l}{E_2 A_2}$$

$$\Delta l_1 = \frac{F_{N1}l}{E_1 A_1 \cos\alpha}$$

联立几何变形式可得补充方程为

$$\frac{F_{N3}l}{E_2 A_2} + \frac{F_{N1}l}{E_1 A_1 \cos^2\alpha} = \delta$$

联立静力平衡方程可得

$$F_{N1} = F_{N2} = \frac{\delta}{l}\frac{E_1 A_1 \cos^2\alpha}{1 + \dfrac{2E_1 A_1}{E_2 A_2}\cos^3\alpha}$$

$$F_{N3} = \frac{\delta}{l}\frac{2E_1 A_1 \cos^3\alpha}{1 + \dfrac{2E_1 A_1}{E_2 A_2}\cos^3\alpha}$$

计算结果为正，所以轴力的方向与所设方向相同。由本例的结果看到，在超静定问题中，各杆的轴力与各杆间的刚度有关，刚度越大的杆，承受的轴力也越大。用各杆中的轴力除以该杆横截面面积，即可得到各杆的装配应力。

装配应力是结构未承受载荷前已具有的应力，故亦称为初应力。这种初应力可以带来不利后果，例如装配应力与构件工作应力相叠加后使构件内应力更高，则应避免它的存在；但是也可以被人们加以利用，例如预应力钢筋混凝土构件，混凝土的初始压应力会与构件工作应力相互抵消一部分，从而提高构件的承载力。

拓展知识

纳米技术及复合材料力学简介

1. 纳米技术

自 20 世纪 90 年代以来，人类正在经历一场全球性的科技革命。其中信息技术、生物技术、能源技术和纳米技术作为最具代表性的科技领域，对社会进步和发展起到了巨大促

进作用。这几个领域的发展状况，也是人们普遍关注的热点。

纳米本意上是一个尺寸的概念。我们可以在纳米尺度上研究信息材料、生物材料和能源材料。因此，纳米科学发展的价值是其在其他领域的创造发明并有所作为。但纳米科学不是一个简单的尺度上的深化，即从微米进到纳米。如果是这样，可以提出皮米技术、飞米技术，并且不断缩小下去。纳米科学的真正意义是当材料尺寸减小到纳米量级后，它所表现出的一些新奇的物理效应。发现、掌握并利用这些效应，可能会在信息、生物、能源领域带来深刻的技术革命。从这个意义上讲，纳米技术更带有基础性，更需要与其他领域的交叉。

作为力学的重要前沿研究方向之一，适应新材料技术、微电子和微制造技术发展的需要，力学界在 20 世纪 80 ～ 90 年代对微尺度下的力学行为进行了大量研究。进入 21 世纪，纳米技术已经成为科技界和公众关注的一个焦点，但国内外力学界对力学能否有效介入纳米科技还存在广泛疑虑。清华大学"微/纳米尺度力学与智能材料的力学"创新研究群体却认为，在纳米技术走向工程应用的历程中，力学将有机会作出重要贡献，并作出了进军纳米力学的决策。三年后，该群体的研究得到了广泛认同。

这个创新研究群体主要在两个领域进行研究。一是在微/纳米尺度力学方面，创新群体的工作取得了系统性的进展，并获得国际承认。2002 年他们就提出了"多壁碳纳米管作为十亿机械振荡器"的构想和理论预测，这些研究开辟了原子级光滑表面之间相对运动时的能量耗散机理、系统能量在不同模态之间转换等重要研究新领域。万千生物都有奇妙特性，破解生物体构造的这些奥秘对研究新型的"仿生材料"和"仿生机器"等有着重大的科学意义。而从微/纳尺度和力学角度对生物体进行研究也许是破解奥秘的一种有效通道。例如荷叶表面的微/纳结构是导致该表面具有自清洁特性的关键机制。第二个方面是智能材与结构的力学，这里所说的智能材料不是指像人类那样的"智慧材料"，而是"能够实现可控运动的材料"。该群体在这方面也取得了不少成果。

2. 复合材料力学

复合材料力学是固体力学的一个新兴分支，它研究由两种或多种不同性能的材料，在宏观尺度上组成的多相固体材料，即复合材料的力学问题。复合材料具有明显的非均匀性和各向异性性质，这是复合材料力学的重要特点。

复合材料由增强物和基体组成，增强物起着承受载荷的主要作用，其几何形式有长纤维、短纤维和颗粒状物等多种；基体起着黏结、支持、保护增强物和传递应力的作用，常采用橡胶、石墨、树脂、金属和陶瓷等。

近代复合材料最重要的有两类，一类是纤维增强复合材料，主要是长纤维铺层复合材料，例如玻璃钢；另一类是粒子增强复合材料，例如建筑工程中广泛应用的混凝上。纤维增强复合材料是一种高功能材料，它在力学性能、物理性能和化学性能等方面都明显优于单一材料。

发展纤维增强复合材料是当前国际上极为重视的科学技术问题。现今在军用方面，例如飞机、火箭、导弹、人造卫星、舰艇、坦克、常规武器装备等，都已采用纤维增强复合材料；在民用方面，例如运输工具、建筑结构、机器和仪表部件、化工管道和容器、电子和核能工程结构，以至人体工程、医疗器械和体育用品等也逐渐开始使用这种复合材料。

综合练习

1. 填空题

（1）轴向拉（压）杆的变形特点：杆件纵向＿＿＿＿＿＿＿＿或＿＿＿＿＿＿＿＿，横向＿＿＿＿＿＿或＿＿＿＿＿＿＿＿。把杆件纵向的变形量称为＿＿＿＿＿＿＿；杆件纵向单位长度的伸长量称为＿＿＿＿＿也称为＿＿＿＿＿＿，用符号＿＿＿＿＿表示，单位是＿＿＿＿＿＿。

（2）胡克定律表明，在弹性范围内，拉（压）杆产生的绝对变形与杆截面的轴力成＿＿＿＿＿＿关系，与杆的长度成＿＿＿＿＿＿关系，与杆件横截面积成＿＿＿＿＿＿关系。比例常熟称为＿＿＿＿＿＿，用符号＿＿＿＿＿表示，其单位是＿＿＿＿＿。

（3）实验证明：拉（压）杆的横向应变与纵向应变的比值为一＿＿＿＿＿＿＿量，称为＿＿＿＿＿＿。

2. 选择题

（1）桁架如图6-35所示。杆1和杆2的面积均为A，许用应力均为$[\sigma]$（拉、压相同）。设载荷P可在横梁DE上移动，则下列结论中（　　　）是正确的。

① 当载荷P为于横梁中央时，必须使$P \le 2[\sigma]A$

② 当载荷P为于结点A或B处时，必须使$P \le [\sigma]A$

③ 当载荷P为于梁的端部D或E处时，必须使$P \le \dfrac{2}{3}[\sigma]A$

④ 当载荷P在DE间自由移动时，最大许可载荷$P_{\max} = 2[\sigma]A$

A. ①　　　　　　B. ①②　　　　　　C. ①②③　　　　　　D. 全对

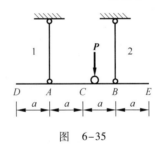

图　6-35

（2）有一横截面面积为A的圆截面杆件受轴向拉力作用，若将其改为截面积仍为A的空心圆截面杆件，其他条件不变，以下结论中（　　　）是正确的。

A. 轴力增大，正应力增大，轴向变形增大　　　　B. 轴力减小，正应力减小，轴向变形减小

C. 轴力增大，正应力增大，轴向变形减小　　　　D. 轴力、正应力、轴向变形均不发生变化

（3）韧性材料应变硬化之后，材料的力学性能发生（　　　）变化。

A. 屈服应力提高，弹性模量降低　　　　　　　　B. 屈服应力提高，韧性降低

C. 屈服应力不变，弹性模量不变　　　　　　　　D. 屈服应力不变，韧性不变

（4）胡克定律应用的条件是（　　　）。

A. 只适用于塑性材料　　　　　　　　　　　　　B. 只适用于轴向拉伸

C. 应力不超过比例极限　　　　　　　　　　　　D. 应力不超过屈服极限

3. 如图6-36所示结构，在A点处作用竖直向下的力$P = 24 \, \text{kN}$。已知实心杆AB和AC的直径分别为$d_1 = 8 \, \text{mm}$，$d_2 = 12 \, \text{mm}$，材料的弹性模量$E = 200 \, \text{GPa}$，试求A点在铅垂方向的位移。

4. 图6-37所示钢杆，两端固定。已知$A_1 = 100 \, \text{mm}^2$，$A_2 = 200 \, \text{mm}^2$，$E = 200 \, \text{GPa}$，$\alpha = 12.5 \times 10^{-6}/℃$，试求当温度升高30℃时杆内的最大应力。

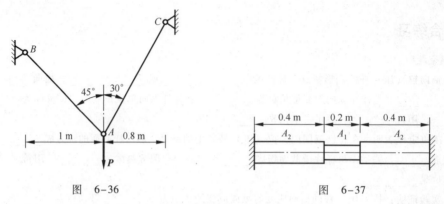

图 6-36   图 6-37

5. 一阶梯杆如图 6-38 所示，上端固定，下端与刚性底面留有空隙 $l = 0.08$ mm，上段横截面面积 $A_1 = 40$ cm^2，$E_1 = 100$ GPa，下段 $A_2 = 20$ cm^2，$E_2 = 200$ GPa。求：①力 P 等于多少时下端空隙恰好消失；②$P = 500$ kN 时，各段内的应力值为多少？

6. 一结构如图 6-39 所示，杆 AB 的重量和变形可忽略不计，钢杆 1 和 2 的许用应力 $[\sigma] = 170$ MPa，弹性模量 $E = 200$ GPa，试校核两杆的强度，并求刚性杆上点 H 的垂直位移。

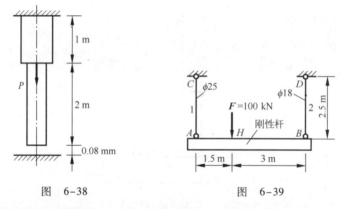

图 6-38   图 6-39

7. 如图 6-40 所示吊车搬运搬运一段重 38 kN 的桥架，吊车圆截面缆绳的横截面直径 $d = 25$ mm，弹性模量 $E = 140$ GPa。求：①如果缆绳原长为 14 m，那么将此桥架吊起平衡后，缆绳伸长了多少；②如果缆绳最大可以承受 70 kN 的载荷，那么能够吊起此段桥架的安全系数最大是多少？

8. 如图 6-41 所示刚性杆 AB 通过两根铅直金属杆悬于水平状态，两金属杆的材料相同，横截面积均为 A，现 AB 杆在其右端 B 点出受 P 作用，求两金属杆的拉力。

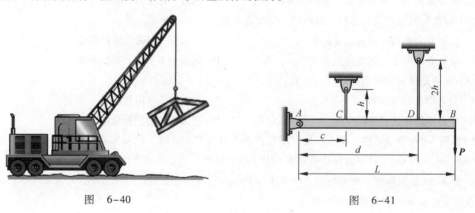

图 6-40   图 6-41

9. 一个重量为 55 kN 的蹦极爱好者选择了图 6-42 所示的桥进行跳跃，具有弹性的绳索轴向刚度 $EA =$ 2.3 kN，跳跃点到水面的垂直距离为 60 m，如果要保持人与水面最近距离为 10 m，那么绳索长度应为多少？

图 6-42

项 目 总 结

本项目对拉（压）杆的内力、应力、强度、刚度问题做了讨论，应重点掌握拉（压）杆强度条件所能解决的问题，并了解超静定问题的解法，为之后其他变形的超静定问题的解决奠定基础。知识结构如图 6-43 所示。

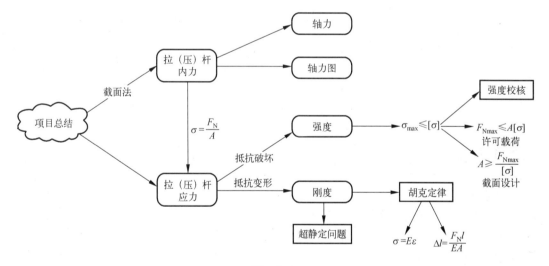

图 6-43

项目 **7** 连接件

项目引入

剪切是杆件的基本变形之一。在项目6中探讨了图7-1（a）所示悬臂吊车的拉杆强度问题，当所有杆件符合安全条件时，吊车就安全了吗？起到连接作用的螺栓［见图7-1（b)]会不会断，它的强度条件又是什么呢？如图7-1（b）所示的连接件的变形就是剪切和挤压，为了保证连接件的正常工作，一般需要进行连接件的剪切强度、挤压强度计算。本项目将探讨采用实用计算法来进行简化计算。

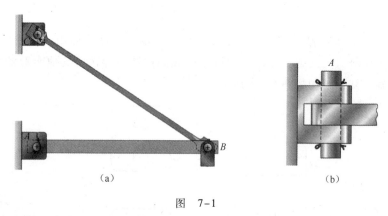

（a）　　　　　　　　　　　　　　（b）

图　7-1

目标要求

知识目标

- 了解剪切与挤压变形的存在形式。
- 掌握连接件的剪切和挤压的实用计算。

能力目标

- 利用剪切和挤压的实用计算解决简单的工程实际问题。

任务　连接件剪切与挤压的强度计算

任务目标

工程结构和机械中构件之间的连接常采用连接件（联接件）。对于连接件，必须进行剪切和挤压两方面的强度计算，构件受剪切和挤压变形时，变形和应力比较复杂，工程中采用实用计算法，所以对连接件重点介绍剪切和挤压的实用计算。

 基础知识

一、剪力和切应力

剪切是杆件的基本变形之一，其计算简图如图 7-2（a）所示。在杆件受到一对相距很近、大小相同、方向相反的横向外力 F 的作用时，将沿着两侧外力之间的横截面发生相对错动，这种变形形式就称为剪切。当外力 F 足够大时，杆件便会被剪断。发生相对错动的横截面则称为剪切面。

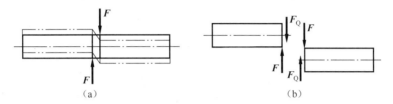

图   7-2

既然外力 F 使得剪切面发生相对错动，那么该截面上必然会产生相应的内力以抵抗变形，这种内力就称为剪力，用符号 F_Q 表示。运用截面法，可以很容易地分析出位于剪切面上的剪力 F_Q 与外力 F 大小相等、方向相反，如图 7-2（b）所示。材料力学中通常规定，剪力 F_Q 对所研究的分离体内任意一点的力矩为顺时针方向的为正，逆时针方向的为负。图 7-2（b）中的剪力为正。

正如轴向拉伸和压缩中杆件横截面上的轴力 F_N 与正应力 σ 的关系一样，剪力 F_Q 同样是切应力 τ 合成的结果。由于剪切变形仅仅发生在很小一个范围内，而且外力又只作用在变形部分附近，因而剪切面上剪力的分布情况十分复杂。为了简化计算，工程中通常假设剪切面上各点处的切应力相等，用剪力 F_Q 除以剪切面的面积 A_s 所得到的切应力平均值 τ 作为计算切应力（也称名义切应力），即

$$\tau = \frac{F_Q}{A_s} \tag{7-1}$$

切应力的方向和正、负号的规定均与剪力 F_Q 一致。

二、剪切和挤压强度计算

建筑结构大都是由若干构件组合而成，在构件和构件之间必须采用某种连接件或特定的连接方式加以连接。工程实践中常用的连接件，诸如铆钉、螺栓、焊缝、榫头、销钉等，都是主要承受剪切的构件。当然，以上连接件在受剪的同时往往也伴随着其他变形，只不过剪切是主要因素而已。以螺栓连接为例，如图 7-3（a）所示，连接处可能产生的破坏包括：在两侧与钢板接触面的压力 F 作用下，螺栓将沿 a—a 截面被剪断，如图 7-3（b）所示；螺栓与钢板在接触面上因为相互挤压而产生松动导致失效；钢板在受螺栓孔削弱的截面处产生塑性变形。相应地，为了保证连接件的正常工作，一般需要进行连接件的剪切强

度、挤压强度计算和钢板的抗拉强度计算。

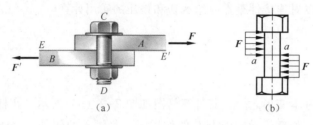

图　7-3

考虑到连接件的变形比较复杂，在工程设计中通常采用工程实用计算进行简化计算。下面继续以螺栓连接为例介绍剪切强度和挤压强度的实用计算。

1. 剪切强度计算

在图 7-2（a）中，由螺栓连接的两块钢板承受力 F 的作用，显然螺栓在此受力情况下将沿 a—a 截面发生相对错动，发生剪切变形。如前所述，剪切面上的切应力为式（7-1），为保证螺栓不被剪断，必须使切应力 τ 不超过材料的许用切应力 $[\tau]$。于是，剪切强度条件可表示为

$$\tau = \frac{F_Q}{A_S} \leqslant [\tau] \tag{7-2}$$

 思 考

通过拉压变形强度条件的学习，考虑式（7-2）能解决哪些工程问题？

许用切应力 $[\tau]$ 是通过实验来确定的，在剪切实验中得到剪切破坏时材料的极限切应力 τ_s，再除以安全因数，即得该种材料许用切应力 $[\tau]$。对于钢材，工程上常取 $[\tau] = (0.75 \sim 0.80)[\sigma]$，$[\sigma]$ 为钢材的许用拉应力。对于大多数连接件来说，剪切变形和剪切强度是主要的。

2. 挤压强度计算

在图 7-3（a）中，在螺栓与钢板相接触的侧面上会发生相互间的局部承压现象，称之为挤压，在接触面上的压力称之为挤压力，用符号 F_{bs} 表示。当挤压力足够大时，将使螺栓压扁或钢板在孔缘处压皱，从而导致连接松动而失效。在工程设计中，通常假定在挤压面上应力是均匀分布的，挤压力根据所受外力由静力平衡条件求得，因而挤压面上名义挤压应力为

$$\sigma_{bs} = \frac{F_{bs}}{A_{bs}} \tag{7-3}$$

式中，A_{bs} 为计算挤压面面积。当接触面为平面（如键连接中键与轴的接触面）时，计算挤压面面积 A_{bs} 取实际接触面的面积；当接触面为圆柱面（如螺栓连接中螺栓与钢板的接触面）时，计算挤压面面积 A_{bs} 取圆柱面在直径平面上的投影面积，如图 7-4（a）所示。

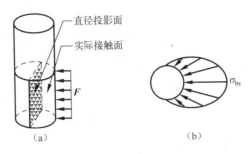

图　7-4

 提　示

（1）实际挤压面为平面时，计算挤压面积为实际挤压面积。

（2）实际挤压面为曲面时，计算挤压面积为半圆柱面的正投影面积。

（3）剪切面与挤压面的区别：

① 剪切面是假想连接件被剪断的痕迹面，挤压面是两受力构件的相互接触面。

② 剪切面与外力平行，挤压面与外力垂直。

实际上，挤压应力在接触面上的分布是很复杂的，与接触面的几何形状及材料性质直接相关。根据理论分析，圆柱状连接件与钢板接触面上的理论挤压应力沿圆柱面的分布情况如图 7-4（b）所示，而按式（7-3）计算得到的名义挤压应力与接触面中点处的最大理论挤压应力值相近。

为了防止因连接松动而失效，必须使挤压应力不超过材料的许用挤压应力$[\sigma_{bs}]$。于是，挤压强度条件可表示为

$$\sigma_{bs} = \frac{F_{bs}}{A_{bs}} \leqslant [\sigma_{bs}] \tag{7-4}$$

材料的许用挤压应力$[\sigma_{bs}]$也应根据实验结果来确定。对于钢材，工程上常取$[\sigma_{bs}] = (1.7 \sim 2.0)[\sigma]$，$[\sigma]$为钢材的许用拉应力。必须注意的是，当连接件和被连接件的材料不同时，应选取抵抗挤压能力较弱的材料的许用挤压应力$[\sigma_{bs}]$。

3. 工程实例

1）建筑实例

例 7-1　木屋架的端接头如图 7-5 所示。当斜杆受力 $P = 20\,kN$ 时，水平杆左端上部沿 $m-n$ 面受剪切。设木材顺纹许用剪应力$[\tau] = 1\,MPa$，问长度 l 至少应为多少，才能保证屋架安全？

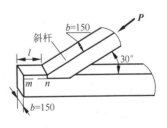

图　7-5

解：水平杆沿 $m-n$ 面受顺纹剪切，受剪面积

$$A_s = l \times b = 150l$$

受剪面上的剪力　$F_Q = P\cos\alpha = 20 \times \cos 30° \,kN = 17.32\,kN$

根据剪切强度条件　$\tau = \dfrac{F_Q}{A_s} \leqslant [\tau]$

可得
$$A_S = 150l \geq F_Q [\tau] = 17.32 \times 10^3 \times 1 \text{ mm}^2$$

则
$$l \geq \frac{17.32 \times 10^3}{150} \text{ mm} = 115.5 \text{ mm}$$

例 7-2 如图 7-6 所示的钢板铆接件中，已知钢板的许用拉伸应力 $[\sigma_1]$ = 98 MPa，许用挤压应力 $[\sigma'_{bs}]$ = 196 MPa，钢板厚度 δ = 10 mm，宽度 b = 100 mm，铆钉的许用切应力为保证屋架安全，应取 l_{min} = 115.5 mm。$[\tau]$ = 137 MPa，许用挤压应力 $[\sigma''_{bs}]$ = 314 MPa，铆钉直径 d = 20 mm，钢板铆接件承受的载荷 F = 23.5 kN。试校核钢板和铆钉的强度。

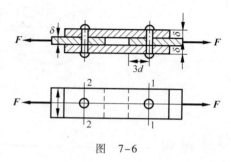

图 7-6

解：（1）校核钢板的拉伸强度。最大拉应力发生在中间钢板圆孔处 1—1 和 2—2 横截面上。

$$\sigma_l = \frac{F_N}{A} = \frac{F}{(b-d)\delta} = \frac{23.5 \times 10^3}{(100-20) \times 10^{-3} \times 10 \times 10^{-3}} \text{ Pa} = 29.4 \times 10^6 \text{ Pa} = 29.4 \text{ MPa} < [\sigma_1]$$

故钢板的拉伸强度是安全的。

（2）校核钢板的挤压强度。钢板的最大挤压应力发生在中间钢板孔与铆钉接触处

$$\sigma_{bs} = \frac{F_{bs}}{A_{bs}} = \frac{F}{d\delta} = \frac{23.5 \times 10^3}{20 \times 10^{-3} \times 10 \times 10^{-3}} \text{ Pa} = 1117.5 \times 10^6 \text{ Pa} = 117.5 \text{ MPa} < [\sigma'_{bs}]$$

故钢板的挤压强度是安全的。

（3）校核铆钉的剪切强度。铆钉属于双剪问题。

$$\tau = \frac{F_Q}{A_S} = \frac{F/2}{\pi d^2/4} = \frac{2 \times 23.5 \times 10^3}{3.14 \times (0.02)^2} = 37.4 \times 10^6 \text{ Pa} = 37.4 \text{ MPa} < [\tau]$$

故铆钉的剪切强度是安全的。

（4）校核铆钉的挤压强度。铆钉的挤压力和计算面积与钢板相同，但铆钉的许用挤压应力比钢板高，钢板的挤压强度是安全的，则铆钉的挤压强度也是安全的。

2）机械实例

例 7-3 轴和齿轮用平键连接，如图 7-7（a）所示，已知 d = 70 mm，b = 20 mm，h = 12 mm，h' = 7.4 mm，轴传递的扭转力矩 $\overline{M}$ = 2 kN·m，键材料的 $[\tau]$ = 60 MPa，$[\sigma_{bs}]$ = 100 MPa。试设计键的长度 l。

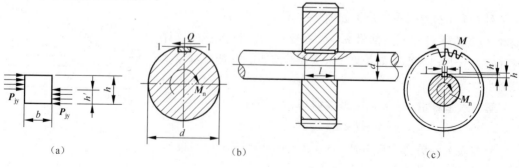

（a） （b） （c）

图 7-7

解：分析键的受力情况，可见 1 - 1 截面为剪切面，剪切面面积 $A_S = bl$，剪力可由平衡条件

$$Q \cdot \frac{d}{2} = \overline{M}$$

得

$$Q = \frac{2\overline{M}}{d} = \frac{2 \times 200}{70 \times 10^{-3}} \text{ N} = 57.1 \times 10^3 \text{ N} = 57.1 \text{ kN}$$

由键的剪切强度条件得

$$\tau = \frac{F_Q}{A_S} = \frac{Q}{A_j} = \frac{Q}{bl} \leqslant [\tau]$$

$$l \geqslant \frac{Q}{b[\tau]} = \frac{57.1 \times 10^3}{20 \times 10^{-3} \times 60 \times 10^6} \text{ m} = 4.76 \times 10^{-2} \text{ m} = 47.6 \text{ mm}$$

键两侧面与键槽的接触部分受挤压，挤压力均为 $F_{bs} = P_{jy} = Q$，危险有效挤压面面积 $A_{bs} = l(h - h')$，如图 7-7（c）所示，所以键的挤压强度条件为

$$\sigma_{bs} = \frac{F_{bs}}{A_{bs}} = \frac{Q}{l(h - h')} \leqslant [\sigma_{bs}]$$

所以

$$l \geqslant \frac{Q}{(h - h')[\sigma_{bs}]} = \frac{57.1 \times 10^3}{(12 - 7.4) \times 10^{-3} \times 100 \times 10^6} \text{ m} = 0.124 \text{ m} = 124 \text{ mm}$$

比较后，取 $l = 124 \text{ mm}$。

3）焊接实例

例 7-4　已知焊缝材料的许用剪切应力 $[\tau] = 110 \text{ MPa}$，$P = 120 \text{ kN}$，$t = 8 \text{ mm}$，试求图 7-8 所示焊缝的长度 l。

解：焊缝的破坏是沿最小的剪切面发生剪断。一般将焊缝截面近似视为一等腰直角三角形如图 7-8（b）所示，则最小剪切面的一边就是此三角形斜边的高，而剪切面面积 $A_S = t\sin 45° \times l$，此面上的剪力 $Q = \frac{P}{2}$。焊缝的剪切强度条件为

$$\tau = \frac{F_Q}{A_S} = \frac{Q}{A_S} = \frac{P}{2l\sin 45°} \leqslant [\tau]$$

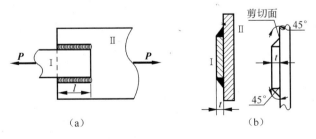

图　7-8

得

$$l \geqslant \frac{p}{2t\sin 45° \times [\tau]} = \frac{120 \times 10^3}{\sqrt{2} \times 0.8 \times 10^{-2} \times 110 \times 10^6} \text{ m} = 9.64 \times 10^{-2} \text{ m} = 9.64 \text{ cm}$$

按工程规范，焊缝长度应比计算值增加 1 cm，即 $l = 11$ cm。

拓展知识

Maple 软件应用示例

利用 Maple 软件辅助解决问题。如图 7-9 所示，已知钢板厚度 $\delta = 10$ mm，其剪切极限应力为 $\tau = 300$ MPa。若用冲床将钢板冲出直径 $d = 25$ mm 的圆孔，问需要多大的冲剪力 F？

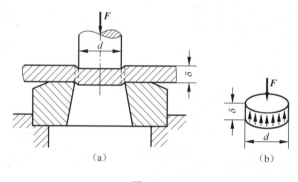

图 7-9

解：建模

（1）剪切面是钢板内被冲头冲出的圆饼体的柱形侧面，如图 7-9 所示。

（2）计算剪切面积。

（3）计算冲孔所需要的冲剪力。

程序：

```
> restart:                          #清零
> ineq: = F > = A[s] * tao[u]:      #剪切强度条件
> A[s]: = Pi * d * delta:           #剪切面积
> d: = 25e - 3: tao[u]: = 300e6: delta: = 10e - 3:   #已知条件
> ineq: = evalf(ineq,4);            #冲孔所需要冲剪力的数值
```

结论：需要 235.6 kN 的冲剪力。

综合练习

1. 填空题

（1）构件发生剪切变形的受力特点：沿杆件的横向两侧作用大小_____、方向_____，作用线平行且_____的一对力。其变形特点：两力作用线之间的截面发生了_____。产生相对错动的截面称为_____。

（2）挤压面上，由挤压力引起的_____称为挤压应力。挤压应力在挤压面上的分布是_____，工

程实用计算假定挤压应力是_____分布的，用公式_____表示。

（3）挤压变形是指在两构件相互机械作用的_____上，由于局部承受较大的作用力，而出现的_____或_____现象。构件发生_____的接触面称为挤压面。

2. 选择题

（1）在连接件上，剪切面和挤压面分别（ ）于外力方向。

A. 垂直、平行　　　　　B. 平行、垂直　　　　　C. 平行　　　　　D. 垂直

（2）在连接件剪切强度实用计算时，许用切应力$[\tau]$是（ ）得到的。

A. 精确计算　　　　　B. 拉伸试验　　　　　C. 剪切试验　　　　　D. 扭转试验

3. 如图 7−10 所示木板接头，$F = 50\,\text{kN}$，试求接头的剪切与挤压应力。

4. 一螺栓接头如图 7−11 所示。已知 $F = 30\,\text{kN}$，钢板 A、B、C、D 厚均为 $10\,\text{mm}$，螺栓、钢板的材料均为 Q235 钢，许用切应力 $[\tau] = 130\,\text{MPa}$，许用挤压应力 $[\sigma_{\text{bs}}] = 300\,\text{MPa}$，试计算螺栓所需的直径。

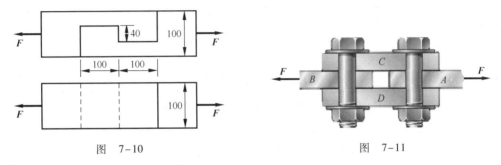

图　7−10　　　　　　　　　　　　　　　图　7−11

5. 如图 7−12 所示接头，承受轴向载荷 F 作用，试校核接头的强度。已知 $F = 80\,\text{kN}$，$b = 60\,\text{mm}$，$\delta = 10\,\text{mm}$，$d = 16\,\text{mm}$，许用正应力 $[\sigma] = 160\,\text{MPa}$，许用剪切应力 $[\tau] = 120\,\text{MPa}$，许用挤压应力 $[\sigma_{\text{bs}}] = 300\,\text{MPa}$，板料与铆钉的材料相同。

6. 已知图 7−13 表示凸缘联轴器。传递转矩 $M = 2.5\,\text{kN}\cdot\text{m}$，沿直径 $D = 150\,\text{mm}$ 圆周上对称分布四个配合螺栓连接，凸缘厚度 $t = 10\,\text{mm}$，材料的许用力为 $[\tau] = 100\,\text{MPa}$，$[\sigma_{\text{jy}}] = 200\,\text{MPa}$，不计自重和摩擦，试校核其强度。

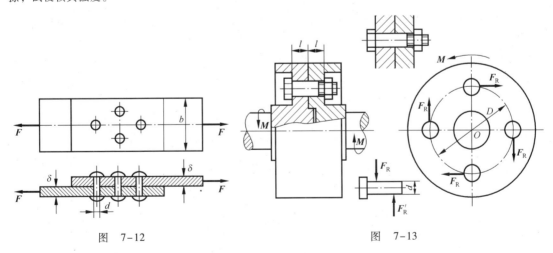

图　7−12　　　　　　　　　　　　　　　图　7−13

7. 如图 7−14 所示，两块木板粘结，每道粘缝最大可承受 $1\,\text{MPa}$ 剪切应力，已知 $P = 500\,\text{N}$，那么 d 至少要多长？

8. 如图 7−15 所示，已知 $P = 1\,\text{kN}$，销钉 C 的许用剪切应力 $[\tau] = 50\,\text{MPa}$，试校核销钉的强度。

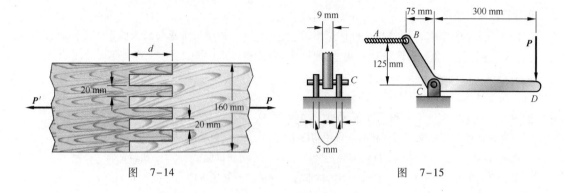

图 7-14　　　　　　　　　　　　　　　图 7-15

项 目 总 结

为了保证连接件的正常工作，一般需要采用实用计算法进行连接件的剪切强度、挤压强度校核，蹦项目通过建筑、机械、焊接等工程中的实例说明了解决连接件的剪切与挤压的实用强度计算问题的思路和方法，并列举了科学计算工具 Maple 软件在解决实用计算中的应用。图 7-16 为本项目的思维导图。

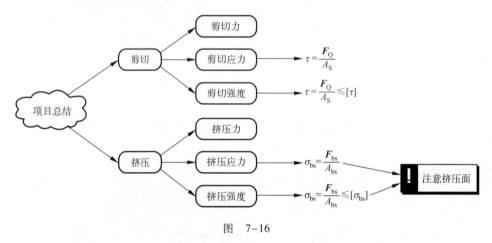

图 7-16

项目⑧　圆轴扭转

项目引入

工程中有些杆件，例如钻头［见图 8-1（a）、（b）］、传动轴［见图 8-1（c）］、汽车方向盘下的转向轴［见图 8-1（d）］、攻螺纹用丝锥的推杆［见图 8-1（e）］等均属于受扭转的杆件，它们都有相同的受力特点和变形形式，从而均可抽象为图 8-2 所示的力学模型。由图 8-1 可见，它们的受力和变形特点是在杆件的两端作用有两个大小相等、转向相反，且作用面垂直于杆件的轴线的力偶，致使杆件的任意两个横截面发生绕杆轴作相对转动的变形。这种变形称为扭转。扭转时两个横截面相对转动的角度，称为扭转角，一般用 φ 表示，如图 8-2 所示。以扭转变形为主的杆件通常称为轴。截面形状为圆形的轴称为圆轴，圆轴在工程上是常见的一种受扭转的杆件。

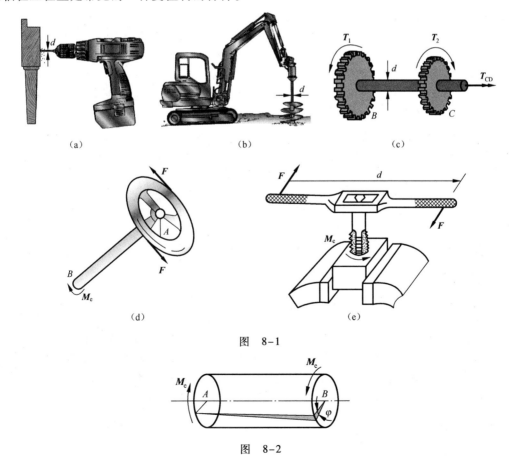

（a）　　　　　　　　　（b）　　　　　　　　　（c）

（d）　　　　　　　　　　　（e）

图　8-1

图　8-2

本项目主要主要解决圆轴扭转变形的强度和刚度问题。

目标要求

知识目标

- 掌握圆轴扭转的强度条件及其应用。
- 了解圆轴扭转时的变形以及刚度条件。

能力目标

- 掌握求解应力在截面上分布问题的思路及方法。
- 正确理解、熟练掌握扭转剪应力、扭转变形、扭转强度和扭转刚度的计算。
- 培养应用力学的基本知识。
- 通过观察和比较、分析与综合，对圆轴扭转变形的刚度和强度作出正确的判断。
- 具有对圆轴扭转变形的受力状态和内力分布进行图形表达的能力。
- 初步掌握圆轴扭转变形承载能力的计算方法。

任务1 圆轴扭转的内力

任务目标

扭转是杆件的基本变形形式之一。在一对大小相等、方向相反、作用面垂直于杆件轴线的外力偶（其矩为 M_e）作用下，直杆的任意两横截面（如图中 $m-m$ 截面和 $n-n$ 截面）将绕轴线相对转动，杆件的轴线仍将保持直线，而其表面的纵向线将成螺旋线。这种变形形式称为扭转，如图 8-3 所示。

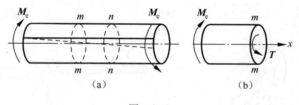

图 8-3

基础知识

轴横截面上内力的计算

要研究受扭杆件的应力和变形，首先得计算轴横截面上的内力。以工程中常用的传动轴为例，我们往往只知道它所传递的功率 P 和转速 n，但作用在轴上的外力偶矩可以通过功率 P 和转速 n 换算得到。因为功率是每秒钟内所作的功，有

$$P = M_e \times 10^{-3} \times \omega = M_e \times \frac{2n\pi}{60} \times 10^{-3}$$

于是，作用在轴上的外力偶矩为

$$M_e = 9\ 549 \times \frac{P}{n} \qquad (8-1)$$

式中，功率 P 的单位是 kW，外力偶矩 M_e 的单位是 N·m，转速 n 的单位是 r/min。

　　杆件上的外力偶矩确定后，可用截面法计算任意横截面上的内力。对图 8-3（a）所示圆轴，欲求 $m-m$ 截面的内力，可假设沿 $m-m$ 截面将圆轴一分为二，并取其左半段分析，如图 8-3（b）所示，由平衡方程

$$\sum M_x = 0, T - M_e = 0$$

得

$$T = M_e$$

T 是横截面上的内力偶矩，称为扭矩。如果取圆轴的右半段分析，则在同一横截面上可求得扭矩的数值大小相等而方向相反。为使从两段杆所求得的同一横截面上的扭矩在正负号上一致，材料力学中通常规定：按右手螺旋法则确定扭矩矢量（见图 8-4），如果扭矩矢量的指向与截面的外法向方向一致，则扭矩为正，反之为负。图 8-4（a）所示为以左段为研究对象时，截面上扭矩的正方向；图 8-4（b）所示为以右段为研究对象时，截面上扭矩的正方向。

图　8-4

　　当杆件上作用有多个外力偶矩时，为了表现沿轴线各横截面上扭矩的变化情况，从而确定最大扭矩及其所在位置，可仿照轴力图的绘制方法来绘制扭矩图。

　　例 8-1　一传动轴如图 8-5（a）所示，轴的转速 $n = 500$ r/min，主动轮的输入功率为 $P_A = 600$ kW，三个从动轮的输出功率分别为 $P_B = P_C = 180$ kW，$P_D = 240$ kW。试计算轴内的最大扭矩，并作扭矩图。

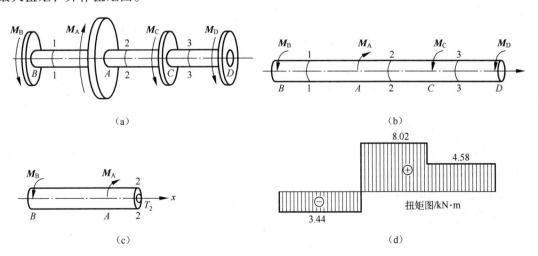

图　8-5

解： 首先计算外力偶矩 ［见图 8-5（a）］。

$$M_A = 9\,549 \times \frac{600}{500} = 11.46 \times 10^3 \text{ N} \cdot \text{m} = 11.46 \text{ kN} \cdot \text{m}$$

$$M_B = M_C = 9\,549 \times \frac{180}{500} \text{ N} \cdot \text{m} = 3.44 \times 10^3 \text{ N} \cdot \text{m} = 3.44 \text{ kN} \cdot \text{m}$$

$$M_D = 9\,549 \times \frac{240}{500} = 4.58 \times 10^3 \text{ N} \cdot \text{m} = 4.58 \text{ kN} \cdot \text{m}$$

然后，由轴的计算简图 ［见图 8-5（b）］，计算各段轴内的扭矩。先考虑 AC 段，从任一截面 2-2 处截开，取截面左侧进行分析，如图 8-5（c）所示，假设 T_2 为正，由平衡方程

$$\sum M_x = 0, M_B - M_A + T_2 = 0$$

得

$$T_2 = M_A - M_B = (11.46 - 3.44) \text{ kN} \cdot \text{m} = 8.02 \text{ kN} \cdot \text{m}$$

 提示

注意内力与外力的区别，尤其是正、负方向的区别，列平衡方程时的正、负方向。

同理，在 BA 段内有

$$T_1 = -M_B = -3.44 \text{ kN} \cdot \text{m}$$

在 CD 段内有

$$T_3 = M_D = 4.58 \text{ kN} \cdot \text{m}$$

要注意的是，在求各截面的扭矩时，通常采用"设正法"，即假设扭矩为正。若所得结果为负值的话，则说明该截面扭矩的实际方向与假设方向相反。

根据这些扭矩即可做出扭矩图，如图 8-5（d）所示。从图可见，最大扭矩发生在 AC 段，其值为 8.02 kN·m。

 拓展知识

薄壁圆筒的扭转

设一薄壁圆筒，其壁厚 δ 远小于其平均半径 r，两端承受外力偶矩 M_e，如图 8-6（a）所示。圆筒任一横截面上的扭矩都是由截面上的应力与微面积 dA 之乘积合成的，因此横截面上的应力只能是切应力。

为得到沿横截面圆周各点处切应力的变化规律，可在圆筒受扭前，在筒表面画出一组等间距的纵向线和圆周线，形成一系列的矩形小方格。然后在两端施加外力偶矩 M_e，圆筒发生扭转变形。此时可以观察到：

（1）圆筒表面各纵向线在小变形下仍保持直线，但都倾斜了同一微小角度 γ。

（2）各圆周线的形状、大小和间距都保持不变，但绕轴线旋转了不同的角度。

因筒壁很薄，故可将圆周线的转动视为整个横截面绕轴线的转动。圆筒两端截面之间

相对转动的角度称为相对扭转角，用符号 φ 表示，如图 8-6（b）所示，它表示杆的扭转变形。此外，圆筒任意两横截面之间也有相对转动，从而使筒表面的各矩形小方格的直角都改变了相同的角度 γ，如图 8-6（c）所示，这种改变量 γ 称为切应变，是横截面上切应力作用的结果。又因薄壁圆筒的壁厚 δ 远小于其平均半径 γ，故可近似认为切应力沿壁厚不变。

依据以上分析，可知薄壁圆筒扭转时，横截面上各处的切应力 τ 值均相等，其方向与圆周相切。由截面上的扭矩 T 都是该截面上的应力 τ 与微面积 dA 之乘积的合成，如图 8-6（d）所示，可知

$$T = \int_A \tau dA \cdot \tau = 2\pi r\delta\tau r = 2\pi r^2\delta\tau$$

从而有

$$\tau = \frac{T}{2\pi r^2\delta}$$

薄壁圆筒表面上的切应变 γ 和相距为 l 的两端面之间的相对扭转角 φ 之间的关系式可由图 8-6（b）所示的几何关系求得

$$\gamma = \frac{\varphi r}{l}$$

式中，切应 γ 是一个无量纲的量。

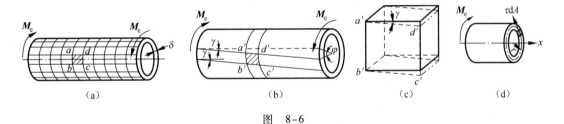

图　8-6

综合练习

1. 填空题

（1）圆轴扭转时的受力特点：杆件两端作用一对 _____、_____ 且作用面垂直于轴线的 _____。其变形特点：杆件任意两横截面绕轴线产生了 _____。

（2）若已知轴的转速为 n，输出功率为 P，则输出外力矩按公式 _____ 计算。式中，M、P、n 的单位分别是 _____、_____、_____。

（3）圆轴扭转变形的内力称为 _____，用符号 _____ 表示，其正负用 _____ 法则判断。

（4）由截面法求内力可得出求扭矩的简便方法：圆轴任意 x 截面的扭矩 $T(x)$ 等于 x 截面左侧（或右侧）轴段上外力偶矩的 _____；左侧轴段上箭头向上（或右侧轴段上箭头向下）的外力偶矩产生 _____ 值扭矩，反之产生 _____ 值扭矩。

2. 试求出图 8-7 中各轴的扭矩，并画出扭矩图。

3. 图 8-8 所示为转速 $n = 1\,500$ r/min 的传动轴，从主动轮输入功率 $N_1 = 50$ hp，又从动轮输出功率 $N_2 = 30$ hp，$N_3 = 20$ hp，试画出传动轴的扭矩图。其中，$M = 7\,024 \times \dfrac{N}{n}$，1 hp（马力）$\approx 746$ W（瓦）。

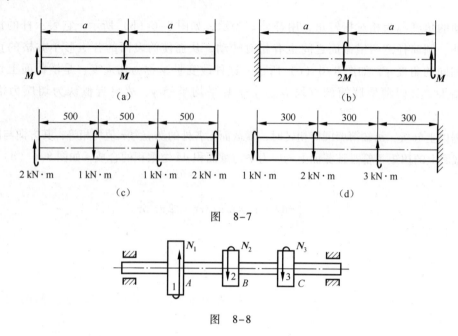

图 8-7

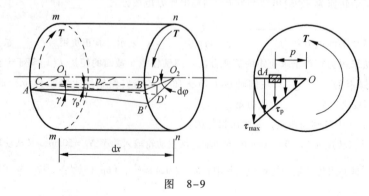

图 8-8

任务2　圆轴扭转强度与刚度计算

任务目标

掌握圆轴扭转的强度与刚度条件，并利用条件对圆轴扭转的实际问题进行分析计算，了解扭转变形中超静定问题的解决思路。

基础知识

一、截面上的应力

等直圆轴在发生扭转时处于纯剪应力状态，如图8-9所示，横截面上只有切应力而无正应力。为推导圆杆扭转时横截面上的切应力公式，可以从三方面着手分析，即先由变形几何关系找出切应变的变化规律，再利用物理关系找出切应力在横截面上的分布规律，最后根据静力学关系导出切应力公式（拓展知识中将对切应力公式进行推导）。

图 8-9

等直圆轴扭转时横截面上任意一点的切应力计算公式为

$$\tau_{\mathrm{p}} = \frac{T_x p}{I_{\mathrm{p}}} \tag{8-2}$$

式中 τ_{p}——横截面上任一点的切应力；

p——横截面上任一点与轴线（圆心）之间的距离（半径）；

T_x——横截面的扭矩；

I_{p}——横截面的极惯性矩。

由式（8-2）可知，当 p 达到最大值 R 时，切应力为最大

$$\tau_{\max} = \frac{T_x R}{I_{\mathrm{p}}}$$

式中，R 及 I_{p} 都是与截面几何尺寸有关的量，引入符号

$$W_{\mathrm{p}} = \frac{I_{\mathrm{p}}}{R}$$

得

$$\tau_{\max} = \frac{T_x}{W_{\mathrm{p}}} \tag{8-3}$$

式中，W_{p} 为抗扭截面系数。可见，最大切应力与横截面上的扭矩 T_x 成正比，而与 W_{p} 成反比，W_{p} 越大，$\tau_{\max}$ 越小，所以 W_{p} 是表示圆轴抗扭转破坏能力的几何参数，其单位为 m^3，其常用单位为 mm^3，对于圆截面为 d 的抗扭截面系数：

$$W_{\mathrm{p}} = \frac{I_{\mathrm{p}}}{R} = \frac{\dfrac{\pi d^4}{32}}{\dfrac{d}{2}} = \frac{\pi d^3}{16} \approx 0.2 d^3 \tag{8-4}$$

 思考

实心圆轴与空心圆轴的抗扭截面系数式子有什么联系，怎样便于记忆？

对于内径为 d，外径为 D 的空心圆截面，$a = d/D$，则有

$$W_{\mathrm{p}} = \frac{\pi D^3}{16}(1 - a^4) \approx 0.2 D^3 (1 - a^4) \tag{8-5}$$

例 8-2 已知图 8-10 表示阶梯轴受力偶矩作用。$M_{\mathrm{B}} = 1\ \mathrm{kN \cdot m}$，$M_{\mathrm{C}} = 2\ \mathrm{kN \cdot m}$，直径分别为 $d_1 = 50\ \mathrm{mm}$，$d_2 = 40\ \mathrm{mm}$，a、b 为 Ⅰ－Ⅰ 横截面距离圆心距离相等的两点，$p = 20\ \mathrm{mm}$。求 a、b 处的切应力和阶梯轴横截面的最大切应力。

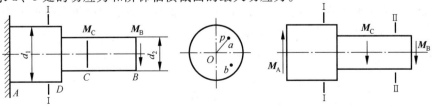

图 8-10

解：（1）画出阶梯轴的受力图，计算外力偶矩。

阶梯轴的主动力为 M_B、M_C；约束反力为 M_A，列静力平衡方程

$$\sum M = 0, M_C + M_B - M_A = 0$$

求得

$$M_A = M_C + M_B = (1 + 2) \, kN \cdot m = 3 \, kN \cdot m$$

（2）截面法求内力。阶梯轴在外力偶矩的作用下，产生扭转变形。

AC 段（Ⅰ－Ⅰ横截面），T_1 为 Ⅰ－Ⅰ截面的扭矩，列静力平衡方程

$$\sum M = 0, T_1 - M_A = 0$$

得

$$T_1 = M_A = 3 \, kN \cdot m$$

CB 段（Ⅱ－Ⅱ横截面），T_2 为 Ⅱ－Ⅱ截面的扭矩，列静力平衡方程

$$\sum M = 0, T_2 - M_B = 0$$

得

$$T_2 = M_B = 1 \, kN \cdot m$$

（3）计算横截面的切应力 τ。Ⅰ－Ⅰ横截面上 a、b 点的切应力为

$$\tau_a = \tau_b = \frac{T_1 p}{I_p} = \frac{30 \times 10^6 \times 20}{\dfrac{\pi \times 50^4}{32}} \, MPa = 97.8 \, MPa$$

AD 段横截面的切应力为

$$\tau_{AD} = \frac{T_1 p_{AD}}{I_{pAD}} = \frac{30 \times 10^6 \times 25}{\dfrac{\pi \times 50^4}{32}} \, MPa = 122 \, MPa$$

DC 段横截面的切应力为

$$\tau_{DC} = \frac{T_1 p_{DC}}{I_{pDC}} = \frac{30 \times 10^6 \times 20}{\dfrac{\pi \times 40^4}{32}} \, MPa = 238.8 \, MPa$$

CB 段横截面的切应力为

$$\tau_{CB} = \frac{T_2 p_{CB}}{I_{pCB}} = \frac{1 \times 10^6 \times 20}{\dfrac{\pi \times 40^4}{32}} \, MPa = 80 \, MPa$$

所以阶梯轴的 DC 段，最大切应力为 $\tau_{max} = \tau_{DC} = 238.8 \, MPa$。

例 8-3 长度都为 l 的两根受扭圆轴如图 8-11 所示，一为实心圆轴，一为空心圆轴，两者材料相同，在圆轴两端都承受大小为 M_e 的外力偶矩，如果两圆轴横截面上的最大切应力相等，试求两轴的外径之比和重量之比。（$a = d_2 / D_2 = 0.9$）

解：由式（8-4）、式（8-5）和图 8-11 所示参数可知，此实心轴与空心轴的抗扭截面系数分别为

$$W_{p1} = \frac{\pi D_1^{\,3}}{16}$$

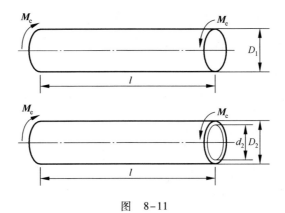

图　8-11

$$W_{p2} = \frac{\pi D_2^{\ 3}}{16}(1 - a^4)$$

将上两式分别代入式（8-3）得

$$\tau_{1max} = \frac{16T_1}{\pi D_1^{\ 3}}$$

$$\tau_{2max} = \frac{16T_2}{\pi D_2^{\ 3}(1 - a^4)}$$

由于两杆所受外力相同，因此其内力——扭矩也相等，即 $T_1 = T_2 = M_e$，又 $\tau_{1max} = \tau_{2max}$，经整理可得

$$\frac{D_1}{D_2} = \sqrt[3]{1 - a^4} = \sqrt[3]{1 - 0.9^4} = 0.7$$

因为两轴的材料和长度均相同，故两轴的重量比即为其横截面面积之比。于是有

$$\frac{A_1}{A_2} = \frac{\frac{\pi}{4}D_1^2}{\frac{\pi}{4}D_2^2(1 - a^2)} = \frac{D_1^2}{D_2^2(1 - a^2)} = \frac{0.7}{1 - 0.9^2} = 3.7$$

由此可见，在最大切应力相等的情况下，空心圆轴比实心圆轴节省材料。因此，空心圆轴在工程中得到广泛应用。例如，汽车、飞机的传动轴就采用了空心轴，可以减轻零件的重量，提高运行效率。

二、强度条件

受扭杆件的强度条件是杆件横截面上的最大工作切应力 τ_{max} 不能超过材料的许用切应力 $[\tau]$，即

$$\tau_{max} \leqslant [\tau] \tag{8-6}$$

对于等直圆杆，其最大工作切应力发生在扭矩最大的横截面（即危险截面）上的边缘各点（即危险点）。依据式（8-3）强度条件表达式可写为

$$\tau_{max} = \frac{T_{max}}{W_p} \leqslant [\tau] \tag{8-7}$$

而对于变截面圆杆，如阶梯状圆轴，其最大工作切应力并不一定发生在扭矩最大的截

面上，需要综合考虑扭矩 T 和扭转截面系数 W_p 才能确定。

利用强度条件表达式（8-7），就可以对实心（或空心）圆截面杆进行强度计算，如强度校核、截面选择和许可载荷的计算。

实验表明，在静载荷作用下，材料的扭转许用切应力和许用拉应力之间存在着一定的关系，例如钢材有 $[\tau] = (0.5 \sim 0.6)[\sigma]$，也就是说，通常可以根据材料的许用拉应力来确定其许用切应力。对于像传动轴之类的构件，由于作用于其上的并非静载荷，而且还要考虑其他因素（如忽略次要影响进行简化计算），故其许用切应力的值较静载荷下的要略低。

例 8-4 阶梯圆轴 ABC 的直径如图 8-12（a）所示，轴材料的许用应力 $[\tau] = 60\,\text{MPa}$，力偶矩 $M_1 = 5\,\text{kN} \cdot \text{m}$，$M_2 = 3.2\,\text{kN} \cdot \text{m}$，$M_3 = 1.8\,\text{kN} \cdot \text{m}$，试校核该轴强度。

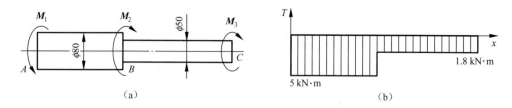

图　8-12

解：（1）由截面法求内力。

AB 段：
$$T_{AB} = -5\,\text{kN} \cdot \text{m}$$

BC 段：
$$T_{BC} = -1.8\,\text{kN} \cdot \text{m}$$

（2）绘扭矩图如图 8-12（b）所示。

（3）由于 AB，BC 段的扭矩、直径不相同，危险截面的位置不能确定，故分别校核。

① 校核 AB 段的强度。由强度条件得

$$\tau_{\max} = \frac{T_{AB}}{W_p} = \frac{5 \times 10^3}{\pi \times (0.08)^3 / 16}\,\text{Pa} = 49.7 \times 10^6\,\text{Pa} = 49.7\,\text{MPa} < [\tau]$$

故 AB 段是安全的。

② 校核 BC 段的强度。由强度条件得

$$\tau_{\max} = \frac{T_{BC}}{W_p} = \frac{1.8 \times 10^3}{\pi \times (0.05)^3 / 16}\,\text{Pa} = 73.4 \times 10^6\,\text{Pa} = 73.4\,\text{MPa} < [\tau]$$

故 BC 段的强度不够，所以阶梯轴的强度不够。

例 8-5 实心轴和空心轴通过牙嵌离合器连在一起，如图 8-13 所示。已知轴的转速 $n = 100\,\text{r/min}$，传递功率 $P = 10\,\text{kW}$，许用剪应力 $[\tau] = 80\,\text{MPa}$。试确定实心轴的直径 d 和空心轴的内、外径 d_1 与 d_2，若 $d_1/d_2 = 0.6$。

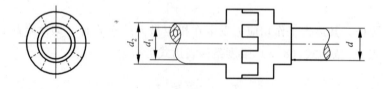

图　8-13

解：（1）计算扭矩：

$$T = 9\ 549 \times \frac{P}{n} = 9\ 549 \times \frac{10}{100} \text{N} \cdot \text{m} = 954.9 \text{N} \cdot \text{m}$$

（2）按强度条件计算实心轴的直径 d：

$$d \geqslant \sqrt[3]{\frac{16T}{\pi[\tau]}} = \sqrt[3]{\frac{16 \times 954.9 \times 10^3}{\pi \times 80}} \text{mm} = 39.3 \text{mm}$$

取 $d = 40 \text{mm}$。

（3）按强度条件计算空心轴的直径。

外径：

$$d_2 = \sqrt[3]{\frac{16T}{\pi(1 - a^4)[\tau]}} = \sqrt[3]{\frac{16 \times 954.9 \times 10^3}{\pi \times (1 - 0.6^4) \times 80}} \text{mm} = 41.2 \text{mm}$$

内径：

$$d_1 = 0.6 d_2 = 0.6 \times 41.2 \text{mm} = 24.7 \text{mm}$$

取 $d_1 = 25 \text{mm}$，$d_2 = 42 \text{mm}$。

例 8-6　图 8-14 所示为转速的传动轴 $n = 1\ 500 \text{r/min}$，从主动轮输入功率 $N_1 = 500 \text{hp}$（马力，$1 \text{hp} \approx 746 \text{W}$），又从动轮输出功率 $N_2 = 300 \text{hp}$，$N_3 = 200 \text{hp}$。求：（1）试求轴上各段的扭矩，并绘制扭矩图；（2）从强度观点看，三个轮子如何布置比较合理？$\left(M = 7\ 024 \times \dfrac{N}{n} \right)$

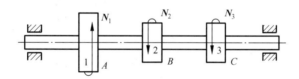

图　8-14

解：（1）计算外力偶矩：

$$M_1 = 7\ 024 \times \frac{N_1}{n} = 7\ 024 \times \frac{50}{1\ 500} \text{N} \cdot \text{m} = 234 \text{N} \cdot \text{m}$$

$$M_2 = 7\ 024 \times \frac{N_2}{n} = 7\ 024 \times \frac{30}{1\ 500} \text{N} \cdot \text{m} = 140 \text{N} \cdot \text{m}$$

$$M_3 = 7\ 024 \times \frac{N_3}{n} = 7\ 024 \times \frac{20}{1\ 500} \text{N} \cdot \text{m} = 94 \text{N} \cdot \text{m}$$

（2）计算各段扭矩：

AB 段［见图 8-15（a）］：　　$M_{n1} = M_1 = 234 \text{N} \cdot \text{m}$

BC 段［见图 8-15（b）］：　　$M_{n2} = M_1 - M_2 = 94 \text{N} \cdot \text{m}$

（3）绘制扭矩图。按比例绘出各段扭矩如图 8-15（c）所示。扭矩最大的截面积（即危险截面）在轮 1、2 之间，最大扭矩 $M_{n\max} = 234 \text{N} \cdot \text{m}$。

（4）从强度的观点看，如果将主动轮 1 置于从动轮 2、3 之间，如图 8-16（a）所示，则在轴的 AB 段，扭矩 $M_{n1} = -M_2 = -140 \text{N} \cdot \text{m}$；轴的 BC 段，扭矩仍为 $M_{n2} = 94 \text{N} \cdot \text{m}$，扭

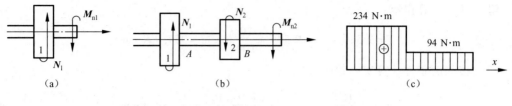

图　8-15

矩图如图 8-16（b）所示。显然轴上最大扭矩 $|M_{nmax}| = 140\,\text{N}\cdot\text{m}$，这种方案比较合理。

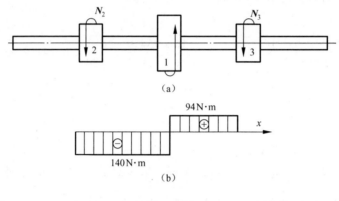

图　8-16

三、刚度条件

1. 扭转变形

等直圆杆的扭转变形是通过两横截面的相对扭转角 φ 来度量的。对于两端承受一对外力偶矩 M_e 作用的等直圆杆，其任一横截面上的扭矩 T 均等于 M_e。若圆杆为同一材料制成，那么相距 l 的两端面间的相对扭转角为

$$\varphi = \frac{Tl}{GI_p} \tag{8-8}$$

式中　φ——扭转角；

　　　G——材料的切变模量；

　　　GI_p——等直圆杆的扭转刚度。

相对扭转角 φ 反比于扭转刚度 GI_p。对于各段扭矩不等或横截面不同的圆杆，杆两端的相对扭转角 φ 为

$$\varphi = \sum_{i=1}^{n} \frac{T_i l_i}{GI_{pi}} \tag{8-9}$$

在很多情况下，由于杆件的长度不同，有时各横截面上的扭矩也不相同，此时两端面间的相对扭转角 φ 无法表示出圆杆的扭转变形的程度。因此，在工程中通常采用单位长度扭转角来度量圆杆的扭转变形。单位长度扭转角也就是扭转角沿杆长度的变化率，用 φ' 或 θ 来表示，其定义为

$$\varphi' = \frac{T}{GI_p} \tag{8-10}$$

式中，φ' 的单位是 rad/m，为了便于和常用的角度单位"°"比较，可将式（8-10）化成

$$\varphi' = \frac{T}{GI_p} \times \frac{180°}{\pi} \qquad (8-11)$$

直接求出扭转角的度数。

例 8-7　一实心钢制圆截面杆如图 8-17 所示。已知 $M_A = 900\ \text{N·m}$，$M_B = 1\ 700\ \text{N·m}$，$M_C = 800\ \text{N·m}$，$l_1 = 400\ \text{mm}$，$l_2 = 600\ \text{mm}$，钢的切变模量 $G = 80\ \text{GPa}$。试求截面 C 相对于截面 A 的扭转角 φ_{AC}。

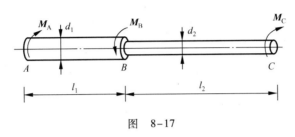

图　8-17

解：首先用截面法求出 AB 段和 BC 段的扭矩，有

$$T_1 = M_A = 900\ \text{N·m}$$
$$T_2 = -M_C = -800\ \text{N·m}$$

由于 AB 段和 BC 段的扭矩不同，其横截面也不同，故分别计算截面 B 相对于截面 A 的扭转角 φ_{AB}，截面 C 相对于截面 B 的扭转角 φ_{BC}。两者的代数和即为截面 C 相对于截面 A 的扭转角 φ_{AC}，扭转角的转向则取决于扭矩的转向。于是有

$$\varphi_{AB} = \frac{T_1 l_1}{GI_{p1}} = \frac{900 \times 400 \times 10^{-3}}{80 \times 10^9 \times \frac{\pi}{32} \times (80 \times 10^{-3})^4}\ \text{rad} = 1.12 \times 10^{-3}\ \text{rad}$$

$$\varphi_{BC} = \frac{T_2 l_2}{GI_{p2}} = \frac{-800 \times 600 \times 10^{-3}}{80 \times 10^9 \times \frac{\pi}{32} \times (60 \times 10^{-3})^4}\ \text{rad} = -4.72 \times 10^{-3}\ \text{rad}$$

因此，截面 C 相对于截面 A 的扭转角 φ_{AC} 为

$$\varphi_{AC} = \varphi_{AB} + \varphi_{BC} = (1.12 \times 10^{-3} - 4.72 \times 10^{-3})\ \text{rad} = -3.60 \times 10^{-3}\ \text{rad}$$

其转向与 M_C 相同。

2. 刚度条件

等直圆杆扭转时，除了要满足强度条件外，有时还需限制它的扭转变形，也就是要满足刚度条件。例如机床主轴扭转角过大会影响机床的加工精度，机器传动轴的扭转角过大会使机器产生较强的振动。在工程中，刚度要求通常是规定单位长度扭转角的最大值 φ'_{max} 不得超过许用单位长度扭转角 $[\varphi']$，即

$$\varphi'_{max} \leqslant [\varphi'] \qquad (8-12)$$

在实际工程中 $[\varphi']$ 的单位通常采用 °/m，其值根据轴的工作要求而定。例如对于精密机器的轴，$[\varphi']$ 值一般取 $0.15°/\text{m} \sim 0.5°/\text{m}$，对于一般传动轴，其 $[\varphi']$ 值一般取 $0.5°/\text{m} \sim 1°/\text{m}$；至于精度要求不高的轴，其 $[\varphi']$ 值一般取 $2°/\text{m}$ 左右，类轴的许用单位长度扭转角 $[\varphi']$ 的具体数值可参阅有关的机械设计手册。

结合式（8-11）和式（8-12）可得到单位扭转角换算为°/m的等值圆轴扭转刚度条件

$$\varphi' = \frac{T}{GI_p} \times \frac{180°}{\pi} \leqslant [\varphi'] \tag{8-13}$$

利用上式，就可以对实心（或空心）圆截面杆进行刚度计算，如刚度校核、截面选择和许可载荷的计算。

例 8-8 等截面传动圆轴如图 8-18 所示。已知该轴转速 $n = 300\ \text{r/min}$，主动轮输入功率 $P_C = 30\ \text{kW}$，从动轮输出功率 $P_A = 5\ \text{kW}$，$P_B = 10\ \text{kW}$，$P_D = 15\ \text{kW}$，材料的切变模量 $G = 80\ \text{GPa}$，许用切应力 $[\tau] = 40\ \text{MPa}$，单位长度许可扭转角 $[\varphi'] = 1°/\text{m}$，试按强度和刚度条件设计此轴直径。

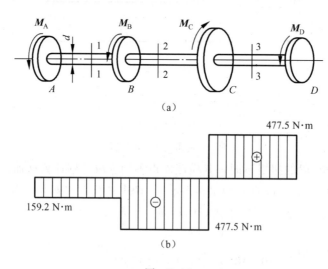

图 8-18

思 考

在不计自重与摩擦的理想状态下，输入输出功率是否应相等？圆轴处于平衡状态 $\sum M = 0$，是否并不需要计算出每个外力偶？

解：（1）计算外力偶矩：

$$M_A = 9\,549 \times \frac{P_A}{n} = 9\,549 \times \frac{5}{300}\ \text{N} \cdot \text{m} = 159.2\ \text{N} \cdot \text{m}$$

$$M_B = 9\,549 \times \frac{P_B}{n} = 9\,549 \times \frac{10}{300}\ \text{N} \cdot \text{m} = 318.3\ \text{N} \cdot \text{m}$$

$$M_C = 9\,549 \times \frac{P_C}{n} = 9\,549 \times \frac{30}{300}\ \text{N} \cdot \text{m} = 954.9\ \text{N} \cdot \text{m}$$

$$M_D = 9\,549 \times \frac{P_D}{n} = 9\,549 \times \frac{15}{300}\ \text{N} \cdot \text{m} = 477.5\ \text{N} \cdot \text{m}$$

（2）截面法求扭矩：

$$T_{AB} = 159.2 \text{ N} \cdot \text{m}$$
$$T_{CD} = 477.5 \text{ N} \cdot \text{m}$$

（3）作扭矩图如图 8-18（b）所示。由扭矩图可知

$$T_{max} = 477.5 \text{ N} \cdot \text{m}$$

发生在 BC 与 CD 段。

（4）按强度条件设计轴的直径：

$$\tau_{max} = \frac{T_{max}}{W_p} \leqslant [\tau]$$

$$d \geqslant \sqrt[3]{\frac{16 T_{max}}{\pi [\tau]}} = \sqrt[3]{\frac{16 \times 477.5}{\pi \times 40 \times 10^6}} = 39.3 \times 10^{-3} \text{ mm} = 39.3 \text{ mm}$$

（5）按刚度条件设计轴的直径：

$$\phi' = \frac{T_{max}}{GI_p} \times \frac{180°}{\pi} \leqslant [\phi'], \quad I_p = \frac{\pi d^4}{32}$$

$$d \geqslant \sqrt[4]{\frac{32 T_{max} \times 180°}{\pi^2 G [\phi']}} = \sqrt[4]{\frac{32 \times 477.5 \times 180°}{\pi^2 \times 80 \times 10^9 \times 1°}} = 43.2 \times 10^{-3} \text{ mm} = 43.2 \text{ mm}$$

综上所述，圆轴应同时满足强度和刚度条件，则取 $d = 44$ mm。

提示

　　由于本题求解了所有外力偶，由于四舍五入的原因导致圆轴 $\sum M \neq 0$，故实际计算时可根据实际需要对结果进行合理处理。

3. 超静定问题

例 8-9　一两端固定的圆截面杆 AB 如图 8-19（a）所示，在截面 C、D 处分别作用有扭转力偶矩 M_1 和 M_2。已知杆的扭转刚度为 GI_p，试求 A、B 两端的支反力偶矩。

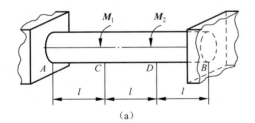 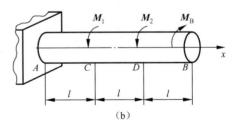

图　8-19

　　解：本题只有一个独立的静力学平衡方程 $\sum M_x = 0$，但却有两个未知的支反力偶 M_A 和 M_B，故为扭转的一次超静定问题。对于扭转超静定问题，可综合运用变形的几何相容条件、力与变形间的物理关系和静力学平衡条件来求解。

　　解除固定端 B 的多余约束，加上相应的未知力偶 M_B，如图 8-19（b）所示。从图 8-19（a）可以看出，B 作为固定端，其扭转角应为 0。因此，可得到变形几何方程为

$$\varphi_B = 0$$

固定端 B 的扭转角可看作是由 M_1、M_2 和 M_B 分别引起的，故上式可写为

$$\varphi_B = \varphi_{M_1} + \varphi_{M_2} - \varphi_{M_B}$$

当杆处于线弹性范围时，扭转角与力偶矩间的物理方程为

$$\varphi_{M_1} = \frac{M_1 l}{GI_p}$$

$$\varphi_{M_2} = \frac{M_2 \cdot 2l}{GI_p} = \frac{2M_2 l}{GI_p}$$

$$\varphi_{M_B} = \frac{M_B \cdot 3l}{GI_p} = \frac{3M_B l}{GI_p}$$

联立以上四式，即得补充方程，并由此得到

$$M_B = \frac{1}{3}M_1 + \frac{2}{3}M_2$$

最后由静力学平衡方程 $\sum M_x = 0$，有

$$M_A + M_B = M_1 + M_2$$

联立以上两式，可得

$$M_A = \frac{2}{3}M_1 + \frac{1}{3}M_2$$

 拓展知识

非圆截面等直杆的自由扭转

在实际工程中，有时也会遇到非圆截面等直杆的扭转问题。例如建筑结构中很多的受扭构件都是非圆截面构件，前面提到的雨篷梁的扭转就是一个矩形截面杆的扭转问题；在航空结构中也会采用薄壁截面的杆件来承受扭转。

在分析等直圆杆的扭转问题时，是以平面假设为前提的。而非圆截面等直杆在扭转时，其横截面会产生翘曲，如图 8-20 所示，不再保持为平面，平面假设不成立了。因此，等直圆杆扭转时的计算公式并不适用于非圆截面等直杆的扭转问题。对于此类问题的求解，一般要采用弹性力学的方法。

非圆截面等直杆的扭转可分为自由扭转和约束扭转。若杆件各横截面可自由翘曲时，称为自由扭转，也称纯扭转

图 8-20

(pure torsion)，此时，杆件任意两相邻横截面的翘曲情况将完全相同，纵向纤维的长度保持不变，因此横截面上只有切应力而无正应力。若杆件受到约束而不能自由翘曲时，称为约束扭转，此时各横截面的翘曲情况各不相同，将在横截面上引起附加的正应力。对于一般实心截面杆，由约束扭转引起的正应力很小，可忽略不计；对于薄壁截面杆，由约束扭转引起的正应力则不能忽略。以下将简单介绍矩形截面杆和薄壁截面杆的自由扭转问题。

弹性力学的分析结果表明，矩形截面杆在自由扭转时，其横截面上的切应力分布具有以下特点：

（1）截面周边各点处的切应力方向必定与周边相切，且截面顶点处的切应力必定为 0。

（2）最大切应力发生在长边的中点处，而短边中点处的切应力则为该边上切应力的最大值。

如图 8-21 所示，最大切应力 τ_{max}、单位长度扭转角 φ' 和短边中点处的切应力 τ_1 可根据以下公式计算：

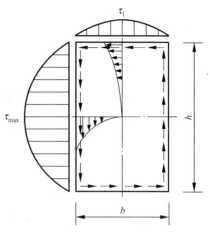

$$\tau_{max} = \frac{T}{W_t} \qquad (8-14)$$

$$\varphi' = \frac{T}{GI_t} \qquad (8-15)$$

$$\tau_1 = \nu\tau_{max} \qquad (8-16)$$

式中：W_t——扭转截面系数；

　　　I_t——截面的相当极惯性矩；

　　　GI_t——非圆截面杆的扭转刚度。

W_t、I_t 与圆截面的 W_p、I_p 量纲相同，但在几何意义上则完全不同。矩形截面的 W_t、I_t 与截面尺寸之间的关系为

图 8-21　矩形截面杆扭转时的切应力分布

$$W_t = \alpha hb^2 \qquad (8-17)$$

$$I_t = \beta hb^3 \qquad (8-18)$$

系数 α、β 和 ν 与矩形截面的边长 h/b 有关其值可查表 8-1。由表中可以看出，对于 $h/b > 10$ 的狭长矩形截面有 $\alpha = \beta \approx \frac{1}{3}$，$\nu = 0.743$，为了与一般矩形相区别，现以 δ 表示狭长矩形的短边长度。将 $\alpha = \beta \approx \frac{1}{3}$ 代入式（8-17）、式（8-18），有

$$W_t = \frac{h\delta^2}{3}$$

$$I_t = \frac{h\delta^3}{3}$$

将上式代入式（8-14）、式（8-15）、式（8-16），即可得狭长矩形截面的最大切应力和单位长度扭转角

$$\tau_{max} = \frac{3T}{h\delta^2}$$

$$\varphi' = \frac{T}{Gh\delta^3}$$

表 8-1　矩形截面杆在自由扭转时的系数

h/b	1.0	1.2	1.5	2.0	2.5	3.0	4.0	5.0	6.0	8.0	10.0	∞
α	0.208	0.219	0.231	0.256	0.258	0.267	0.282	0.291	0.299	0.307	0.313	0.333
β	0.141	0.166	0.196	0.229	0.249	0.263	0.281	0.291	0.299	0.307	0.313	0.333
ν	1.000	0.930	0.858	0.796	0.767	0.753	0.745	0.743	0.743	0.743	0.743	0.743

狭长矩形截面上的切应力分布如图 8-22 所示，切应力在沿长边各点处的方向均与长边相切，其数值除靠近两端的部分外均相等。

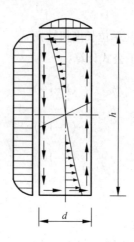

图 8-22 狭长矩形截面杆的扭转切应力分布

综合练习

1. 填空题

（1）由实验观察和平面假设推知，圆轴扭转变形时，相邻截面绕轴线相对转动，横截面必有_____于截面的_____应力；轴线长度不变，界面间的间距_____，横截面不存在_____应力。

（2）横截面上距轴线为 p 的任一点处，切应力的方向_____于这点到轴线的距离 p；大小与 p 成_____关系；用公式_____表示。

（3）圆截面的极惯性矩为_____，单位是_____，抗扭截面系数为_____。

（4）圆轴扭转的切应力强度准则是_____。

（5）圆轴扭转的刚度准则为_____。

（6）圆轴的扭转变形是用两个横截面的_____来表示，计算公式是_____，其中 GI_p 称为截面的_____。

2. 选择题

（1）等截面圆轴如图 8-23 所示，左段为钢，右段为铝，两端承受扭转力矩后，左、右两段（   ）。

A. 最大剪应力 τ_{max} 不同，单位长度扭转角 φ' 相同

B. 最大剪应力 τ_{max} 相同，单位长度扭转角 φ' 不同

C. 最大剪应力 τ_{max} 和单位长度扭转角 φ' 都不同

D. 最大剪应力 τ_{max} 和单位长度扭转角 φ' 都相同

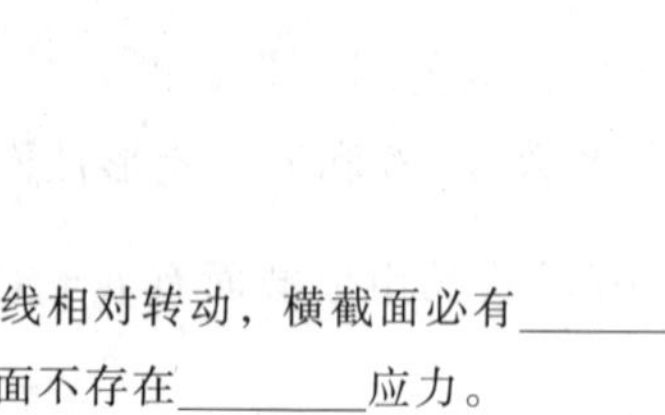

（2）一圆轴用碳钢制作，校核其扭转角时，发现单位长度扭转角超过了许用值。为保证此轴的扭转刚度，采用（   ）措施最有效。

A. 改用合金钢材料　　　　　B. 增加表面光洁度

C. 增加轴的直径　　　　　　D. 减小轴的长度

（3）表示扭转变形程度的量（   ）。

图　8-23

A. 是扭转角，不是单位长度扭转角　　　　B. 是单位长度扭转角，不是扭转角

C. 是扭转角和单位长度扭转角　　　　　　D. 不是扭转角和单位长度扭转角

（4）一空心钢轴和一实心铝轴的外径相同，比较两者的抗扭截面模量，可知（　　）。

A. 空心钢轴的较大　　　　　　　　　　　B. 实心铝轴的较大

C. 其值一样大　　　　　　　　　　　　　D. 其大小与轴的剪切弹性模量有关

3. 作图 8-24 所示各轴的扭矩图并求最大切应力。注意图 8-24（c）中 AB 段承受的是均布外力偶 m 的作用，$m = \dfrac{M_e}{l}$。

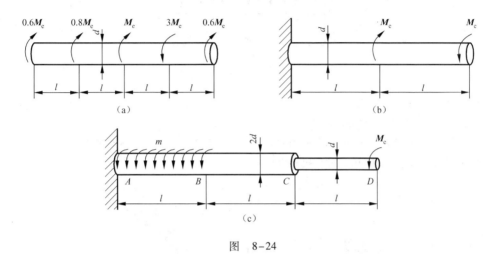

图　8-24

4. 如图 8-25 所示，等直圆杆在 BC 段受均布力偶作用，其集度为 m，圆杆材料的切变模量为 G。试作圆杆的扭矩图，并计算 A、C 两截面间的相对扭转角。

5. 如图 8-26 所示阶梯状圆杆由同一材料制成，若 AB 段和 BC 段的单位长度扭转角相同，则 M_1 与 M_2 的比值为多少？

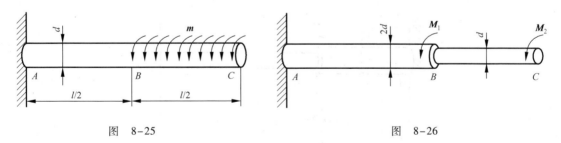

图　8-25　　　　　　　　　　　　　　　　　　　　　　图　8-26

6. 如图 8-27 所示实心圆杆承受大小为 18 N·m 的外力偶矩 M_e 的作用，其直径为 100 mm，长 1 m，材料的切变模量 G = 80 GPa。试求：

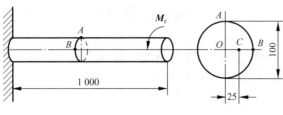

图　8-27

（1）最大切应力及两端面间的相对扭转角；（2）图示截面上 A、B、C 三点处切应力的数值和方向；（3）C 点处的切应变。

7. 如图 8-28 所示，一端固定的空心圆截面杆长 4 m，外径为 60 mm，内径为 50 mm，受到集度为 0.2 kN/m 的均布力偶 m 的作用。杆材料的许用切应力 $[\tau] = 40$ MPa，切变模量 $G = 80$ GPa，许用单位长度扭转角 $[\varphi'] = 0.5°/m$。试校核该杆的强度和刚度。

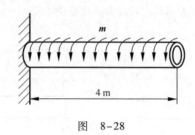

图 8-28

8. 左端固定的圆轴如图 8-29 所示，右端有扳手作用，圆轴的许用剪切应力为 60 MPa，切变模量 $G = 80$ GPa，试求扳手施加在圆轴上的最大力偶和圆轴左右两端面的最大扭转角。

9. 一两端固定的阶梯状圆轴如图 8-30 所示，其在截面突变处承受外力偶矩 M_e 的作用。若 $d_1 = 2d_2$，试求固定端的支反力偶矩 M_A 和 M_B，并作扭矩图。

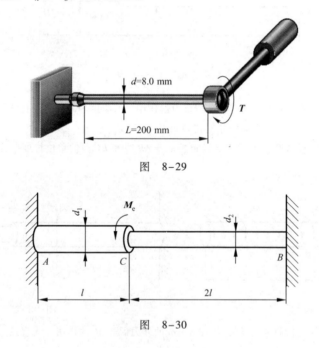

图 8-29

图 8-30

项 目 总 结

本项目应重点掌握圆轴扭转的强度与刚度条件的应用，了解解决圆轴扭转工程实际问题的方法。本项目的知识结构如图 8-31 所示。

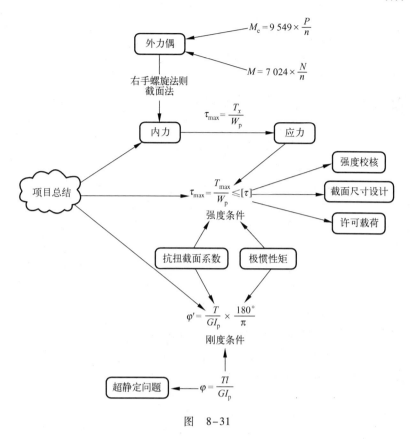

图　8-31

项目 **9** 平面弯曲梁

在工程中常遇到这样的直杆，其所受的外力是作用线垂直于杆轴线的横向力（包括力偶）所组成的平衡力系。在这样的受力情况下，杆的任意两横截面绕垂直于杆轴线的横向轴作相对转动，同时杆的轴线弯成曲线，杆件的这种变形形式称为弯曲。以弯曲为主要变形的杆件称为梁。

工程中常见的梁，例如车轴［见图9-1（a）］、起重机大梁［见图9-1（b）］等，它们具有共同的特点，梁的横截面至少具有一个对称轴，即梁有一个纵向对称面，梁上外力都在此对称面内（见图9-2）。梁变形时，其轴线弯成在此对称面内的平面曲线。这种弯曲称为对称弯曲。本项目将解决这种弯曲在工程实际中的问题。

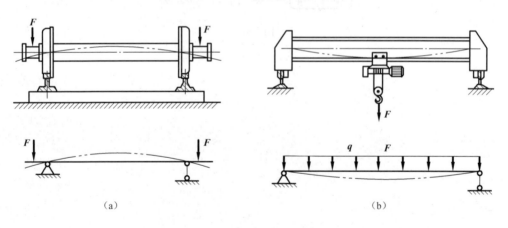

（a） （b）

图 9-1

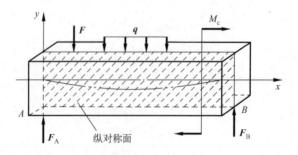

图 9-2

目标要求

知识目标

- 掌握剪力图、弯矩图的绘制方法。
- 掌握纯弯曲梁的正应力计算方法。
- 理解挠度与转角的概念。
- 掌握叠加法求梁的变形的方法。
- 掌握梁的强度条件与刚度条件。

能力目标

- 掌握梁的强度条件在工程实际中的应用。
- 熟悉型钢表及其在实际力学问题求解中的应用。

任务1　平面弯曲梁的内力

任务目标

梁的内力计算与前面一样仍然采用截面法，由于载荷的作用，梁在各横截面产生内力，包括剪力和弯矩。截断梁上任一横截面，都会有剪力和弯矩，任取截面左或右侧部分为研究对象，通过静力平衡方程可以求出该横截面内力。通过列出剪力方程和弯矩方程，可以绘制剪力图和弯矩图，从而反映出梁上所有横截面的内力大小和方向。

通过分析剪力方程和弯矩方程发现剪力、弯矩和载荷之间存在微分关系，相应的在剪力图、弯矩图和载荷之间存在某些规律，依据这些规律可以不写剪力方程和弯矩方程，直接作出内力图。

基础知识

一、梁的计算简图与平面弯曲

1. 梁的计算简图

梁的约束条件及载荷千差万别，为便于计算，一般抓住主要因素对其进行简化，得出计算简图。首先是梁的简化，一般在计算简图中用梁的轴线代替梁。在平面弯曲问题中，梁的所有外力均作用在同一平面内，为平面力系，因而可建立三个独立的静力平衡方程。如果梁上未知的支座反力也是三个，则全部反力可通过静力平衡方程求解，这样的梁称为静定梁。常见的静定梁有以下三种形式。

（1）简支梁。一端为固定铰支座，另一端为可动铰支座的梁，称为简支梁，例如吊车大梁［见图9-3（a）］。两支座间的距离称为跨度。

（2）外伸梁。当简支梁的一端或两端伸出支座之外，称为外伸梁，例如火车轮轴［见图9-3（b）］即为外伸梁。

（3）悬臂梁。一端为固定端、另一端自由的梁称为悬臂梁，例如闸门立柱 ［见图 9-3 （c）］。

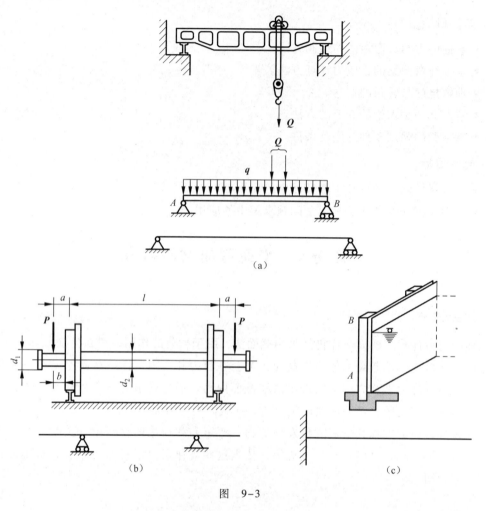

图 9-3

经过静力学中对载荷及支座的简化，并以梁的轴线表示梁，那么就可以画出梁的计算简图。

2. 梁的平面弯曲

弯曲是杆件的基本变形之一。如果杆件上作用有垂直于轴线的外力，使变形前原为直线的轴线变为曲线，这种变形称为弯曲变形。凡是以弯曲变形为主要变形的杆件，通常称为梁。

在工程实际中，杆件在外载荷作用下发生弯曲变形的事例是很多的，例如，火车轮轴［见图 9-3 （b）］、桥式吊车的大梁 ［见图 9-3 （a）］、闸门立柱 ［见图 9-3 （c）］、楼板梁（见图 9-4）等杆件，在垂直于轴线的载荷作用下均发生弯曲变形。

绝大多数受弯杆件的横截面都具有对称轴，如图 9-5 中的点画线。因而，杆件具有对称面（见图 9-2 中的阴影面），杆的轴线包含在对称面内，当所有外力（或者外力的合力）作用在同一纵向对称面内时，杆件的轴线在对称面内弯曲成一条平面曲线，这种变形称为平面弯曲。它是最常见、最基本的情况，火车轮轴、吊车大梁和闸门立柱等都是平面弯曲的实例。

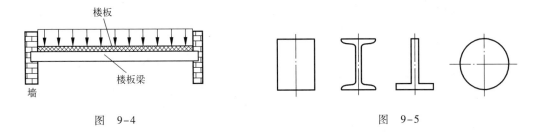

图　9-4　　　　　　　　　　　　　　　　　图　9-5

二、梁的内力、剪力和弯矩

为了研究梁在弯曲时的强度和刚度问题，首先应该确定梁在外力作用下任一横截面上的内力。一般采用截面法这一内力分析的普遍方法计算静定梁中任一指定截面上的内力。

图 9-6（a）所示简支梁 AB，承受两个集中力 P 作用，求 $m-m$ 截面上的内力。首先以整个梁为研究对象，画出受力图后，根据静力平衡方程可以确定支座反力 R_A 和 R_B 大小均为 P，方向向上，然后按截面法，假想一平面在 $m-m$ 截面处将梁截开，并在截断的横截面上加上剪力 F_Q 和弯矩 M，它们是大小相等、方向相反的两对内力［见图 9-6（b）、（c）］。原本梁上的内力应该还有轴力，但是由于受弯杆件上的外力均垂直于轴线，$m-m$ 截面上的轴向力为零，在这里就不再表示出来。

由于梁 AB 处于平衡状态，所以截开后的左、右两段仍应保持平衡。现以左段梁 AC 为研究对象，在该段梁上，作用有内力 F_Q、M、外力 P 和 R_A［见图 9-6（b）］，将这些内力和外力在 y 轴上投影，其代数和应为零，即 $\sum F_y = 0$，由此得

$$R_A - P - F_Q = 0, F_Q = R_A - P$$

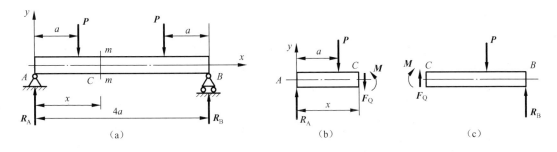

图　9-6

若将左段梁上的所有外力和内力对 $m-m$ 截面的形心取矩，其代数和应为零，即 $\sum M_C = 0$，由此得

$$M + P(x-a) - R_A x = 0, M = R_A x - P(x-a)$$

内力 F_Q 与横截面相切，称为 $m-m$ 面上的剪力，内力 M 位于梁的对称面内，称为 $m-m$ 面上的弯矩。若取右段梁为研究对象［见图 9-6（c）］，利用平衡方程所求得截面 $m-m$ 上的剪力 F_Q 和弯矩 M 在数值上与左段梁求得的结果相同，但方向相反。

为了使截面左右两段梁上分别求得的剪力和弯矩不但数值相等，而且符号也相同，我们一般联系变形现象来规定它们的符号：

对于剪力，使微段梁两横截面间发生左上右下错动（或使微段梁发生顺时针转动）的剪力为正；反之为负，如图 9-7（a）所示。

对于弯矩，使微段梁发生凸面向下弯曲（或使微段梁下侧纤维受拉）的弯矩为正；反之为负，如图 9-7（b）所示。

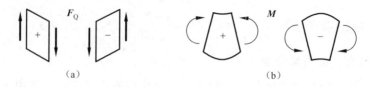

（a）　　　　　　　　　　　　　　　　（b）

图　9-7

例 9-1　图 9-8 所示为外伸梁，自由端受集中力 P 作用，试计算 1-1、2-2、3-3 横截面的剪力和弯矩。

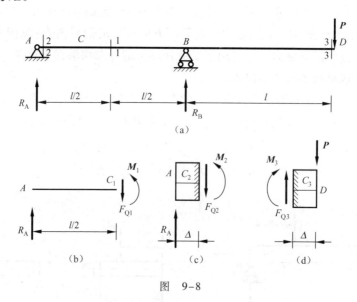

图　9-8

解：（1）计算支反力。以整体为研究对象，由静力平衡方程

$$\sum M_A = 0, \quad R_B l + P \times 2l = 0$$

$$\sum F_y = 0, \quad R_A + R_B - P = 0$$

求得

$$R_A = -P, \quad R_B = 2P$$

R_A 为负值，表示其方向与图示所设方向相反，而如果为正值，则表示实际方向与图示所设方向相同。

（2）计算 1-1 截面的剪力和弯矩。在截面 1-1 处将梁假想地切开，选择左段为研究对象，并假定 1-1 截面上的剪力 F_{Q1} 和弯矩 M_1 均为正方向 [见图 9-8（b）]，列平衡方程

$$\sum F_y = 0, \quad F_{Q1} = R_A = -P$$

$$\sum M_{C1} = 0, \quad M_1 - R_A \times \frac{L}{2} = 0, \quad M_1 = -\frac{Pl}{2}$$

（3）计算 2-2 和 3-3 截面的剪力和弯矩。在 2-2 处将梁假想的截面截开，选择左段为研究对象［见图 9-8（c）］，列平衡方程

$$\sum F_y = 0, \quad F_{Q2} = R_A = -P$$

$$\sum M_{C2} = 0, \quad M_2 - R_A \Delta = 0, \quad M_2 = 0$$

同理，将假想的截面 3-3 截开后，选择右段作研究对象［见图 9-8（d）］，列平衡方程

$$\sum F_y = 0, \quad F_{Q3} = P$$

$$\sum M_{C3} = 0, \quad M_3 + P\Delta = 0, \quad M_3 = 0$$

从以上计算过程可知：

（1）横截面上的剪力，在数值上等于该截面左侧（或右侧）梁上所有外力在垂直轴线方向上投影的代数和。

（2）横截面上的弯矩，在数值上等于该截面左侧（或右侧）梁上所有外力对该截面形心力矩的代数和。

采用上述规律确定截面内力时，外力方向与内力符号存在如下关系：

（1）确定剪力时，截面左侧梁段上向上的外力或右侧梁段上向下的外力（即"左上右下"的外力）引起正的剪力；反之，引起负的剪力。

（2）确定弯矩时，截面左侧梁段上外力对截面形心取矩为顺时针转向的，或右侧梁段上外力对截面形心取矩为逆时针转向的力矩（即"左顺右逆"的力矩）引起正的弯矩；反之，引起负的弯矩。

例 9-2　图 9-9 所示简支梁。试求图中各指定截面的剪力和弯矩。

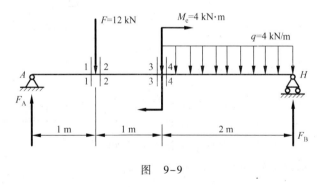

图　9-9

解：（1）求支反力 F_A、F_B。

由 $\sum M_A = 0$ 和 $\sum M_B = 0$ 可得 $F_A = F_B = 10\,\text{kN}$。

（2）求指定截面的剪力和弯矩。

由 1-1 截面左侧计算 $F_{Q1} = F_A = 10\,\text{kN}$；

由 1-1 截面左侧计算 $M_1 = F_A \times 1 = 10 \times 1 \text{ kN} \cdot \text{m} = 10 \text{ kN} \cdot \text{m}$；

由 2-2 截面左侧计算 $F_{Q2} = F_A - F = (10 - 12) \text{ kN} \cdot \text{m} = -2 \text{ kN}$；

由 2-2 截面左侧计算 $M_2 = F_A \times 1 - F \times 0 = 10 \times 1 \text{ kN} \cdot \text{m} = 10 \text{ kN} \cdot \text{m}$；

由 3-3 截面右侧计算 $F_{Q3} = q \times 2 - F_B = (4 \times 2 - 10) \text{ kN} \cdot \text{m} = -2 \text{ kN}$；

由 3-3 截面右侧计算 $M_3 = -M_e - q \times 2 \times 1 + F_B \times 2 = (-4 - 4 \times 2 \times 1 + 10 \times 2) \text{ kN} \cdot \text{m} = 8 \text{ kN} \cdot \text{m}$；

由 4-4 截面右侧计算 $F_{Q4} = q \times 2 - F_B = (4 \times 2 - 10) \text{ kN} \cdot \text{m} = -2 \text{ kN}$；

由 4-4 截面右侧计算 $M_4 = -q \times 2 \times 1 + F_B \times 2 = (-4 \times 2 \times 1 + 10 \times 2) \text{ kN} \cdot \text{m} = 12 \text{ kN} \cdot \text{m}$。

三、剪力图和弯矩图

一般说来，梁的内力沿轴线方向是变化的。如果用横坐标 x（其方向可以向左也可以向右）表示横截面沿梁轴线的位置，则剪力 F_Q 和弯矩 M 都可以表示为 x 的函数，即

$$F_Q = F_Q(x)$$
$$M = M(x)$$

这两个方程分别称为梁的剪力方程和弯矩方程。与绘制轴力图或扭矩图一样，可用图线表示梁的各横截面上剪力和弯矩沿梁轴线的变化情况，称为剪力图和弯矩图。

作剪力图时，取平行于梁轴线的直线为横坐标 x 轴，x 值表示各横截面的位置，以纵坐标表示相应截面上的剪力的大小及其正负。

作弯矩图的方法与剪力图大体相仿，不同的是，要把弯矩图画在梁纵向纤维受拉的一面，而且可以不标正负号。弯矩以使梁下部纵向纤维受拉为正，也就是说，梁的正弯矩应当画在横轴的下方。下面举例说明建立剪力方程、弯矩方程以及绘制剪力图、弯矩图的方法。

例 9-3 简支梁 AB 受集中力 P 作用，如图 9-10（a）所示。试列出剪力方程和弯矩方程，并绘制剪力图和弯矩图。

解：（1）计算支座反力。以整体为研究对象，列平衡方程：

$$\sum M_A = 0, \quad \sum M_B = 0$$

求得 $R_A = \dfrac{Pb}{l}$，$R_B = \dfrac{Pa}{l}$，方向如图 9-10（a）所示。

（2）建立剪力、弯矩方程。由于梁在 C 截面上作用集中力 P，在建立剪力方程和弯矩方程时，必须分为 AC、CB 两段来考虑。在 AC 段内任取一横截面，距 A 点距离用 x 表示，根据平衡条件，则 AC 段上的剪力方程和弯矩方程分别为

$$F_{Q1}(x) = R_A = \frac{Pb}{l}, \quad (0 < x < a) \qquad ①$$

$$M_1(x) = R_A x = \frac{Pb}{l} x, \quad (0 \leq x \leq a) \qquad ②$$

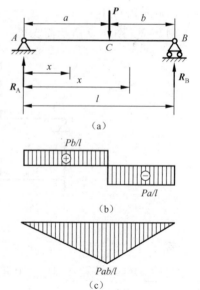

图 9-10

在 CB 段内任取一横截面，距 A 端距离为 x，根据平衡条件，则任一截面上的剪力方程和弯矩方程分别为

$$F_{Q2}(x) = R_A - P = \frac{Pb}{l} - P = -\frac{Pa}{l}, \quad (a < x < l) \qquad ③$$

$$M_2(x) = R_A x - P(x-a) = \frac{Pa}{l}(l-x), \quad (a \leqslant x \leqslant l) \qquad ④$$

实际上，在列 CB 的内力方程时，选用右侧梁段为研究对象将会更简单。

（3）绘制剪力、弯矩图。由①、③两式可知，AC、CB 两段上剪力分别为常数，所以剪力图为两条平行于 x 轴的直线，如图 9-10（b）所示，由②、④两式可知，弯矩方程均为一次函数，所以弯矩图为两条斜直线，如图 9-10（c）所示。在这里，弯矩使梁的下部纤维受拉，所以弯矩图画在梁的下方。由内力图可知，最大弯矩在集中力作用点处，其值为 Pab/l。在该截面处，剪力图上有突变，其突变量等于集中力的大小。

例 9-4 图 9-11 所示简支梁跨度为 l，试建立自重 q 作用下梁的剪力方程和弯矩方程，并绘制剪力图和弯矩图。

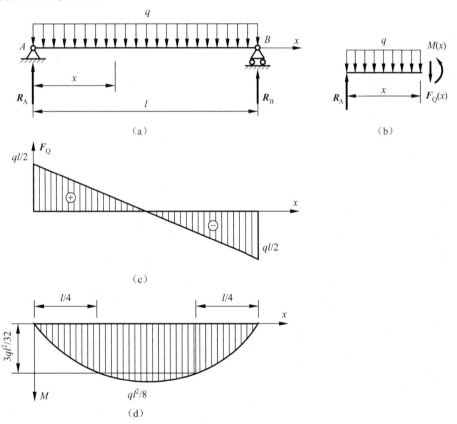

图 9-11

解：（1）计算支座反力。根据对称性易知 A、B 两端的支座反力相等，即

$$R_A = R_B = \frac{ql}{2}$$

方向如图 9-11（a）所示。

（2）建立剪力、弯矩方程。以左端 A 为 x 的坐标原点，任取一横截面，以其左端为研究对象，该横截面的位置可以用 x 来表示，设该截面上的剪力为 $F_Q(x)$、弯矩为 $M(x)$，均设为正方向，如图 9-11（b）所示。列平衡方程

$$\sum F_y = 0, \quad R_A - qx - F_Q(x) = 0$$

$$\sum M_C = 0, \quad M(x) - R_A x + qx \times \frac{x}{2} = 0$$

联立以上两式可得

$$F_Q(x) = \frac{ql}{2} - qx, \quad (0 < x < l)$$

$$M(x) = \frac{ql}{2}x - \frac{q}{2}x^2, \quad (0 \leqslant x \leqslant l)$$

（3）绘制剪力图、弯矩图。弯矩图为一抛物线，需要算出多个截面的弯矩值，才能作出曲线。例如计算抛物线的对称轴、抛物线与 x 轴的交点、抛物线的极值，结合弯矩方程判断抛物线的开口方向，即可绘制出弯矩图［见图 9-11（d）］。

由剪力图和弯矩图可知，在 A、B 支座处的横截面上剪力的绝对值最大，其值为

$$|F_Q|_{\max} = \frac{ql}{2}$$

在梁的跨中截面上，剪力 $F_Q = 0$，弯矩达到最大，其值为

$$M_{\max} = \frac{ql^2}{8}$$

在本例中，以某一梁段为研究对象，由平衡条件推出剪力方程和弯矩方程，这是建立剪力方程和弯矩方程的基本方法。另外，由于剪力图、弯矩图中 x、F_Q、M 坐标比较明确，所以在以后各图中坐标系可以省去。

例 9-5 简支梁 AB 承受集中力偶 M_0 作用，如图 9-12（a）所示。试作梁的剪力图、弯矩图。

解：（1）计算支反力。由平衡方程分别求得支反力为 $R_A = \dfrac{M_0}{l}$，反力 R_A 的方向如图 9-12（a）所示，R_B 为负值，表示其方向与图 9-12（a）中假设的方向相反。两个支反力形成的力偶矩刚好与集中力偶 M_0 平衡。

（2）建立剪力、弯矩方程。由于梁上作用有集中力偶，剪力、弯矩方程同样应分段列出。利用截面法分别在 AC 与 CB 段内截取横截面，根据截面左侧（或右侧）梁段上的外力，列出剪力方程和弯矩方程为

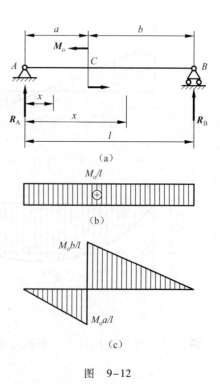

图 9-12

AC 段：

$$F_{Q1}(x) = R_A = \frac{M_0}{l}, \quad (0 < x < a) \qquad ①$$

$$M_1(x) = R_A x = \frac{M_0}{l}x, \quad (0 \leqslant x \leqslant a) \qquad ②$$

CB 段：

$$F_{Q2}(x) = R_A = \frac{M_0}{l}, \quad (a < x < l) \qquad ③$$

$$M_2(x) = R_A x - M_0 = -\frac{M_0}{l}(l-x), \quad (a \leqslant x \leqslant l) \qquad ④$$

（3）绘制剪力、弯矩图。由①、③两式可知，两段梁上的剪力相等，因此，AB 梁的剪力图为一条平行于 x 轴的直线［见图 9-12（b）］；由②、④两式可知，左、右两段梁上的弯矩图各为一条斜直线［见图 9-12（c）］，而且在 AB 和 BC 段，弯矩分别使梁的上部和下部纤维受拉，所以弯矩图分别画在横轴的上方和下方。由图可见，当 $a < b$ 时，绝对值最大的弯矩发生在集中力偶作用处的右侧截面上，其值为

$$|M|_{max} = \frac{M_0 b}{l}$$

而且，在集中力偶作用处，弯矩图有突变，其突变量等于集中力偶的大小。

由以上例题可见，在集中力（包括集中载荷和支座反力）作用的截面上，剪力似乎没有确定的值，剪力图有突变，其突变的绝对值等于集中力的数值，且突变的方向从左往右看集中力的方向相同（如例 9-3）；在集中力偶作用处，弯矩图有突变，其突变的绝对值等于集中力偶的数值（如例 9-5）。为了分析内力图上突变的原因，假设在集中力作用点两侧，截取 Δx 梁段［见图 9-13（a）］，由平衡条件不难看出，在集中力作用点两侧的剪力 F_{Q1} 和 F_{Q2} 的差值必然为集中力 P 的大小。实际上，剪力图的这种突然变化，是由于作用在小范围内的分布外力被简化为集中力的结果。如果将集中力 P 视为在 Δx 梁段上均匀分布的分布力的合力［见图 9-13（b）］，则该处的剪力图如图 9-13（c）所示。

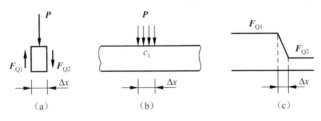

图　9-13

在工程中，常常遇到几根杆件组成的框架结构，例如房屋建筑中梁和柱构成的结构，在结点处，梁和柱的截面不能发生相对转动，或者说，在结点处两杆件间的夹角保持不变，这样的结点称为刚结点，具有刚结点的结构称为刚架。

如果刚架的支座反力和内力均能由静力平衡条件确定，这样的刚架称为静定刚架。作刚架内力图的方法基本上与梁相同。通常平面刚架的内力除剪力、弯矩之外还有轴力，作

图时要分杆进行。下面举例说明静定刚架弯矩图的作法，对于轴力图和剪力图，需要时可按类似的方法绘制。

例 9-6 平面刚架 ABC，承受图 9-14（a）所示载荷作用，已知均布载荷集度为 q，集中力 $P = qa$，试作刚架的弯矩图。

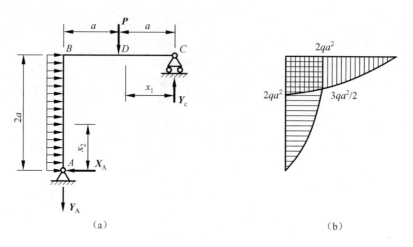

图 9-14

解：（1）计算支反力。利用整体刚架的平衡条件确定支座反力，设固定铰支座 A 的反力为 X_A 和 Y_A，可动铰支座 C 的反力为 Y_C，方向如图 9-14（a）所示，列平衡方程有

$$\sum F_x = 0, \quad X_A = 2qa$$

$$\sum M_A = 0, \quad 2qa \cdot a + qa \cdot a - Y_C \cdot 2a = 0, \quad Y_C = \frac{3}{2}qa$$

$$\sum F_y = 0, \quad Y_C - Y_A - qa = 0, \quad Y_A = \frac{1}{2}qa$$

计算出的结果均为正值，说明支座反力实际方向均与所设方向相同。

（2）建立弯矩方程并作弯矩图。在 BC 杆上，以 C 为原点，取坐标 x_1。由于集中力 P 的作用，BC 杆上的弯矩方程应分段列出：

CD 段：

$$M(x_1) = Y_C x_1 = \frac{3}{2}qax_1, \quad (0 \leqslant x_1 \leqslant a)$$

DB 段：

$$M(x_1) = Y_C x_1 - P(x_1 - a) = qa^2 + \frac{1}{2}qax_1, \quad (a \leqslant x_1 \leqslant 2a)$$

在 AB 杆上，以 A 为原点，取坐标 x_2，则该杆的弯矩方程为

$$M(x_2) = X_A x_2 - \frac{q}{2}x_2^2 = 2qax_2 - \frac{q}{2}x_2^2$$

根据各段的弯矩方程作出刚架弯矩图，如图 9-14（b）所示。在绘制弯矩图时一般把弯矩图画在杆件受压的一侧，而不注明正负号。

四、内力与分布载荷间的关系

在例 9-3 中，若将弯矩方程 $M(x)$ 的表达式对 x 求导，则得到剪力方程 $M(x)$，将剪力方程 $F_Q(x)$ 的表达式对 x 求导，则得到均布载荷集度 q。事实上，在直梁中载荷集度和剪力、弯矩之间的关系是普遍存在的。掌握这些关系，对于绘制剪力图和弯矩图很有帮助，还可以检查所绘制的剪力图和弯矩图是否正确。下面就来研究载荷集度 q 和剪力 F_Q、弯矩 M 之间的关系。

设有任意载荷作用下的直梁，如图 9-15（a）所示，以梁的左端为原点，选取 x 坐标轴，梁上的分布载荷 $q(x)$ 是 x 的连续函数，并规定向上为正。从 x 截面处截取长度为 $\mathrm{d}x$ 微段，表示于图 9-15（b）中。$\mathrm{d}x$ 微段上承受分布载荷 $q(x)$ 作用，设 x 横截面上的弯矩和剪力分别为 $M(x)$ 和 $F_Q(x)$，坐标为 $x+\mathrm{d}x$ 的横截面上的弯矩和剪力则分别为 $M(x)+\mathrm{d}M(x)$ 和 $F_Q(x)+\mathrm{d}F_Q(x)$，方向如图 9-15（b）所示。

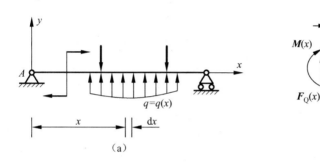

图　9-15

对微段列平衡方程有

$$\sum F_y = 0, \quad F_Q(x) + q(x)\mathrm{d}x - F_Q(x) - \mathrm{d}F_Q(x) = 0, \quad \frac{\mathrm{d}F_Q(x)}{\mathrm{d}x} = q(x) \quad (9\text{-}1)$$

$$\sum M_C = 0, \quad M(x) + F_Q(x)\mathrm{d}x + q(x)\mathrm{d}x \cdot \frac{\mathrm{d}x}{2} - M(x) - \mathrm{d}M(x) = 0$$

略去高阶微量 $q(x)\mathrm{d}x \cdot \dfrac{\mathrm{d}x}{2}$ 后，得

$$\frac{\mathrm{d}M(x)}{\mathrm{d}x} = F_Q(x) \quad\quad (9\text{-}2)$$

若将式（9-2）中的 $F_Q(x)$ 对 x 求导一次，并代入式（9-1），得

$$\frac{\mathrm{d}^2 M(x)}{\mathrm{d}x^2} = q(x) \quad\quad (9\text{-}3)$$

式（9-1）、式（9-2）和式（9-3）即为载荷集度、剪力和弯矩之间的微分关系，式（9-1）表示剪力图上某点处的切线斜率等于相应点处载荷集度的大小；公式（9-2）表示弯矩图上某点处的切线斜率等于相应点处剪力的大小。

根据 q、F_Q、M 的微分关系，可以得出载荷集度、剪力图和弯矩图三者间的某些规律，现结合图 9-16 所示的实例（图中未注明具体数值），将受弯曲作用梁上载荷与其剪力图、弯矩图的关系归纳如表 9-1 和表 9-2 所示。

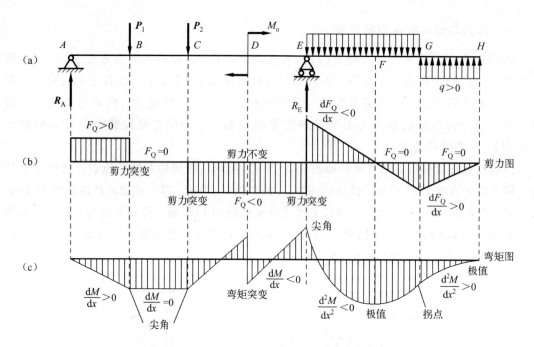

图 9-16

表 9-1　剪力图和弯矩图的图像规律

项目		$q = 0$		$q \neq 0$		
		图形	斜率规律	图形	斜率规律	
					q 指向为向下	q 指向为向上
内力图	F_Q 图（↑）	直线	水平	斜直线	左高右低	左低右高
	M 图（↓）	斜直线	$F_Q > 0$，左高右低	抛物线	开口向上	开口向下
			$F_Q < 0$，左低右高			

表 9-2　剪力图和弯矩图突变规律

项　　目		集中力作用界点	集中力偶作用界点
F_Q 图（↑）	突变方向	与集中力方向相同	无突变
	突变数值	等于集中力	无
M 图（↓）	突变方向	无突变	若集中力偶为顺时针转向，弯矩图向下突变；反之，则相反
	突变数值	界点有折角	等于集中力偶的数值

注意：弯矩图正方向的确定，机械工程图中习惯 M↑ 为正，土木工程图中习惯 M↓ 为正。

例 9-7　图 9-17（a）所示的外伸梁，承受均布载荷 $q = 10$ kN/m、集中力偶 $M_0 = 1.6$ kN·m 和集中力 $P = 4$ kN 作用，试用微分关系作剪力图和弯矩图。

解：（1）计算支反力。利用静力平衡条件，求得梁的支反力为 $R_A = 5$ kN，$R_B = 3$ kN。

（2）绘制剪力图。应用微分关系绘制剪力图时，从梁的左端开始，易知 $F_{QC} = -4$ kN，在

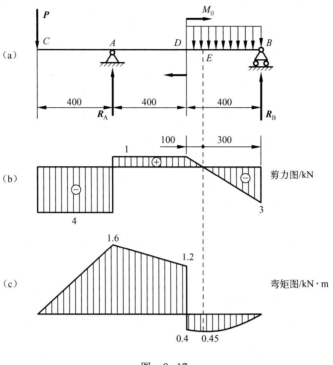

图 9-17

CA 段上，载荷 $q=0$，所以剪力图为水平直线，故 $F_{QA左}=-4\,\text{kN}$。在支座 A 上，有向上的支反力 R_A，使剪力图产生突变，其值为 5 kN，故 A 截面右侧剪力为 $F_{QA右}=F_{QA左}+R_A=1\,\text{kN}$，在 AD 段上载荷 $q=0$，剪力图为水平直线。由于集中力偶两侧的剪力相等，故 $F_{QD右}=F_{QD左}=F_{QA右}=1\,\text{kN}$。在 DB 段上，q 为负常数，剪力图为下降斜直线，由于 $F_{QB}=-R_B=-3\,\text{kN}$，因而由 $F_{QD右}$ 和 $F_{QD左}$ 即可确定 BD 段的剪力图，如图 9-17（b）所示。

（3）绘制弯矩图。仍然从梁的左端看，在 CA 段上，F_Q 为负常数，则弯矩图为下降的斜直线，由 $M_C=0$，$M_A=-0.4P=-1.6\,\text{kN}\cdot\text{m}$ 即得 CA 段上的弯矩图。也可根据式（9-2）知道弯矩图的斜率为 -4，又因为 $M_C=0$，所以可直接求出 $M_A=(-4\times0.4)\,\text{kN}\cdot\text{m}=-1.6\,\text{kN}\cdot\text{m}$。在 AD 段上，F_Q 为正常数，则弯矩图为上升的直线，由于 $M_{D左}=-4R_A-0.8P=-1.2\,\text{kN}\cdot\text{m}$，由 M_A 和 $M_{D左}$ 的数值，即得 AD 段的弯矩图。在 DB 段上，梁有向下的均布载荷，弯矩图为上凸的抛物线，由于

$$M_{D右}=M_{D左}+M_0=(-1.2+1.6)\,\text{kN}\cdot\text{m}=0.4\,\text{kN}\cdot\text{m},\ M_B=0$$

此外，在 $F_Q=0$ 的 E 截面上，弯矩有极值，其数值为

$$M_E=\left(R_B\times0.3-\frac{q}{2}\times0.3^2\right)\text{kN}\cdot\text{m}=0.45\,\text{kN}\cdot\text{m}$$

由 $M_{D左}$、M_E、M_B 三点光滑连接成上凸抛物线，即连成 DB 点的弯矩图，如图 9-17（c）所示。

以上所用的方法是利用了载荷集度、剪力和弯矩三者之间的微分关系，这样可以不必写出剪力和弯矩方程而直接绘制剪力图和弯矩图。一般来说，利用微分关系绘制剪力图、弯矩图的方法是：首先根据梁上的载荷与支座情况找出一些控制截面（集中力、集中力偶、

分布载荷的起点和终点、支座等处均可作为控制截面），将梁分为若干段，由各段梁的载荷情况判断剪力图和弯矩图的形状；然后求出这些控制截面的内力值，连成直线或曲线，最后作出内力图。

 拓展知识

斗拱的妙用

在房屋建筑中，斗拱是我国独创的一种结构（见图 9-18）。它有多方面的功能，堪称中国建筑中的一绝。在这里，我们从力学的角度简单谈谈它的作用。

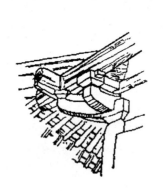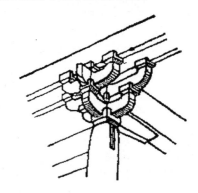

图 9-18

我国传统的木构房悬屋顶重量主要通过烫伤等横向构件传至立柱。如果横梁与立校直接接他由于接触面积小，压应力九核梁有被局部压坏的危险，因为木材的横纹抗压强度一般只有顺纹抗压强度的几分之一或十几分之一。在立柱与横梁之间设置斗拱，可以增大栈梁的受压面积，减低压应力的数区使按梁的承载能力得到改善。

斗拱可以减小梁的计算跨度，从而减小梁所受构弯矩和剪力，提高梁的承载能力。下面以山西五台现存唐代木构建筑的梁式构件为例说明这一点。

南禅寺大殿的一根"搬风榑"，由于采用斗拱，跨度由 5.01 m 减小至 3.01 m。如果不设置斗拱，最大弯矩和剪力分别是有斗拱时的 2.56 倍和 1.58 倍。

尤其值得注意的是，斗拱具有良好的抗震性能。下面以 20 世纪 70 年代我国两次大地震为例来说明这一点。

1975 年 2 月 4 因海城地震，用水泥砂浆砌筑的混合结构倒塌了不少，而三学寺中的前后殿却基本完好。海城镇内 99% 的建筑物遭到不同程度的破讯而邻近破坏最严重地段的关帝庙，它的前后殿亦毫无损坏。对海城地震区寺塔情况的调查表明，梁往式的木结构有一定的抗震性，有斗拱的大建筑物比无斗拱的小建筑物具有更好的抗震性能。

1976 年 7 月 25 日，唐山、丰南一带发生强烈地震，靠近唐山的蓟县，震动也较大。在独乐寺前的辽代白塔，塔顶被震掉，半圆形的塔肚被震裂。在独乐寺内一些明、清时代的小型建筑大部分被震得墙倒顶倒塌。而建于公元 984 年、高达 20 余米的独乐寺观音阁却安然无恙。据古籍记载，1679 年北京东郊三河、平谷一份发生八级强烈地震时，也有类似的情况，官房民台无一存，唯有独乐寺观音阁独不倒塌。

斗拱为什么具有良好的抗震性能呢？我们知道，斗拱是一种柔性节点，在地震等强大外力作用下，各构件之间可以稍微相互错动而不分离，使构件不致折断。在外力缓解后，由于结构处产弹性状态而能够基本恢复原状。据说 1976 年唐山地震时观音阁顶部一时晃动出不少，之后又恢复原位。从能量的角度来说，斗拱能增加阻尼作用。为了减震，人们现在提出的一种方法是安装消耗能量的阻尼装置。斗拱实际上也起到这样一种阻尼装置的作用。应州塔各式大小斗拱 54 种，仅从外观上可以看到的共有 320 个。它们对这座古代摩天楼的长寿无疑作出了贡献。

独乐寺观音阁在唐山大地震时没有倒塌还有其他的原因。例如，我国一些古代木构建筑，往往用材过大。对于抵抗大风和地层引起的水平推力来说，过分厚重的梁架和屋面并不好。而观音阁上层梁架和屋顶则比较轻巧，因此有效的抵御了地层横波和面波的破坏作用。我国著名建筑学家梁思成先生早年对独乐寺观音阁的五架梁曾作过静载荷、动载荷以及挠曲、剪切等应力的计算，结果表明其用材非常得当。梁思成先生惊叹地说："宛如曾经精密计算而造者"。

综合练习

1. 求图 9-19 中各梁在指定截面的剪力和弯矩。

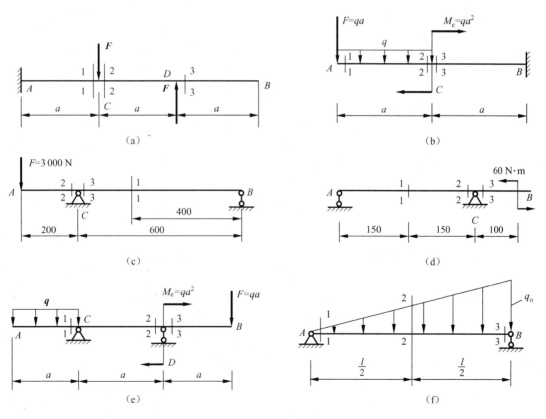

图　9-19

2. 求图 9-20 所示各梁的剪力方程和弯矩方程，作出剪力图和弯矩图，并求各梁的最大剪力和最大弯矩。

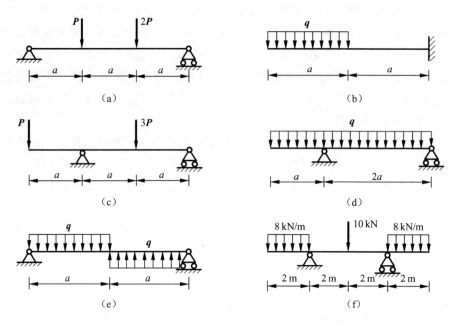

图　9-20

3. 利用梁上载荷与剪力图、弯矩图的关系画出图 9-21 中各梁的剪力图和弯矩图。

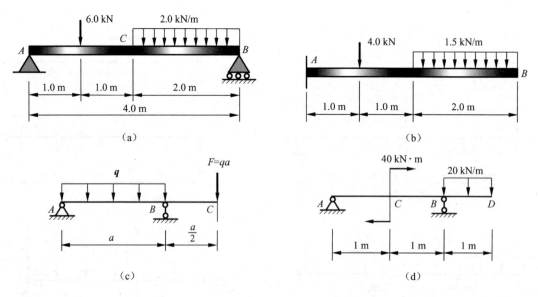

图　9-21

4. 根据载荷与剪力图、弯矩图的关系，指出图 9-22 中剪力图和弯矩图存在的错误。

5. 在图 9-23 中，小车可在简支梁上移动，受力如图所示，轮子之间的轴距不变为 d。试问小车行驶到什么位置时，梁上的弯矩最大？最大值为多少？

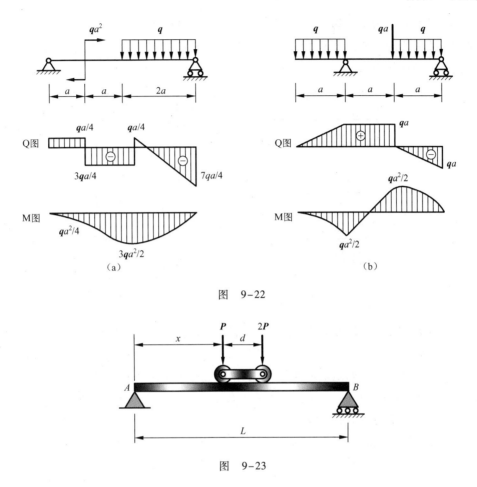

图　9-22

图　9-23

任务 2　平面弯曲梁的应力与强度计算

任务目标

本任务将以梁的内力为基础研究梁弯曲时横截面上的正应力和梁的强度计算。在得到梁横截面上的正应力和切应力计算公式的基础上，将建立梁的正应力强度条件和切应力强度条件，并依据强度条件进行强度计算。应该注意的是，除了少数情形，梁的正应力强度条件是主要的。为了降低梁的最大正应力，从而提高梁的抗弯能力，本章将从合理选择截面形状、采用变截面梁、合理配置梁的载荷和支座三方面来探讨梁的合理强度设计。

基础知识

一、梁横截面上的正应力

1. 平面正应力的分布规律

在一般情形下，梁弯曲时其横截面上既有弯矩 M 又有剪力 F_Q，这种弯曲称为横力弯曲。梁横截面上的弯矩是由正应力合成的，而剪力则是由切应力合成的，因此，在梁的横截面上一般既有正应力又有切应力。如果某段梁内各横截面上弯矩为常量而剪力为零，则该段梁的弯曲称为纯弯曲。图9-24中两种梁上的 AB 段就属于纯弯曲。显然，纯弯曲时梁的横截面上不存在切应力。

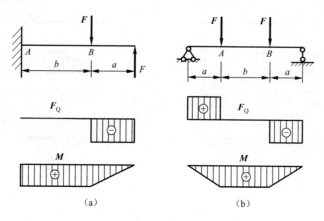

图 9-24

考虑到应力与变形之间的关系，可以根据梁在纯弯曲时的变形情况来推导梁横截面上的弯曲正应力分布。

现取一对称截面梁（如矩形截面梁），在梁的侧面画上两条横向线 aa'、bb' 以及两条纵向线 cc'、dd'，如图9-25（a）所示。然后在梁两端施加外力偶 M_e，使梁发生纯弯曲。实验结果表明，在梁变形后，纵向线 cc' 和 dd' 弯曲成弧线，其中上面的 cc' 线缩短，下面的 dd' 线伸长，而横向线 aa' 和 bb' 仍保持为直线，并在相对旋转一个角度后继续垂直于弯曲后的纵向线，如图9-25（b）所示。

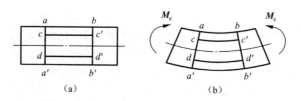

图 9-25

根据上述变形现象，可作以下假设：梁在受力弯曲后，其横截面会发生转动，但仍保持为平面，且继续垂直于梁变形后的轴线。这就是弯曲的平面假设。同时还可以假设：梁内各纵向线仅承受轴向拉伸或压缩，即各纵向线之间无相互挤压。这两个假设已为实验和理论分析所证实。

梁弯曲变形后，其凹边的纵向线缩短，凸边的纵向线伸长，由于变形的连续性，中间必有一层纵向线的长度保持不变，这一纵向平面称为中性层，中性层与横截面的交线称为该截面的中性轴，如图9-26所示。梁在弯曲时，各横截面就是绕中性轴作相对转动的。

2. 正应力计算公式

（1）横截面上任意点的正应力。平面弯曲横截

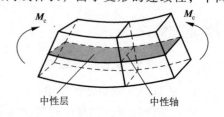

图 9-26

面上任意点的正应力为

$$\sigma = \frac{My}{I_z} \qquad\qquad (9-4)$$

式中：M——横截面上的弯矩；

　　　y——所求点到中性轴的距离；

　　　I_z——截面对中性轴 z 的惯性矩。

在式（9-4）中，将弯矩 M 和距离 y 按照规定的符号代入计算，所得到的正应力 σ 若为正值，即为拉应力，若为负值则为压应力。在具体计算过程中，一般取弯矩 M 和距离 y 的绝对值代入式（9-4）进行计算，而正应力的拉、压则依据梁的变形情况来判断：以中性层为分界线，梁变形后凸边的应力为拉应力，凹边的应力则为压应力。实际上，根据弯矩 M 的方向很容易判断出梁的变形情况。

式（9-4）只适用于梁的材料符合胡克定律，且其拉伸和压缩时的弹性模量相等的情况。为了满足前一个条件，梁内的最大正应力值应不超过材料的比例极限。式（9-4）适用于所有具有纵向对称面的对称弯曲的梁。

（2）横截面上的最大正应力

$$\sigma_{\max} = \frac{My_{\max}}{I_z}$$

令 $W_z = \dfrac{I_z}{y_{\max}}$，则可得

$$\sigma_{\max} = \frac{M}{W_z} \qquad\qquad (9-5)$$

式中，W_z 为抗弯截面系数，轴惯性矩 I 和抗弯截面系数 W 是只与截面的形状、尺寸有关的几何量。截面面积分布距离中性轴越远，截面对该轴的惯性矩越大，抗弯截面系数也越大。常用截面的 I、W 计算公式如表 9-3 所示。对于轧制型钢，其弯曲截面系数可直接从附录 1 中的型钢规格表中查得。

表 9-3　常用截面的 I、W 计算公式

截面图形	轴惯性矩	抗弯截面系数
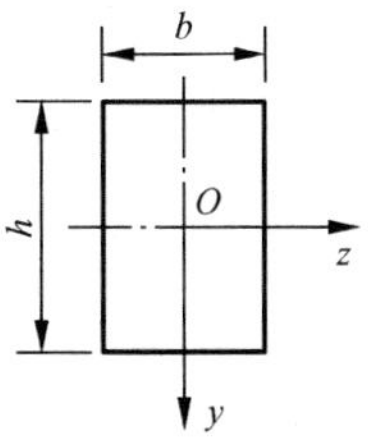	$I_z = \dfrac{bh^3}{12}$ $I_y = \dfrac{hb^3}{12}$	$W_z = \dfrac{bh^2}{6}$ $W_y = \dfrac{hb^2}{6}$
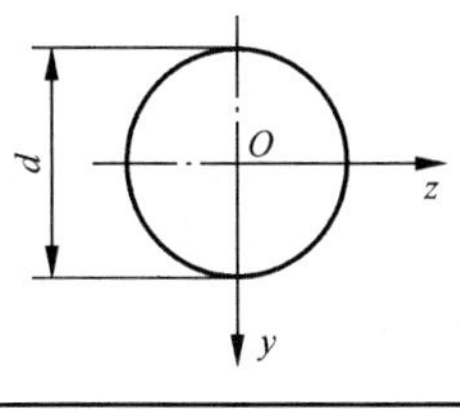	$I_z = I_y = \dfrac{\pi d^4}{32}$	$W_z = W_y = \dfrac{\pi d^3}{32}$

梁受弯时，其横截面上既有拉应力也有压应力。对于矩形、圆形和工字形这类截面，其中性轴为横截面的对称轴，故其最大拉应力和最大压应力的绝对值相等，如图9-27（a）所示；对于T字形这类中性轴不是对称轴的截面，其最大拉应力和最大压应力的绝对值则不等，如图9-27（b）所示。对于前者的最大拉应力和最大压应力，可直接用式（9-5）求得；而对于后者，则应分别将截面受拉和受压一侧距中性轴最远的距离代入式（9-4），以求得相应的最大应力。

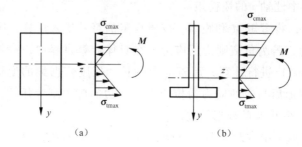

图　9-27

当梁上作用有横向力时，由于切应力的存在，梁的横截面在梁变形后将发生翘曲，不再保持为平面，同时梁内各纵向线之间还会产生某种程度的挤压。但是，弹性理论分析和实验研究的结果表明，对于跨长与截面高度之比（跨高比）l/h 大于 5 的细长梁，切应力的存在对正应力的分布影响甚微，可以忽略不计。在实际工程中常用的梁，其跨高比 l/h 的值一般远远大于 5。因此，应用纯弯曲时的正应力公式来计算梁在横力弯曲时横截面上的正应力，足以满足工程上的精度要求，且梁的跨高比越大，计算结果的误差就越小。

例 9-8　一简支木梁受力如图 9-28（a）所示。已知 $q = 2\,\text{kN/m}$，$l = 2\,\text{m}$。试比较梁在竖放〔见图9-28（b）〕和平放〔见图9-28（c）〕时横截面 C 处的最大正应力。

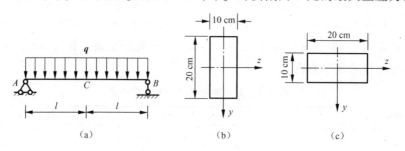

图　9-28

解：首先计算横截面 C 处的弯矩，有

$$M_C = \frac{q\,(2l)^2}{8} = \frac{2 \times 10^3 \times 4^2}{8}\,\text{N} \cdot \text{m} = 4\,000\,\text{N} \cdot \text{m}$$

梁在竖放时，其弯曲截面系数为

$$W_{z1} = \frac{bh^2}{6} = \frac{0.1 \times 0.2^2}{6}\,\text{m}^3 = 6.67 \times 10^{-4}\,\text{m}^3$$

故横截面 C 处的最大正应力为

$$\sigma_{\text{max1}} = \frac{M_C}{W_{z1}} = \frac{4\,000}{6.67 \times 10^{-4}}\,\text{Pa} = 6\,\text{MPa}$$

梁在平放时，其弯曲截面系数为

$$W_{z2} = \frac{bh^2}{6} = \frac{0.2 \times 0.1^2}{6} \, \mathrm{m}^3 = 3.33 \times 10^{-4} \, \mathrm{m}^3$$

故横截面 C 处的最大正应力为

$$\sigma_{\max 2} = \frac{M_C}{W_{z2}} = \frac{4\,000}{3.33 \times 10^{-4}} \, \mathrm{Pa} = 12 \, \mathrm{MPa}$$

显然有

$$\frac{\sigma_{\max 1}}{\sigma_{\max 2}} = \frac{1}{2}$$

也就是说，梁在竖放时其危险截面处承受的最大正应力是平放时的一半。因此，在建筑结构中，梁一般采用竖放形式。

二、梁的强度条件

前面已提到，梁在横力弯曲时，其横截面上同时存在着弯矩和剪力，因此，一般应从正应力和切应力两个方面来考虑梁的强度计算。

在实际工程中使用的梁以细长梁居多，一般情况下，梁很少发生剪切破坏，往往都是弯曲破坏。也就是说，对于细长梁，其强度主要是由正应力控制的，按照正应力强度条件设计的梁，一般都能满足切应力强度要求，不需要进行专门的切应力强度校核。但在少数情况下，例如对于弯矩较小而剪力很大的梁（如短粗梁和集中载荷作用在支座附近的梁）、铆接或焊接的组合截面钢梁、或者使用某些抗剪能力较差的材料（如木材）制作的梁等，除了要进行正应力强度校核外，还要进行切应力强度校核。

对于等直梁来说，其最大弯曲正应力发生在最大弯矩所在截面上距中性轴最远（即上、下边缘）的各点处，而该处的切应力为零或与该处的正应力相比可忽略不计，因而可将横截面上最大正应力所在各点处的应力状态视为单轴应力状态。于是，可按照单轴应力状态下强度条件的形式来建立梁的正应力强度条件：梁的最大工作正应力 $\sigma_{\max}$ 不得超过材料的许用弯曲正应力 $[\sigma]$，即

$$\sigma_{\max} = \frac{M_{\max}}{W_z} \leqslant [\sigma] \tag{9-6}$$

材料的许用弯曲正应力一般近似取材料的许用拉（压）应力，或者按有关的设计规范选取。利用正应力强度条件式（9-6），即可对梁按照正应力进行强度计算，解决强度校核、截面设计和许可载荷的确定等三类问题。

必须指出的是，对于用脆性材料（如铸铁）制成的梁，由于其许用拉应力和许用压应力并不相等，而且其横截面的中性轴往往也不是对称轴，因此必须按照拉伸和压缩分别进行强度校核，即要求梁的最大工作拉应力和最大工作压应力（要注意的是，二者常常发生在不同的横截面上）分别不超过材料的许用拉应力和许用压应力。

例 9-9　由两根 28a 号槽钢组成的简支梁受三个集中力作用，如图 9-29（a）所示。已知该梁由 Q235 钢制成，其许用弯曲正应力 $[\sigma] = 170 \, \mathrm{MPa}$。试求梁的许可载荷 $[F]$。

解：首先求梁的支反力，得

$$F_A = F_B = 1.5F$$

作梁的弯矩图，如图 9-29（c）所示。从图上可以看出，该梁所承受的最大弯矩在梁

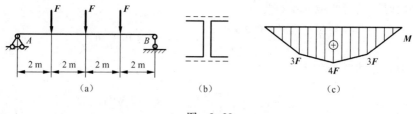

图 9-29

的中点上，其值为

$$M_{\max} = 4F$$

由型钢规格表查得 28a 号槽钢的弯曲截面系数为 340.328 cm^3，由于该梁是由两根 28a 号槽钢组成的，故梁的 W_z 为

$$W_z = 2 \times 340.328 \ cm^3 = 690.656 \ cm^3$$

于是，由式（9-6）可得

$$M_{\max} \leqslant W_z [\sigma]$$

$$4F \leqslant 680.656 \times 10^{-6} \times 170 \times 10^6 \ N$$

$$F \leqslant 28.9 \ kN$$

故该梁的许可载荷为 $[F] = 28.9 \ kN$。

例 9-10 T 字形铸铁外伸梁受力如图 9-30（a）所示。已知材料的许用拉应力为 $[\sigma_t] = 30 \ MPa$，许用压应力为 $[\sigma_c] = 90 \ MPa$。试校核此梁的强度。

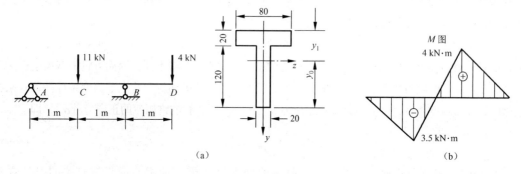

图 9-30

解： 首先确定中性轴的位置。根据形心坐标公式，可求得 $y_0 = 8.8 \ cm$，于是，依据平行移轴公式可求得截面对中性轴的惯性矩 I_z 为

$$I_z = \left[\frac{8 \times 2^3}{12} + 8 \times 2 \times \left(14 - 8.8 - \frac{2}{2}\right)^2 + \frac{2 \times 12^3}{12} + 2 \times 12 \times \left(8.8 - \frac{12}{2}\right)^2 \right] cm^4 = 764 \ cm^4$$

作梁的弯矩图如图 9-30（b）所示，由图可知，B、C 截面的弯矩分别为

$$M_B = M_{\max} = 4 \ kN \cdot m$$

$$M_C = 3.5 \ kN \cdot m$$

截面弯矩、截面上、下边缘到中性轴的距离以及材料的许用应力三方面综合考虑，危险点可能出现在 B 截面的上下边缘和 C 截面的下边缘，而不可能出现在 C 截面的上边缘。

B 截面上边缘受拉，有

$$\sigma_{tmax} = \frac{M_B y_1}{I_z} = \frac{4 \times 10^3 \times (14 - 8.8) \times 10^{-2}}{764 \times 10^{-8}} \text{Pa} = 27.2 \text{ MPa} < [\sigma_t]$$

B 截面下边缘受压，有

$$\sigma_{cmax} = \frac{M_B y_0}{I_z} = \frac{4 \times 10^3 \times 8.8 \times 10^{-2}}{764 \times 10^{-8}} \text{Pa} = 46.1 \text{ MPa} < [\sigma_c]$$

C 截面下边缘受拉，有

$$\sigma_{tmax} = \frac{M_C y_0}{I_z} = \frac{3.5 \times 10^3 \times 8.8 \times 10^{-2}}{764 \times 10^{-8}} \text{Pa} = 40.3 \text{ MPa} > [\sigma_t]$$

因此梁的强度不满足要求。

从此例题可以看出，对于中性轴不是截面对称轴的用脆性材料制成的梁，其危险截面不一定就是弯矩最大的截面。当出现与最大弯矩反向的较大弯矩时，如果此截面的最大拉应力边距中性轴较远，算出的结果就有可能超过许用拉应力，故此类问题考虑要全面。T字形截面梁是工程中常用的梁，应注意合理放置，尽量使最大弯矩截面上受拉边距中性轴较近。此外，在设计 T字形截面的尺寸时，为了充分利用材料的抗拉、抗压强度，应该使中性轴至截面上下边缘的距离之比恰好等于许用拉、压应力之比。

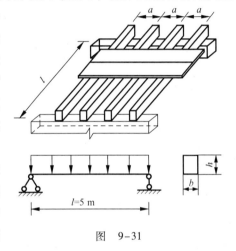

图 9-31

例 9-11 矩形截面松木梁两端搁在墙上，承受由梁板传来的载荷作用如图 9-31 所示。已知梁的间距 $a = 1.2$ m，两墙的间距 $l = 5$ m，楼板承受均布载荷，其面集中度为 $p = 3$ kN/m，松木的弯曲许用应力 $[\sigma] = 10$ MPa。试选择梁的截面尺寸 $\left(设 \dfrac{h}{b} = 1.5，不考虑切应力 \right)$。

解：梁计算简图如图 9-31 所示，载荷的线集中度为

$$q = \frac{pal}{l} = pa = 3 \times 1.2 \text{ kN/m} = 3.6 \text{ kN/m}$$

最大弯矩在跨中截面，其值为

$$M_{max} = \frac{1}{8} q l^2 = \frac{1}{8} \times 3.6 \times 5^2 \text{ kN} \cdot \text{m} = 11.25 \text{ kN} \cdot \text{m}$$

按正应力强度条件选择截面尺寸，有

$$h = 1.5b, \quad W_z = \frac{bh^2}{6} = \frac{b(1.5b)^2}{6} = 0.375b^3$$

$$\sigma_{max} = \frac{M_{max}}{W_z} = \frac{M_{max}}{0.375b^3} \leqslant [\sigma]$$

$$b \geqslant \sqrt[3]{\frac{M_{max}}{0.375[\sigma]}} = \sqrt[3]{\frac{11.25 \times 10^6}{0.375 \times 10}} \text{ mm} = 144 \text{ mm}$$

取 $b = 150$ mm，$h = 1.5b = 225$ mm。

例 9-12 桥式起重机（见图 9-32）大梁 AB 是 36a 工字钢，原设计的最大负荷（包括

电葫芦重）$P = 40\,\text{kN}$。今在工字钢梁中部的上下两面各加一块材料与工字钢相同的钢板，截面尺寸为 $100\,\text{mm} \times 16\,\text{mm}$。载荷增大为 $62\,\text{kN}$。试校核梁的正应力强度，并确定钢板的最小长度 c（不计梁自重，确定长度 c 时，应让载荷位于 D 或 E 处）。

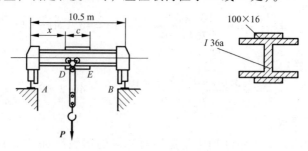

图 9-32

解：（1）计算大梁许用应力 $[\sigma]$ 的大小。载荷 P 位于梁中点时，弯矩最大，其值 $M_{max} = \dfrac{Pl}{4}$，由型钢表查 36a 工字钢的惯性矩和抗弯截面模量分别为 $I = 15\,760\,\text{cm}^4$，$W = 875\,\text{cm}^3$，运用梁的正应力强度条件，有

$$\sigma_{max} = \frac{M}{W} = \frac{\frac{1}{4}Pl}{W} = \frac{40 \times 10^3 \times 10.5 \times 10^3}{4 \times 875 \times 10^3} \leqslant [\sigma]$$

故 $[\sigma] = 120\,\text{MPa}$。

（2）校核梁加固后的强度。加固后，有

$$I_1 = 15\,760 + 2 \times \left(\frac{10 \times 1.6^3}{12} + 1.6 \times 10 \times 18.8^2 \right)\text{cm}^4 = 27\,080\,\text{cm}^4$$

$$W_1 = \frac{I_1}{y_{max}} = \frac{27\,080}{19.6} = 1\,382\,(\text{cm}^3)$$

$$\sigma_{max} = \frac{M}{W_1} = \frac{\frac{1}{4}P_1 l}{W_1} = \frac{62 \times 10^3 \times 10.5 \times 10^3}{4 \times 1\,382 \times 10^3}\,\text{mm} = 118\,\text{MPa} < [\sigma]$$

故梁的强度足够。

（3）确定钢板的最小长度 c。未加固部分的危险截面为 D 或 E，当载荷 P_1 位于 D 或 E 点时，其弯矩最大，为

$$M_{max} = \frac{P_1(l-x)}{l}x$$

由弯曲正应力强度条件，有

$$\sigma_{max} = \frac{M_{max}}{W} = \frac{P_1(l-x)x}{lW} = \frac{62 \times 10^3 \times (l-x)x}{l \times 875 \times 10^3} \leqslant [\sigma] = 120\,\text{MPa}$$

解得 $x \leqslant 8.82\,\text{m}$ 或 $x \leqslant 2.123\,\text{m}$，显然 $x \leqslant 8.82\,\text{m}$ 不合理，应取 $x = 2.123\,\text{m}$，所以钢板的最小长度为

$$c = l - 2x = (10.5 - 2 \times 2.123)\,\text{m} = 6.25\,\text{m}$$

注意： 此题也可列方程 $\dfrac{P_1(l-x)x}{l} = \dfrac{Pl}{4}$，求解 x。

三、梁的合理强度设计

如前所述，梁的横截面上一般同时存在着正应力和切应力，但梁的强度通常都是由正应力强度条件控制的。因此，在按强度条件设计梁时，主要的依据就是梁的正应力强度条件式 (9-6)。由该式可知，减小最大弯矩，提高弯曲截面系数，或者对弯矩较大的梁段进行局部加强，都能降低梁的最大正应力，从而提高梁的抗弯能力，使梁的设计更为合理。在实际工程中，经常采用的合理设计方法包括合理选择截面形状、采用变截面梁、合理配置梁的载荷和支座。

1. 合理选择截面形状

从正应力强度条件式 (9-6) 可以看出，当弯矩确定时，梁的弯曲截面系数越大，横截面上承受的正应力就越小。当然，增大梁的截面面积就能使弯曲截面系数 W_z 增加，但这样会造成材料的浪费，从经济角度看是不可取的。合理的截面设计，就是指在满足强度要求的前提下如何选择截面面积 A 最小（即材料的耗用量最少）的截面形式，或者说是在截面面积 A 相同（即材料的耗用量相同）的情况下，如何尽可能的获得更大的弯曲截面系数 W_z。

由于横截面上各点的正应力正比于各点至中性轴的距离，当截面上下边缘各点的应力达到许用应力时，靠近中性轴处的各点的正应力仍很小，此处的材料未能得到充分利用。因此，中性轴附近面积较多的截面显然是不合理的，圆形截面就属于这类截面。在同样的面积下，环形截面的 W_z 比圆形截面的就要大得多。同样的道理，同一矩形截面梁，竖放就比平放要合理（参见例 9-8），而同样面积的工字形、槽形截面又比竖放的矩形截面更为合理。也就是说，为了提高材料的利用率，增强梁的承载能力，应该尽量将靠近中性轴的部分材料移到远离中性轴的边缘上去。工字钢、槽钢等宽翼缘梁就是在弯曲理论指导下设计出来的合理截面。

当然，在选择梁截面的合理形状时，除了考虑横截面上的应力分布外，还必须考虑材料的力学性能、梁的使用条件以及制造工艺等方面的问题。比如，考虑到在梁横截面上距中性轴最远的上下边缘各点处分别有最大拉应力和最大压应力，为充分发挥材料的潜力，应尽量使两者同时达到材料的许用应力。因此，对于拉伸和压缩许用应力值相同的塑性材料（如建筑钢）梁，应采用中性轴为其对称轴的截面形式，如工字形、矩形、薄壁箱形、圆形和环形等；而对于抗压强度远高于抗拉强度的脆性材料（如铸铁）梁，则宜采用 T 字形、不等边工字形等对中性轴不对称的截面形式，并将其翼缘部分置于受拉一侧。再比如，对于木梁，虽然材料的拉、压强度不同，但由于制造工艺的要求，仍多采用矩形截面，截面的高宽比也有一定的要求，北宋李诫于 1100 年所著《营造法式》一书中就指出矩形木梁的合理高宽比为 $h/b = 1.5$，1807 年英国著名物理学家托马斯·杨则在《自然哲学与机械技术讲义》一书中指出矩形木梁的合理高宽比为 $h/b = \sqrt{2}$ 时，强度最大；$h/b = \sqrt{3}$，刚度最大。

2. 采用变截面梁

对于等直梁，按照正应力强度条件式 (9-6) 确定截面尺寸时，是以最大弯矩为依据的。而在工程实际中，梁的弯矩沿梁的长度方向会发生变化。也就是说，当最大弯矩所在横截面上的最大正应力达到材料的许用应力时，其余各横截面上的最大正应力都还小于材料的许用应力，使材料得不到充分利用。为了克服这一不足，可对弯矩较大的梁段进行局部加强，将梁设计为变截面梁，使梁的横截面尺寸大致上适应弯矩沿梁长度方向的变化，以达到节约材料、减轻自重的目的。假若使梁各横截面上的最大正应力都相等，并均达到材料的许用应力，则这样的变截面梁通常称为等强度梁。

等强度梁是一种理想的变截面梁。在实际工程中，考虑到制造工艺方面的限制以及构造上的要求，构件一般设计成近似等强度梁。例如车辆上起承重和减振作用的叠板弹簧（见图 9-33），实质上就是一种高度不变、宽度变化的矩形截面简支梁沿宽度切割下来，然后叠合起来制成的近似等强度梁。

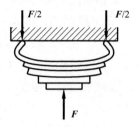

图 9-33　叠板弹簧

3. 合理配置梁的载荷和支座

在工艺要求许可的条件下，通过合理地配置梁的载荷和支座位置，可降低梁内的最大弯矩值，如图 9-34 和图 9-35 所示。在工厂、矿山中常见的龙门吊车（见图 9-35）的立柱位置不在两端，就是为了降低横梁中的最大弯矩值。

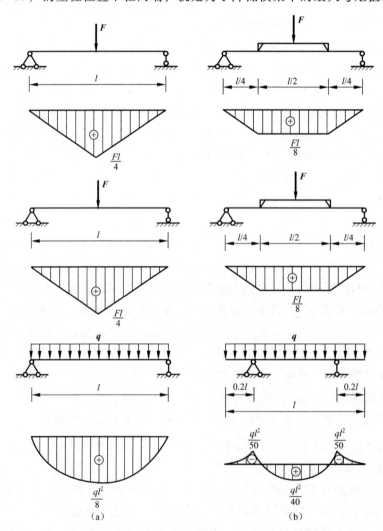

图　9-34

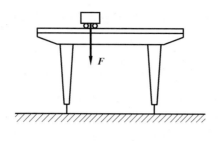

图　9-35

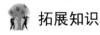 拓展知识

梁的早期研究

（1）达芬奇在他的手稿中研究和讨论的问题是柱所能承受的载荷。他考虑将两根、三根……柱单独或捆在一起，得到的承载能力导向一个结论：一根高度给定的柱，承载能力与其直径成正比。

他还实验了同样条件下梁的承载能力。可惜由于捆绑不够紧，没有得到正确的结果（他得到的是成正比）。他研究了给定截面梁的承载能力，得到承载能力与其跨度成反比的结论。

（2）伽利略在《关于两种新科学的对话》（1638 年）中提到并考查了固定端悬臂梁的承载能力的问题。

令 L 为梁长、d 为高、W 为载荷、P 为梁根部的纵向反力，T 为横向反力、B 为梁根部的弯矩，M 为抗力矩，他得到的结论是 $B = WL$，$M = Pd/2$。伽利略给了八个命题，分别讨论各量之间的关系，其中有些重要的结论列举如下：

"长度与厚度都相等的棱柱体和圆柱体具有的抗断裂力（即悬臂端承载能力）与截面的直径立方成正比，而与长度成反比。"即 $M \propto d^3$，$W \propto d^3/L$。

伽利略接下来讨论了等强度梁的截面问题以及在自重下梁的强度问题。

关于两端支撑而中间受载荷，伽利略认为中间是危险点，从而靠支撑点的材料可以削去。

此外，他还讨论了空心圆截面梁（管梁）。

（3）马略特（1620—1684）是法国科学院的奠基人之一，也是一位教徒。他在科学的许多分支：力学、光学、热学和气象学等方面都作出过贡献。在他著的《论水和其他流体的运动》一书的第二讲中，讨论了固体的抗力和水管的强度问题。马略特作了伽利略所作的实验，得出悬臂梁的承载能力为

$W = KTd/L$，伽利略取 $K = 1/2$，而马略特得到 K 值范围是 $1/3 \sim 1/4$。

马略特将梁根部的断面分成条状水平带，而不同学者采用的条上不同的应力分布，伽利略采用的是均匀应力分布，马略持采用的是三角形应力分布。由于他们的截面上平衡条件都不对，所以结果的系数都不正确。只有到了伯努利才彻底解决了这个问题。

（4）雅科比伯努利（1654—1705）关于梁的研究。在 17 世纪末到 18 世纪初，微积分这一新的科学工具迅速发展起来了，莱布尼兹（1646—1716）最先给出微积分的表述。伯努利很快抓住这个新的工具去研究梁。他与前人不同，不是从解强度问题来讨论，而是从

求解梁的挠度来讨论问题。这就是现今人们所称的伯努利梁理论。现今在材料力学中的梁理论就是以它为基础的。

综合练习

1. 工厂用两台起重机和一辅助梁共同起吊一重量 $F = 300$ kN 的设备，如图 9-36 所示。两台起重机的最大吊起重量分别为 150 kN 和 200 kN，若不计辅助梁的自重，试求：（1）x 在何范围内，才能保证两台起重机都不超载？（2）若用工字钢用作此辅助梁，试选工字钢型号，已知许用应力 $[\sigma] = 160$ MPa。

2. 受均布载荷作用的某工字形截面等直外伸梁如图 9-37 所示。试求梁内最大正应力为最小时支座的位置。

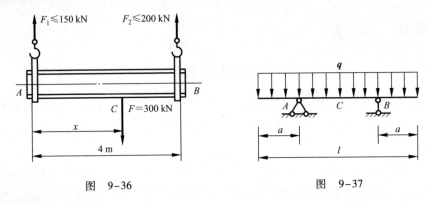

图 9-36　　　　　　　　图 9-37

3. 某外伸梁受力情况如图 9-38 所示，该梁的材料为 18 号工字钢。试求其最大正应力。

4. 由两根 36a 号槽钢组成的梁如图 9-39 所示。已知 $F = 44$ kN，$q = 1$ kN/m，钢的许用弯曲正应力为 $[\sigma] = 170$ MPa，试按照正应力强度条件校核此梁的强度。

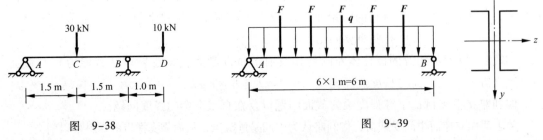

图 9-38　　　　　　　　图 9-39

5. 图 9-40 所示结构承受均布载荷，AC 为 10 号工字钢梁，B 处用直径 $d = 20$ mm 的钢杆 BD 悬吊，梁和杆的许用应力 $[\sigma] = 160$ MPa。不考虑切应力，试计算结构的许可载荷 $[q]$。

6. 悬臂吊车如图 9-41 所示。横梁用 20a 工字钢制成。载荷 $P = 34$ kN，横梁材料的许用应力 $[\sigma] = 125$ MPa。试校核横梁 AC 的强度。

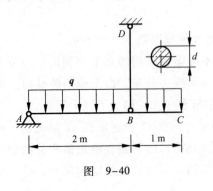

图 9-40

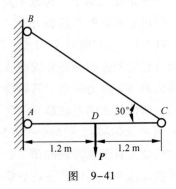

图 9-41

7. 一折杆由两根圆杆焊接而成，如图 9-42 所示。已知圆杆直径 $d = 100$ mm，$[\sigma_t] = 30$ MPa，$[\sigma_c] = 90$ MPa，试校核其强度。

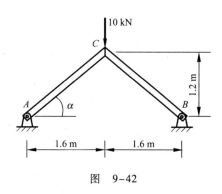

图　9-42

任务3　平面弯曲梁的刚度与超静定问题

任务目标

工程中，对某些受弯构件除有强度要求外，往往还有刚度要求，即要求其变形不能超过限定值，否则由于变形过大，会使结构或构件丧失正常功能，发生刚度失效。例如车床的主轴（见图9-43），若其变形过大，将影响齿轮的啮合和轴承的配合，造成磨损不匀，产生噪声，降低寿命，同时还会影响加工精度。

在工程中存在另外一种情况，所考虑的不是限制构件的弹性变形，而是希望构件在不发生强度失效的前提下，尽量产生较大的弹性变形。例如各种车辆中用于减小振动的叠板弹簧（见图9-44），就是采用板条叠合结构，以吸收车辆受到振动和冲击时的动能，从而起到缓冲振动的作用。

这些都说明研究梁的弯曲变形是非常必要的。

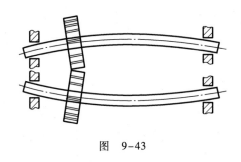

图　9-43

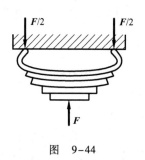

图　9-44

基础知识

一、梁的挠曲线微分方程

梁在变形后，它的轴线将发生弯曲，形成一条挠曲线的形状与梁内的弯矩有直接的关

系。我们将首先建立梁挠度与弯矩之间的
关系，它将表现为挠度与截面弯矩的某种
近似微分关系，从而为建立梁的挠曲线方
程打下基础。如图 9-45 所示，取梁在变形
前的轴线为 x 轴，与轴线垂直的轴为 y 轴，
且 xy 平面为梁的主形心惯性平面之一。梁
变形后，其轴线将在 xy 面内弯成一曲线即
挠曲线，如图 9-45 所示。度量梁的位移所
用的两个基本量是：轴线上的点（即横截

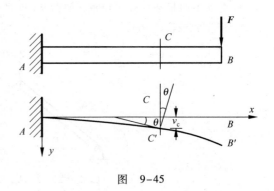

图　9-45

面形心）在 y 方向上的线位移 v，称为该点的挠度；横截面绕其中性轴转动的角度 θ，称为
该截面的转角。

由图 9-45 可见，某一截面转角 θ 同时也是挠曲线在该点的切线与 x 轴间的夹角。考虑
到工程上的习惯，梁挠度以向下为正，所以在所取的坐标系中将 y 轴的正向取为向下方向，
而转角以顺时针为正。可将梁变形后的挠曲线用如下函数表达式表示：

$$v = f(x) \tag{9-7}$$

式中　x——梁在变形前轴线上任意一点的横坐标；

　　　v——该点的挠度。

式（9-7）称为挠曲线方程或挠度函数。由于有微小变形的条件，挠曲线是一条扁平的
曲线，所以梁任一横截面的转角都可以用该处挠曲线切线斜率来代表，即

$$\theta \approx \tan\theta$$

考虑到

$$\tan\theta = v' = f'(x)$$

即有

$$\theta = f'(x) \tag{9-8}$$

式（9-8）称为转角方程，它表达了梁各横截面转角与挠度的关系。

挠曲线曲率与弯矩的关系为

$$\frac{1}{\rho} = \frac{M}{EI_z} \tag{9-9}$$

在高等数学中有曲率公式如下：

$$\frac{1}{\rho} = \frac{v''}{(1 + v'^2)^{\frac{3}{2}}} \tag{9-10}$$

根据小变形假设，梁挠曲线非常平缓，v'^2 与 1 相比是一个微量，其平方是高阶微量，
所以可以略去，于是式（9-10）可改写为

$$\frac{1}{\rho} = v'' \tag{9-11}$$

显然，由式（9-9）和式（9-11）可以建立表示挠度 v 与弯矩 M 关系的微分方程。但
是，为了与选用的坐标系相适应，要先协调好弯矩与曲率的正负号问题。在所取的坐标系
下，梁的挠曲线的曲率是以上凸为正的，而挠曲线上凸意味着梁的上部纤维受拉，对应负

弯矩如图 9-46（a）所示。相反，挠曲线的曲率以下凹为负，对应正弯矩如图 9-46（b）所示。考虑到这种正负号的关系，我们把式（9-9）右边加上一个负号，即

$$\frac{1}{\rho} = -\frac{M}{EI_z} \qquad (9-12)$$

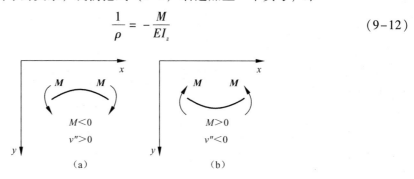

图　9-46

由式（9-12）和式（9-11）可建立如下微分方程式：

$$EI_z v'' = Fa - Fx \qquad (9-13)$$

式（9-13）是梁的挠曲线微分方程。这是一个近似的微分关系，所以也称挠曲线近似微分方程。所谓近似，是因为忽略了剪力引起的剪切变形和在曲率表达式中略去了 v'^2 项。

对梁挠曲线近似微分方程求解，就可得到梁的转角方程和挠曲线方程，这也是积分法求梁的位移的途径。积分法是求解梁变形的基本方法，利用积分法可求出任意梁的挠曲线方程和转角方程，并求得任意截面的挠度和转角，但当梁上作用载荷比较复杂时，其运算过程比较繁琐，在工程实际中，一般并不需要计算整个梁的挠曲线方程，只需要计算最大挠度和最大转角，所以应用叠加法求指定截面的挠度和转角较方便。

二、叠加法计算梁的变形

实验表明，材料在服从顾客定律且小变形的条件下，横截面挠度和转角均与梁的载荷成线性关系，各个载荷引起的变形是相互独立的。所以，当梁上有多个载荷同时作用时，可分别计算各个载荷单独作用时所引起的梁的变形，然后求出各变形的代数和，即为这些载荷共同作用时梁所产生的变形，这种计算方法称为叠加法。附录 2 是梁在简单载荷作用下的变形表。应用叠加法，便可求得在复杂载荷作用下的变形。

例 9-13　悬臂梁 AB 在自由端 B 和中点 C 受集中力 **F** 作用，如图 9-47 所示，试用叠加法求自由端 B 的位移。

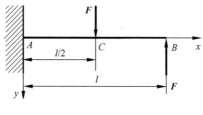

图　9-47

解：在仅有 B 端点集中力 **F** 作用时，自由端 B 的挠度通过查附录 2 得

$$w_{B1} = -\frac{Fl^3}{3EI}$$

在中点 C 仅有集中力 F 作用时，C 点处的位移与转角通过查附录 2 有

$$w_C = \frac{F(l/2)^3}{3EI}$$

$$\theta_C = \frac{F(l/2)^2}{2EI}$$

由于 C 点的位移将引起 B 端点的相同位移，同时由于 C 点的转角亦会引起 B 点的位移，则集中力 F 引起 B 端点位移为这两个位移之和

$$w_{B2} = w_C + \theta_C \times \frac{l}{2} = \frac{F(l/2)^3}{3EI} + \frac{F(l/2)^3}{2EI} = \frac{5Fl^3}{48EI} \qquad （注意：\theta \approx \tan\theta）$$

在两个集中力 F 共同作用下，自由端 B 的挠度为

$$w_B = w_{B1} + w_{B2} = -\frac{Fl^3}{3EI} + \frac{5Fl^3}{48EI} = -\frac{11Fl^3}{48EI}$$

例 9-14 悬臂梁 AB 在自由端 B 受集中力偶矩 M 作用，中点 C 受集中力 F 作用，如图 9-48 所示，试用叠加法求自由端 B 的位移。

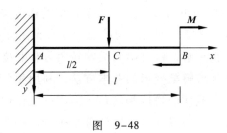

图 9-48

解： 在 M、F 作用下，显然自由端挠度最大，仅有自由端力偶矩 M 作用时，端点 B 挠度通过查附录 2 得

$$w_{B1} = \frac{Ml^2}{2EI}$$

在中点 C 仅有集中力 F 作用时，C 点处的位移与转角通过查附录 2 有

$$w_C = \frac{F(l/2)^3}{3EI}$$

$$\theta_C = \frac{F(l/2)^2}{2EI}$$

由于 C 点的位移将引起 B 端点的相同位移，同时由于 C 点的转角亦会引起 B 点的位移，则集中力 F 引起 B 端点位移为这两个位移之和

$$w_{B2} = w_C + \theta_C \times \frac{l}{2} = \frac{F(l/2)^3}{3EI} + \frac{F(l/2)^3}{2EI} = \frac{5Fl^3}{48EI}$$

在 M、F 共同作用下，自由端 B 的挠度为

$$w_B = w_{B1} + w_{B2} = \frac{Ml^2}{2EI} + \frac{5Fl^3}{48EI}$$

例 9-15 悬臂梁 AB 如图 9-49（a）所示，试用叠加法计算截面 A 的转角和挠度。

解： 为了利用附录 2 中梁变形的结果，将图 9-49（a）所示的载荷作如下变化，将作用在梁左半部的均布载荷 q 延展至梁的右半部的端点 B，同时在延展部分施加反向的均布

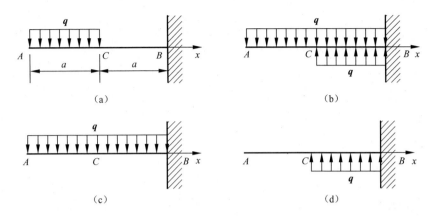

图　9-49

载荷［见图 9-49（b）］，再将其分解为图 9-49（c）和图 9-49（d）所示两种简单作用的梁。

由图 9-49（c）查附录 2 得

$$\theta'_A = -\frac{q(2a)^3}{6EI} = -\frac{4qa^3}{3EI}$$

$$w'_A = \frac{q(2a)^4}{8EI} = \frac{2qa^4}{EI}$$

由图 9-49（d）查附录 2 得

$$\theta''_A = \theta''_C = \frac{qa^3}{6EI}$$

$$w''_A = w''_C + \theta''_C \cdot a = -\frac{qa^4}{8EI} + \frac{qa^4}{6EI} = \frac{qa^4}{24EI}$$

由叠加法，截面 A 的转角为

$$\theta_A = \theta'_A + \theta''_A = -\frac{4qa^3}{3EI} + \frac{qa^3}{6EI} = -\frac{7qa^3}{6EI}$$

截面 A 的挠度为

$$w_A = w'_A + w''_A = \frac{2qa^4}{EI} + \frac{qa^4}{24EI} = \frac{49qa^4}{24EI}$$

三、梁的刚度条件

在按照强度条件选择梁的截面以后，往往还需要确定梁的刚度条件，对梁进行刚度校核。也就是说，梁的变形也应该在规定的限度内，即要求控制梁的变形。要求其最大挠度和转角不得超过某一规定数值，则梁的刚度条件为

$$|w|_{max} \leqslant [w] \tag{9-14}$$

$$|\theta|_{max} \leqslant [\theta] \tag{9-15}$$

式中，$[\omega]$ 和 $[\theta]$ 分别为规定的许用挠度和许用转角，可从有关的实际规范中查得。

例 9-16　图 9-50 所示的行车大梁采用 No. 45a 工字钢，跨度 $l = 9.2$ m。已知电动葫芦重 5 kN，最大起重量为 50 kN，许用应力 $[\sigma] = 170$ MPa，许用挠度 $[\omega] = l/500$，试校核行车大梁的强度和刚度。

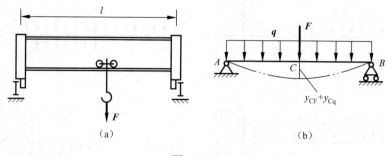

图 9-50

分析：将行车大梁简化为简支梁，视梁的自重为均布载荷 q，起重量和电葫芦的自重为集中载荷 F。当电葫芦带着载荷移动到跨中时，梁的变形最大。因此首先确定梁的危险截面，并按正应力强度条件进行梁的强度校核；再进行刚度校核。

解：确定载荷并求出跨中最大弯矩值。

查附录 1 中的型钢表得 $\quad q = 80.4 \times 9.8 \ \text{N/m} = 788 \ \text{N/m}$

$I_z = 32\,240 \ \text{cm}^4$，$E = 200 \ \text{GPa}$，$F = F_{电葫芦} + F_{载荷} = (5 + 50) \ \text{kN} = 55 \ \text{kN}$，$W_z = 1\,430 \ \text{cm}^3$

由均布载荷引起的跨中弯矩值：$M_{均布} = \dfrac{ql^2}{8} = \dfrac{788 \times 9.2^2}{8} \ \text{N} \cdot \text{m} = 8\,337.04 \ \text{N} \cdot \text{m}$

由集中载荷引起的跨中弯矩值：$M_{集中} = \dfrac{Fl}{4} = \dfrac{55 \times 10^3 \times 9.2}{4} \ \text{N} \cdot \text{m} = 126\,500 \ \text{N} \cdot \text{m}$

校核梁的强度：

$$\sigma_{\max} = \frac{M_{\max}}{W_z} = \frac{8\,337.04 + 126\,500}{1\,430 \times 10^{-6}} \ \text{Pa} = 94.3 \times 10^6 \ \text{Pa} = 94.3 \ \text{MPa}, \quad \sigma_{\max} \leqslant [\sigma]$$

利用叠加法求变形：

$$w_{CF} = \frac{Fl^3}{48EI_z} = \frac{55 \times 10^3 \times 9.2^3}{48 \times 200 \times 10^9 \times 32\,240 \times 10^{-8}} \ \text{m} = 1.38 \times 10^{-2} \ \text{m}$$

$$w_{Cq} = \frac{3ql^4}{384EI_z} = \frac{3 \times 788 \times 9.2^4}{384 \times 200 \times 10^9 \times 32\,240 \times 10^{-8}} \ \text{m} = 1.14 \times 10^{-3} \ \text{m}$$

$$w_{\max} = w_{CF} + w_{Cq} = 1.38 \times 10^{-2} + 1.14 \times 10^{-3} \ \text{m} = 1.49 \times 10^{-2} \ \text{m}$$

校核刚度。梁的许用挠度：

$$[w] = \frac{l}{500} = \frac{9.2}{500} \ \text{m} = 1.84 \times 10^{-2} \ \text{m}$$

$$w_{c,\max} = 1.49 \times 10^{-2} \ \text{m} < [w] = 1.84 \times 10^{-2} \ \text{m}$$

满足刚度条件。

如果梁的刚度不足时，可以根据影响梁变形大小的各有关因素，采取如下一些措施来提高梁的刚度。

1. 增大梁的抗弯刚度

梁的抗弯刚度包含横截面的惯性矩 I_z 和材料的弹性模量 E 两个因素，下面对它们分别进行讨论。

梁的变形与横截面的惯性矩成反比，故增大惯性矩可以提高梁的刚度，例如采用 E 值较大的材料可以提高梁的刚度。但必须注意，在常用的钢梁中，为了提高强度可以采用高强度合金钢，而为了提高刚度，采取这种措施就没有什么意义。这是因为与普通碳素钢相比，高强度合金钢的许用应力值虽较大，但弹性模量 E 值则是比较接近的。

2. 调整跨度

梁的转角和挠度与梁的跨度的 n 次方成正比，跨度减小时，转角和挠度就会有更大程度的减小。例如均布载荷作用下的简支梁，其最大挠度与跨度的四次方成正比，当其跨度减小为原跨度的 1/2 时，则最大挠度将减小为原挠度的 1/16。故减小跨度是提高梁的刚度的一种有效措施。在有些情况下，可以增设梁的中间支座，以减小梁的跨度，从而可显著地减小梁的挠度。但这样就使梁成为超静定梁。图 9-51（a）、（b）分别画出了均布载荷作用下的简支梁与三支点的超静定梁的挠曲线大致形状，可以看出后者的挠度远较前者为小。在有可能时，还可将简支梁改为两端外伸的梁。这样，既减小了跨度，而且外伸端的自重与两支座间向下的载荷将分别使轴线上每一点产生相反方向的挠度 ［见图 9-52（a）、（b）］，从而相互抵消一部分。这也就提高了梁的刚度。例如桥式起重机的桁架钢梁就常采用这种结构形式 ［见图 9-52（c）］，以达到上述效果。

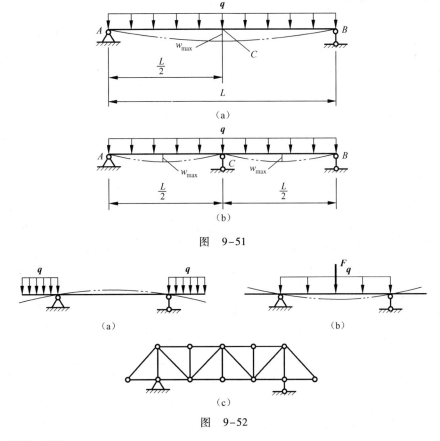

图　9-51

图　9-52

四、超静定梁

超静定梁与静定梁相比，支座增多了，相应的约束也就增多了。这种增多的约束也就是多余的约束，相应的力称为多余约束力。通常把具有及格多余约束的梁称为几次超静定梁。图 9-53（a）、（b）所示的梁均为一次超静定梁，图 9-53（c）、（d）所示的梁分别为二次、三次超静定梁。

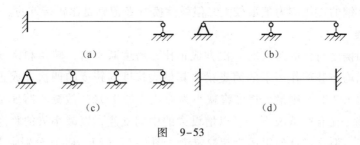

图 9-53

为了求出超静定结构的全部未知力，除了静力平衡方程外，还要寻找补充方程。补充方程的数目应等于超静定次数，也就是说等于多余约束或多余未知力的个数。由于存在多余约束，因此，杆件的变形必然存在一定的限制条件，这种条件称为变形协调条件，由此可以求得变形几何相容方程。对于服从胡克定律的材料，当应力不超过比例极限时，变形与力成正比，于是可以得到满足胡克定律的物理方程，将物理方程代入变形几何相容方程，即可得补充方程。将补充方程与静力平衡方程联立求解，即可求出全部未知力。这就是综合运用变形的物理、几何、静力学三方面条件求解超静定问题的方法，其关键在于根据变形协调条件来建立变形几何相容方程。

在求解超静定结构时，可以假想把某一处的多余约束解除，并在该处施加与所解除的约束相对应的多余未知力，由此得到一个作用有载荷和多余未知力的静定结构，称之为"基本结构"。基本结构在多余未知力作用处的位移应满足原超静定结构的约束条件，即变形协调条件。将物理方程代入变形几何相容方程，即可求出多余未知力。求出多余未知力后，构件的内力、应力以及变形均可按照基本结构进行计算。

例 9-17 试作图 9-54（a）所示超静定梁的弯矩图。

分析： 此梁为一次超静定梁，需要建立一个补充方程。解除多余约束后用反力来代替，这时所得到的"基本结构"必须是一个静定的几何不变体系，与原结构的变形状态与受力状态是完全等价的。由所解除的多余约束的变形几何相容方程和物理关系求出补充方程，即可求出多余未知力的大小。

解： 取支座 B 为多余约束，假想地解除这个约束，代之假设未知力 F_B，则得到如图 9-54（b）所示静定的基本结构。作用在基本结构的载荷有两种，一种是原有的均布载荷 q，另一种是未知力 F_B，将这两种载荷分别单独作用于基本结构，如图 9-54（c）、（d）所示。根据叠加原理，则 B 端竖向线位移为

$$w_B = w_{Bq} + w_{BF} \qquad\qquad ①$$

式中，w_{Bq} 和 w_{BF} 分别表示原有载荷 q 和未知力 F_B 各自单独作用于基本结构时在 B 端引起的竖向线位移。由于基本结构与原结构的变形相同，根据原结构支座 B 的边界条件有

$$w_B = 0 \qquad\qquad ②$$

即
$$w_{Bq} + w_{BF} = 0 \qquad\qquad ③$$

式③即为建立的补充方程，由附录 2 可得

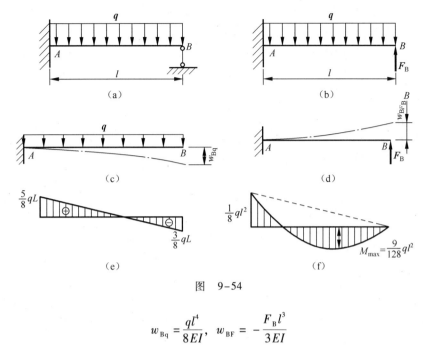

图　9-54

$$w_{Bq} = \frac{ql^4}{8EI}, \quad w_{BF} = -\frac{F_B l^3}{3EI}$$

将 w_{Bq} 和 w_{BF} 代入式③可得

$$F_B = \frac{3}{8}ql$$

由于 F_B 为正号，表明原来假设的指向是正确的。

求出多余未知力 F_B 以后，即可按基本结构图 9-54（b），由静力平衡方程求出梁的其余支座反力为

$$F_{Ax} = 0, \quad F_{Ay} = \frac{5ql}{8}, \quad M_A = \frac{ql^2}{8}$$

如图 9-54（f）所示，最大弯矩出现在剪力为零的截面，而跨中弯矩为 $\frac{ql^2}{16}$。

拓展知识

梁变形的计算方法

1963 年，在山西朔县峙峪村附近发现的旧石器时代晚期遗址里，发掘出一枚石镞。经放射性碳素测定，峙峪遗址的年代距今近三万年。就日前考古发掘来说，这个石箭头是世界上最早的（或者是最早的箭头之一）。它由薄而长的燧石片制成，加工精细，前锋锐利。因此，人类最初使用弓箭的年代要比这枚石镞早得多。

弓箭的出现，标志着人类对于固体材料的弹性已经有了初步的认识和利用，同时也是对杆件弯曲变形的一种初步利用。然而，人类关于弹性定律和弯曲变形的记载，则是在弓箭使用了几万年（文字出现）以后。至于弯曲变形，大概以《易经》的记载为最早（如果说，画有弓箭的象形文字已暗含着弯曲变形之意，那就更早一些）。

《易 大过》说："大过：栋挠"，"栋挠，凶"。这是说，房屋的大梁变弯曲了，有倒塌的危险，所以凶多吉少，是一种大的过失。为什么大梁弯了就有危险呢？因为从当时的科学水平来分析，"挠"是指肉眼所能看到的明显的弯曲变形，即栋梁已经弯曲得相当厉害，用今天的术语来说就是大变形，而不是用挠曲线近似微分方程所计算的小挠度问题。此后，我国许多古籍，如《墨经》、《考工记》、《韩非子》等，都有关于梁杆挠曲问题的记载。今年我们讨论梁变形时所用"挠曲线"、"挠度"等名词中的"挠"字，说来至少已经有两千年的历史了。

最早提出挠曲线问题的是纳莫尔（Jordanus de Nemore，13 世纪），他曾试图说明它是一种圆弧曲线。几百年之后，雅各布·伯努利又仔细研究了这个问题。他的有关论文在 1694 年发表，翌年加了注解和补充，1705 年去世前又阐述了他的最后见解。

伯努利考察了矩形截面悬臂梁在自由端受集中力时的变形，如图 9-55 所示。对于长为 ds 的微段，伯努利采取中性轴在凹面一边的假设，并假定横截面在梁变形后保持为平面，于是截面 AB 绕 A 轴（垂直于纸面）相对于 DF 转动，得到了 DF 和 AB 两截面之间纵向纤维的伸长与共到 A 轴的距离成正比的关系。对于凸边最外层纤维的伸长 Δds，则有如下公式：

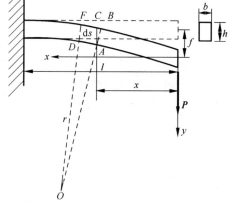

$$\frac{\Delta ds}{ds} = \frac{h}{r} \qquad (9\text{-}16)$$

可用弹性定律和式（9-16），并由截面 AB 上拉力合力与外力 P 两者对 A 轴的力矩相等的条件，最后得到

$$\frac{C}{r} = \frac{P}{x}$$

$$C = \frac{mbh^3}{3} \qquad (9\text{-}17)$$

图 9-55

式（9-17）中，r 是弧 $\overset{\frown}{DA}$ 即中性层的曲率半径，材料常数 m 相当于弹性模量 E，$bh^3/3$ 相当于惯性矩 I，但与我们现在熟知的正确值 $bh^3/12$ 不同，这是由于对中性轴位置采用了错误的假设所致。尽管在定量上伯努利的公式有错误，但在定性上它却是正确表示了挠曲线上任一点处的曲率与该处的弯矩成下比的关系，并成为后来欧拉等人进一步研究的基础。

根据丹尼尔·伯努利（1700—1782，雅各布·伯努利的侄子，曾在俄国彼得堡科学院主持数学部工作）的建议，欧拉研究了梁的变形问题，其结果发表在 1744 年出版的一本关于变分法的专著的附录中。这是弹性曲线（elaslica）方面第一次具有系统性的论著。

欧拉根据丹尼尔·伯努利提供的关于弹性板条变形能最小的原理，用他自己发明的变分法得到了前面图 9-55 所示梁的雅各布·伯努利微分方程

$$C \frac{y''}{(1 + y'^2)^{\frac{3}{2}}} = Px \qquad (9\text{-}18)$$

欧拉的研究并不局限于小挠度问题，所以上式分母中的 y' 不能略去，因而求解相当复杂。他利用积分，并表明当悬臂梁自由端的挠度 f 较小时，式（9-18）给出

$$C = \frac{Pl^2(2l - 3f)}{6f} \qquad (9\text{-}19)$$

在上式中将 3f 略去，就得到常见的悬臂梁自由端的挠度公式

$$f = \frac{Pl^3}{3C} \tag{9-20}$$

以上各式中 C 与今天常用记号 EI 相当，即梁的抗弯刚度。欧拉并未深入探讨 C 的物理意义。他把 C 称为"绝对弹性"，指出它与材料的弹性有关，并认为对于矩形梁来说，$C \propto bh^2$。显然，说 $C \propto h^2$ 是错误的，因为矩形截面的 $I = \dfrac{bh^3}{12}$。然而，过了没多久，到 1757 年他就纠正过来了。

对于小挠度问题，式（9-18）可化简为

$$C \frac{\mathrm{d}^2 y}{\mathrm{d}x^2} = M$$

当梁受横向分布载荷 q 作用时，欧拉认识到

$$C \frac{\mathrm{d}^2 y}{\mathrm{d}x^2} = q$$

从而证明其弹性曲线的近似微分方程是一个四阶微分方程并成功地求解出在水的静压力下用代数式表示的挠度曲线，此外，欧拉还讨论过这样一个有趣的问题；如果一根具有初始弯曲的悬臂梁，在自由端受到一个横向力作用变成直杆，那么它原始的曲线形状应该是怎样的呢？

从 1819 年起，纳维有关材料力学的讲义抄本便在学生中流传。修改后于 1826 年出版的该书第一版中，讨论了等截面梁的弯曲问题。采用平面假设，应用静力学三个平衡方程，他断定中性轴通过截面的形心，得出挠曲线微分方程如下：

$$\frac{EI}{\rho} = M$$

其中，I 为截面对中性轴的惯性矩。在小挠度的条件下，纳维得到了我们现在熟知的挠曲线近似微分方程：

$$EI \frac{\mathrm{d}^2 y}{\mathrm{d}x^2} = M$$

在纳维以前，人们往往只是讨论悬臂梁或承受对称载荷的简支梁，而纳维讨论了承受任意横向力的简支梁，并开创了求解超静定问题的方法。他用两次积分法，求解了图 9-56 所示一端固定，一端简支的超静定梁，以及两端固定的梁和三支座的梁等超静定问题。

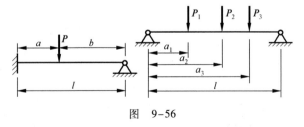

图　9-56

此后，人们为计算梁的变形提出了种种方法。例如，泊松在《力学教程》中（见 1833 年第二版），首次用三角级数研究了梁的挠度方程。1834 年以后，彭赛列（J. V. Poncelet）在巴黎一所大学教授力学课程时，首次把剪力的影响引入梁的挠度公式之中。克莱布施

（R. F. A. Clebsch）在1862年出版的《固体弹性理论》中，对于图9-56所示的梁，计算变形时想出了积分过程中不拆开括号的技巧，从而把积分常数简化为两个。与此同时，他还将这种原始的间断积分法推广应用到既有集中力又有分布载荷的梁中。

接着，出现了几种计算梁变形的半图解、半分析的方法和图解的方法。圣维南在纳维在前材料力学的讲义1861年第三版的注解里，通过悬臂梁自由端受集中力的情况，首次提出了计算梁变形的面矩法。后来，莫尔（1868年）和格林（C. E. Grosne，1873年）对这种方法用了更完整的发展。在1868年的一篇论文中，莫尔又提出了共轭梁法（亦称虚梁法或图解分析法）和图解法。

现在回到我们在本篇开头提出的问题：计算梁变形的方法知多少？

胡国华在《重庆大学学报》中发表的《面积向量计算梁及钢架的位移》中列出了19种：积分法、初参数法、虚梁法、图解法、叠加法、差分法、奇异函数法、面积力矩法、迈克勒法、逐次面积法、拉普拉斯变换法、三角级数法、能量法及虚位移法、导线法、剪力面矩法、常数相等法、焦点法、近似计算法、面积向量法。

如果将胡国华的论文提到的能量法又细分为几种方法，即卡氏定理、单位载荷法、图形互乘法等；并作一些补充，如把马克劳林的级数法等几种方法以及《西安交通大学学报》1981年第4期介绍的等效弯矩法，《力学与实践》1988年第4期和第6期介绍的定积分法和位移置换法等，那就不止19种了。即使这样，仍难免挂一漏万，例如我们看到国内一些学术会议交流的论文所提出的几种方法，出于不便人们查找而没有列出。

总之，虽然上列种种方法中有的在某些方面存在着一的联系或相近之处，但细分起来，计算变形的方法似可说是数以十计的。由此可见，为使梁的变形计算方便、快捷和适应性强，人们付出了多少艰巨的劳动。

综合练习

1. 用叠加法求图9-57中各梁的跨中挠度及 θ_A。（EI 为常数）

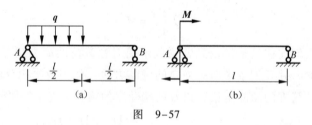

图 9-57

2. 用叠加法求图9-58中各梁自由端的挠度及转角。（EI 为常数）

3. 如图9-59所示的矩形截面简支梁 AB，已知 $h = 2b$，$q = 20\,\text{kN/m}$，$l = 5\,\text{m}$，容许挠度 $[w] = \dfrac{l}{250}$，$[\sigma] = 100\,\text{MPa}$，$E = 200\,\text{GPa}$，试选择截面尺寸。

4. 如图9-60所示的悬臂梁 AB，由两根槽钢组成，已知 $q = 20\,\text{kN/m}$，$l = 3\,\text{m}$，$[\sigma] = 100\,\text{MPa}$，$E = 200\,\text{GPa}$，容许挠度 $[w] = \dfrac{l}{400}$，试选择槽钢型号。

5. 如图9-61所示的工字钢简支梁 AB，已知 $F = 50\,\text{kN}$，$l = 4\,\text{m}$，$[\sigma] = 160\,\text{MPa}$，$E = 200\,\text{GPa}$，容许挠度 $[w] = \dfrac{l}{400}$，试选择工字钢型号。

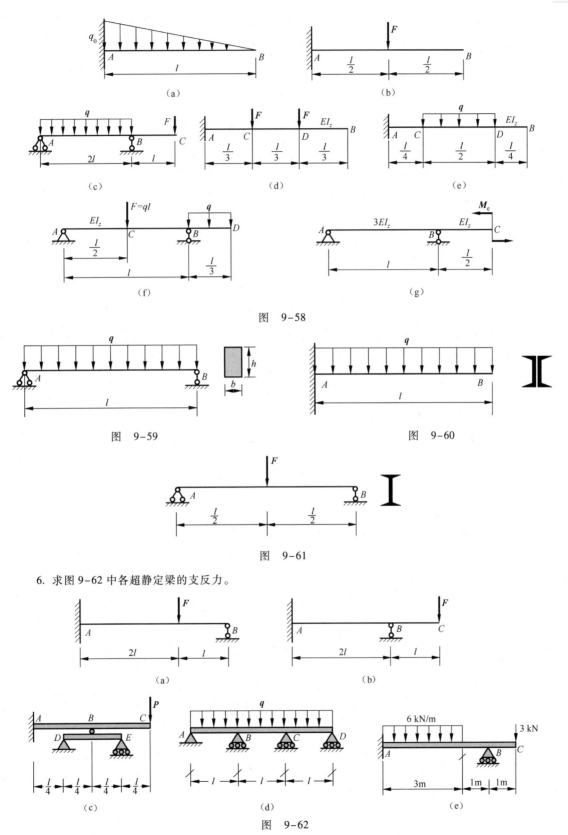

图 9-58

图 9-59

图 9-60

图 9-61

6. 求图 9-62 中各超静定梁的支反力。

图 9-62

7. 如图 9-63 所示材料相同、长度分别为 L_1 和 L_2 的两梁无接触力，垂直交叉地放置在一起，在交叉点处作用有集中载荷 F，两梁的横截面的惯性矩分别为 I_{z1} 和 I_{z2}。试求两梁所受的载荷之比。

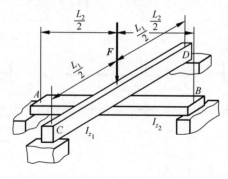

图 9-63

项 目 总 结

本项目由工程实际中的弯曲变形展开讨论，通过三各任务的练习，应重点掌握弯曲变形的强度和刚度条件，数量应用强度公式和叠加法解决弯曲的实际问题。知识结构如图 9-64 所示。

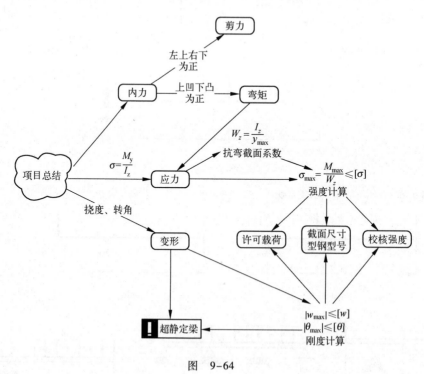

图 9-64

项目❿ 组合变形

项目引入

在前面的项目中，分别讨论了杆件在拉压、剪切、扭转、平面弯曲四种基本变形条件下的强度及刚度问题。但在工程实际中，受力构件所发生的变形往往是由两种或两种以上的基本变形所构成。例如在图 10-1（a）中，机床立柱在受轴向拉伸的同时还有弯曲变形；在图 10-1（b）所示的机械传动中，圆轴为扭转和弯曲变形的组合；而图 10-1（c）所示的厂房立柱为轴向压缩及弯曲变形的组合等。将由两种或两种以上的基本变形所组成的变形称为组合变形。

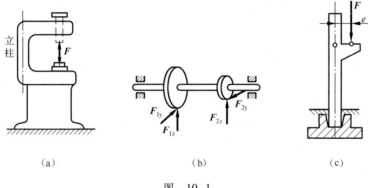

（a）   （b）   （c）

图　10-1

目标要求

知识目标

- 理解应力状态的概念。
- 了解应力状态的分布。
- 掌握常用强度理论应用的范围。
- 了解组合变形的解法。
- 掌握强度理论在组合变形中的应用。

能力目标

- 应用强度理论对实际问题提出解决思路。
- 掌握简单组合变形的建模。

任务1 应力状态与强度理论的认知

任务目标

由于构件在不同的材料，不同的受力情况下，其破坏情况均不相同，为了对构件内任一点的应力情况有一个全面的了解，本任务要研究构件内一点处不同方位截面上的应力变化规律——应力状态问题。

基础知识

一、一点的应力状态

过构件内同一点的不同方位的截面上应力情况是不同的。这就出现了构件的破坏不一定总是沿着横截面方向的现象，例如，铸铁在轴向拉伸时其破坏面发生在横截面上，但在轴向压缩时，却是沿着大约45°的斜截面破坏（见图10-2）。又例如，当低碳钢在扭转受力时，破坏面发生在横截面上，如果是铸铁受扭，破坏面却发生在约45°的螺旋面上如图10-3所示。如果杆件受到几种基本变形的组合作用，破坏面也不都是发生在横截面上。为了分析各种破坏现象，建立组合变形下的强度条件，必须研究受力构件内某一点处各个不同方位截面上的应力情况，即研究一点应力状态。把某一点处各个不同方位截面上的应力情况称为"点的应力状态"。

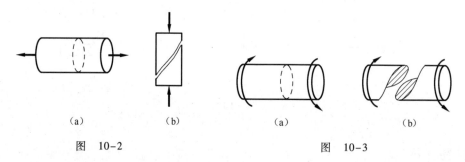

| （a） | （b） | | （a） | （b） |

图　10-2　　　　　　　　　图　10-3

为了研究某点的应力状态，可以在该点处截取一个微小的正六面体，称其为单元体。若令单元体的边长趋于零，那么单元体各不同方位截面上的应力情况就代表该点的应力状态。如果单元体上的应力都可以由构件上的外载荷求得，这样的单元体称为原始单元体。如图10-4所示为拉伸、扭转、弯曲变形中的原始单元体。

二、主平面与主应力

单元体上切应力为0的面称为主平面，主平面上的正应力称为主应力 [见图10-5（a）]。根据切应力互等定理，当单元体上某个面切应力为0时，与之垂直的另两个面的切应力也同时为0，即三个主平面是相互垂直的。由此，对应的三个主应力也是相互垂直的。主应力通常用 σ_1、σ_2、σ_3 表示，按其代数值的大小排列。最大值为 σ_1，最小值为 σ_3。

根据一点的应力状态主应力不为0的数目，将应力状态分为三类：

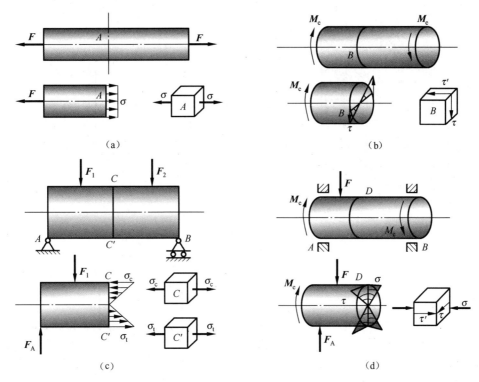

图　10-4

（1）单向应力状态，一个主应力不为 0［见图 10-5（b）］。

（2）二向应力状态，二个主应力不为 0［见图 10-5（c）］。

（3）三向应力状态，三个主应力不为 0［见图 10-5（d）］。

三向应力状态又称空间应力状态，二向应力状态又称平面应力状态，单向应力状态又称简单应力状态。

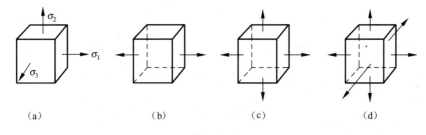

图　10-5

三、任意斜截面上的应力

若单元体有一对平行平面上的应力为 0，即为平面应力状态［见图 10-6（a）］，由于 z 方向无应力，可将单元体改成为图 10-6（b）所示形式，在 x、y 面上存在 σ_x、σ_y，且 $\tau_x = -\tau_x$。下面根据单元体各面上已知应力来确定任一斜截面上的未知应力，从而找出在该点处的最大应力及其方位。

设任一斜面的外法线 n 与 x 轴的夹角为 α（α 以逆时针转向为正），该斜面称为 α 面［见图 10-6（c）］，在 α 面上的应力分别用 σ_α、τ_α 表示，取出 α 面以下部分为个立体分析

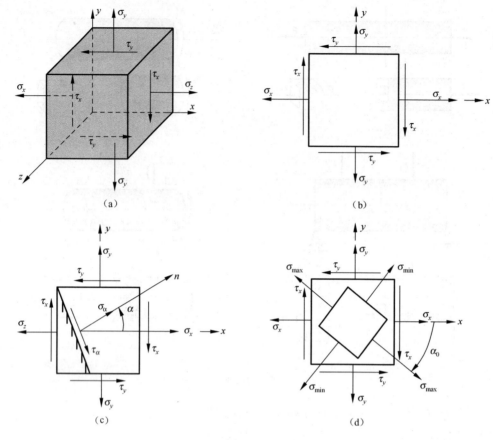

图　10-6

[见图 10-6（d）]，设 σ_α 和 τ_α 以正向假定，斜面面积 A_α，现分别对斜面的法线 n 和切线 t 取平衡方程

$$\sum F_n = 0, \sigma_\alpha A_\alpha - (\sigma_x A_\alpha \cos\alpha)\cos\alpha - (\sigma_y A_\alpha \sin\alpha)\sin\alpha + (\tau_x A_\alpha \cos\alpha)\sin\alpha + (\tau_y A_\alpha \sin\alpha)\cos\alpha = 0$$

$$\sum F_t = 0, \tau_\alpha A_\alpha - (\sigma_x A_\alpha \cos\alpha)\sin\alpha - (\sigma_y A_\alpha \sin\alpha)\cos\alpha + (\tau_x A_\alpha \cos\alpha)\cos\alpha + (\tau_y A_\alpha \sin\alpha)\sin\alpha = 0$$

又因 $\tau_x = \tau_y$（图中方向已经确定，因此没有负号），整理上式得

$$\sigma_\alpha = \frac{\sigma_x + \sigma_y}{2} + \frac{\sigma_x - \sigma_y}{2}\cos2\alpha - \tau_x \sin2\alpha \tag{10-1}$$

$$\tau_\alpha = \frac{\sigma_x - \sigma_y}{2}\sin2\alpha + \tau_x \cos2\alpha \tag{10-2}$$

使用以上二式时应注意应力正负符号的规定：正应力以拉应力为正，压应力为负；切应力以对单元体内任一点产生顺时针转向的力矩的切应力为正，反之为负。

例 10-1　拉杆横截面面积 $A = 10\ \text{cm}^2$，$F = 30\ \text{kN}$，如图 10-7（a）所示，求拉杆斜截面上的正应力和切应力。

解：在 A 点处沿纵向和横向截取单元体，如图 10-7（b）所示，可知为单向应力状态。可求得

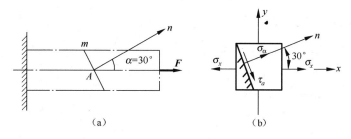

图   10-7

$$\sigma_x = \frac{F}{A} = \frac{30 \times 10^3}{10 \times 10^{-4}} \, \text{Pa} = 30 \times 10^6 \, \text{Pa} = 30 \, \text{MPa}$$

代入得

$$\sigma_\alpha = \frac{\sigma_x + \sigma_y}{2} + \frac{\sigma_x - \sigma_y}{2} \cdot \cos 2\alpha - \tau_x \sin 2\alpha = \frac{\sigma_x}{2} + \frac{\sigma_x}{2} \cdot \cos 2\alpha = \sigma_x \cos^2 \alpha = 22.5 \, \text{MPa}$$

$$\tau_\alpha = \frac{\sigma_x - \sigma_y}{2} \sin 2\alpha + \tau_x \cos 2\alpha = \frac{\sigma_x}{2} \sin 2\alpha = 13 \, \text{MPa}$$

四、主平面、主应力和最大切应力

切应力为 0 的平面即为主平面，在式（10-2）中，若设主平面的外法线 n 与 x 轴正向间的夹角（即主平面的方向角）为 α，可得

$$\frac{\mathrm{d}\sigma_\alpha}{\mathrm{d}\alpha} = \frac{\sigma_x - \sigma_y}{2}(-2\sin 2\alpha) - \tau_x(2\cos 2\alpha) = 0$$

$$\frac{\sigma_x - \sigma_y}{2}\sin 2\alpha + \tau_x \cos 2\alpha = 0$$

$$\tan 2\alpha_0 = -\frac{2\tau_x}{\sigma_x - \sigma_y}$$

对应主平面上的正应力即为主应力，因为主应力是相互垂直的，根据式（10-1）和式（10-2）可知任意两相互垂直面上的正应力之和保持不变，进而主应力就是单元体上的正应力极值，则最大和最小正应力分别为

$$\left.\begin{array}{c}\sigma_{\max} \\ \sigma_{\min}\end{array}\right\} = \frac{\sigma_x + \sigma_y}{2} \pm \sqrt{\left(\frac{\sigma_x - \sigma_y}{2}\right)^2 + \tau_x^2} \qquad (10-3)$$

平面应力状态和空间应力状态都属于复杂应力状态。经理论分析证明，其最大切应力的值为

$$\tau_{\max} = \frac{\sigma_1 - \sigma_3}{2} \qquad (10-4)$$

例 10-2   试利用应力状态理论，说明塑性材料和脆性材料圆轴的扭转破坏现象。

解： 如图 10-8（a）所示圆轴扭转时，最大切应力发生在圆轴的外表面，表面上 A 点的原始单元体为平面应力状态，如图 10-8（b）所示，这种状态也称为纯剪切应力状态。

由扭转切应力公式得 $\qquad\qquad\qquad \tau_x = \frac{T}{W_p}$

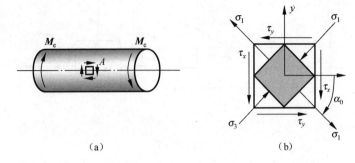

（a）　　　　　　　　　　　（b）

图　10-8

$$\left.\begin{array}{c}\sigma_{\max}\\\sigma_{\min}\end{array}\right\} = \frac{\sigma_x + \sigma_y}{2} \pm \sqrt{\left(\frac{\sigma_x - \sigma_y}{2}\right)^2 + \tau_x^2} = \pm \tau_x$$

故三个主应力分别为

$$\sigma_1 = \tau_x, \qquad \sigma_2 = 0, \qquad \sigma_3 = -\tau_x$$

可得 $\alpha_0 = -45°$ 和 $\alpha_0 + 90° = 45°$。

对于由脆性材料制成的圆轴，扭转破坏发生在沿与轴线成的 45° 斜截面方向，这是由于脆性材料的抗拉强度较低所造成的。

例 10-3　一单元体应力状态如图 10-9 所示，已知 $\sigma_x = -20\ \text{MPa}$，$\sigma_y = 40\ \text{MPa}$，$\tau_x = 20\ \text{MPa}$，$\tau_y = -20\ \text{MPa}$，试求：（1）$\alpha = 45°$ 的斜截面上的应力；（2）主应力值与主平面位置，并画出主单元体；（3）最大切应力值。

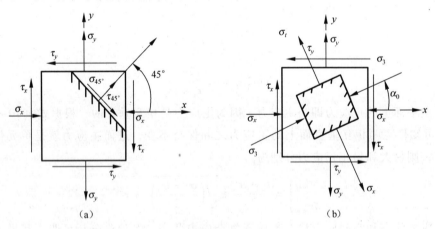

（a）　　　　　　　　　　　（b）

图　10-9

解：（1）$\sigma_{45°} = \dfrac{\sigma_x + \sigma_y}{2} + \dfrac{\sigma_x - \sigma_y}{2} \cdot \cos 90° - \tau_x \sin 90° = \dfrac{-20+40}{2} - 20\ \text{MPa} = -10\ \text{MPa}$

$\tau_{45°} = \dfrac{\sigma_x - \sigma_y}{2} \cdot \sin 90° + \tau_x \cos 90° = \dfrac{-20-40}{2}\ \text{MPa} = -30\ \text{MPa}$

负号表示与图示所设方向相反。

（2）主应力值与主平面位置：

$$\left.\begin{array}{c}\sigma_{\max}\\\sigma_{\min}\end{array}\right\} = \frac{\sigma_x + \sigma_y}{2} \pm \sqrt{\left(\frac{\sigma_x - \sigma_y}{2}\right)^2 + \tau_x^2} = \left(\frac{-20+40}{2} \pm \sqrt{\left(\frac{-20-40}{2}\right)^2 + 20^2}\right)\text{MPa} = \begin{cases}46.1\ \text{MPa}\\-26.1\ \text{MPa}\end{cases}$$

按主应力规定的排列顺序，得

$$\sigma_1 = 46.1\ \mathrm{MPa},\ \sigma_2 = 0,\ \sigma_3 = -26.1\ \mathrm{MPa}$$

$$\tan 2\alpha_0 = -\frac{2\tau_x}{\sigma_x - \sigma_y} = -\frac{2 \times 20}{-20 - 40} = 0.667$$

得

$$\alpha_0 = 16.85°,\ \alpha_0 + 90° = 106.85°$$

（3）

$$\tau_{max} = \frac{\sigma_1 - \sigma_3}{2} = \frac{46.1 - (-26.1)}{2}\ \mathrm{MPa} = 36.1\ \mathrm{MPa}$$

拓展知识

中国近代力学奠基人

中国力学界认可一种说法，即周培源、钱学森、郭永怀和钱伟长是中国近代力学的奠基人。

周培源，生于 1902 年，卒于 1993 年，江苏宜兴人，流体力学家，理论物理学家，1924 年毕业于清华大学，1928 年获美国加州理工学院博士学位，1929 年回国，在清华大学和西南联合大学任教授。解放后，先后任清华大学教务长、校务委员会副主任、北京大学教务长、副校长、校长、中国科学院副院长、中国科协主席，曾任全国政协第五、六、七届副主席。

钱学森，生于 1911 年，卒于 2009 年，浙江杭州人，被誉为"中国导弹之父""火箭之父"，1934 年毕业于上海交通大学，1938 年获美国加州理工学院博士学位，1955 年回国，曾任中国科学院力学研究所所长、第七机械工业部副部长、国防科工委副主任、中国科协名誉主席、全国政协副主席，1999 年获"两弹一星功勋奖章"。

郭永怀，生于 1909 年，卒于 1968 年，山东荣城人，应用数学与力学家，1935 年北京大学毕业，1940 年赴加拿大多伦多大学就读硕士，1945 年获美国加州理工学院博士学位，1957 年回国后，历任中国科学院力学研究所副所长、第二机械工业部第九研究院副院长，1985 年获国家科技进步特等奖，1999 年获"两弹一星功勋奖章"。1968 年 12 月 5 日，郭永怀从青海实验基地乘飞机回北京汇报工作，飞机降落时发生坠毁事故，在失事现场，人们发现他和警卫员的遗体紧紧拥抱在一起。他们是在飞机坠毁前用身体夹住了装有宝贵科研资料的公文包，在令人心碎的遗骸中居然完整无损地保住了资料。同年 12 月，国家内务部追认郭永怀为革命烈士。

钱伟长，生于 1912 年，卒于 2010 年，江苏无锡人，中国近代力学之父，世界著名的科学家、教育家，杰出的社会活动家，中国民主同盟的卓越领导人，中国共产党的亲密朋友，中国人民政治协商会议第六届、七届、八届、九届全国委员会副主席，中国民主同盟第五届、六届、七届中央委员会副主席，第七届、八届、九届名誉主席，中国科学院资深院士、上海大学校长、南京大学，暨南大学，南京航空航天大学，江南大学名誉校长、耀华中学名誉校长；钱伟长院士兼长应用数学、物理学、中文信息学，著述甚丰——特别在弹性力学、变分原理、摄动方法等领域有重要成就。

![综合练习]

1. 直径 $d = 50\,\text{mm}$ 的拉伸试件，当与杆轴线成45°的斜截面上的切应力 $\tau = 150\,\text{MPa}$ 时，试件所受拉力为多少？

2. 应力单元体如图10-10所示。试求各指定截面上的应力，并把方向标注在单元体上。

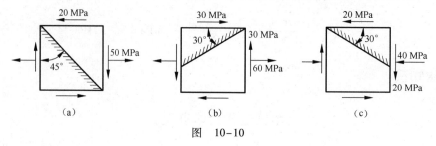

图 10-10

3. 试求图10-11所示各应力状态的主应力和最大切应力。（应力单位MPa）

4. 试求如图10-12所示各单元体的主应力及主平面，并在单元体上绘出主平面位置及主应力方向（应力单位MPa）。

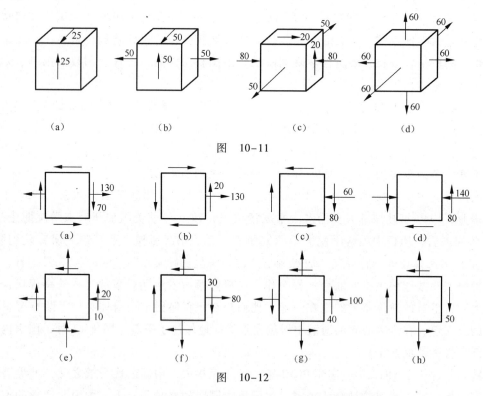

图 10-11

图 10-12

任务2　强度理论在组合变形中的应用

![任务目标]

构件受力后处于复杂应力状态时，其主应力就不止一个，在这种情况下，通过试验来

确定构件的强度几乎是不可能的。为此，人们根据大量的破坏现象，通过判断、推理、概括，提出了种种关于破坏原因的假说，找出引起破坏的主要因素，经过实践检验，不断完善。本任务将介绍目前的四种常用的强度理论的意义、发展、内容，并且利用这四种强度理论解决简单的组合变形强度校核问题。

 基础知识

一、强度理论的认知

1. 强度理论的概念

工程实践中大多数受力构件处于复杂应力状态。如果从主应力来考虑，一般情况下三个主应力 σ_1、σ_2、σ_3 之间可能有各种比值。实际上很难用实验方法来测出各种主应力比例下材料的极限应力。解决这样的问题，只能从简单应力状态下的实验结果出发，推测材料破坏的主要原因。构件在外力作用下，任意一点都有应力和应变，而且积蓄了应变能。可以设想，材料的破坏与危险点的应力、应变或应变能等某个因素有关。从长期的实践和试验数据中分析材料破坏的现象，进行推理，对材料破坏的原因提出各种假说。这种假说认定材料的破坏是某一特定因素引起的，不论是在简单应力状态还是在复杂应力状态下，都是由同一因素引起破坏，所以可以用简单应力状态下试件的试验结果与复杂应力状态下构件的破坏联系起来。这样就建立了强度理论。

综合分析材料破坏的现象，认为构件由于强度不足将引发两种失效形式：

（1）脆性断裂。材料无明显的塑性变形即发生断裂，断面较粗糙，且多发生在垂直于最大正应力的截面上，如铸铁受拉、扭，低温脆断等。关于断裂的强度理论为：最大拉应力理论和最大伸长线应变理论。

（2）塑性屈服。材料破坏前发生显著的塑性变形，破坏断面粒子较光滑，且多发生在最大切应力面上，例如低碳钢拉、扭，铸铁压。关于屈服的强度理论为最大切应力理论和形状改变比能理论。

为此，对强度破坏提出了各种不同的假说。各种假说尽管各有差异，但它们都认为：材料之所以按某种方式破坏（屈服或断裂），是由于应力、应变和应变能等诸因素中的某一因素引起的。按照这类假说，无论单向应力状态还是复杂应力状态，造成破坏原因是相同的，即引起破坏的因素是相同的。强度理论就是关于材料破坏现象主要原因的假设。即认为不论是简单应力状态还是复杂应力状态，材料某一类型的破坏是由于某一种因素引起的。据此，可以利用简单应力状态的实验结果，来建立复杂应力状态的强度条件。我们称其为强度理论。

2. 四个强度理论

四种强度理论的强度条件可以用统一的一种形式来表达：

$$\sigma_r \leqslant [\sigma]$$

（1）最大拉应力理论（第一强度理论）。该理论认为：材料无论在何种应力状态下，引起其脆性断裂的主要原因是最大拉应力，当最大拉应力达到了与材料性质有关的某一极限值，材料就会发生脆性断裂。

$$\sigma_{r1} = \sigma_1 \leqslant [\sigma] \tag{10-5}$$

（2）最大拉应变理论（第二强度理论）。该理论认为：材料无论在何种应力状态下，引起其脆性断裂的主要原因是最大拉应变，当最大拉应变达到了与材料性质有关的某一极限值，材料就会发生脆性断裂。

在复杂应力状态下材料的最大拉应变可由广义胡克定律推导出为

$$\varepsilon_1 = \frac{1}{E}[\sigma_1 - \mu(\sigma_2 + \sigma_3)]$$

而材料在单向拉伸变形时拉应变的极限值为 $\varepsilon_u = \dfrac{\sigma_b}{E}$，即有

$$\frac{1}{E}[\sigma_1 - \mu(\sigma_2 + \sigma_3)] = \frac{\sigma_b}{E}$$

该理论认为，无论多么复杂的应力状态，只要其最大拉应变 ε_1 达到材料在单向拉伸时的极限时即会发生断裂。据此就可以得到由第二强度理论建立的强度条件为

$$\sigma_{r2} = \sigma_1 - \mu(\sigma_2 + \sigma_3) \leqslant [\sigma] \tag{10-6}$$

（3）最大切应力理论（第三强度理论）。该理论认为：材料无论在何种应力状态下，引起其塑性屈服的主要原因是最大切应力，当最大切应力达到了与材料性质有关的某一极限值，材料就会发生塑性屈服。

在复杂应力状态下的最大切应力为 $\tau_{max} = \dfrac{\sigma_1 - \sigma_3}{2}$，而材料在单向拉伸到屈服时，与轴线成的斜截面上有 $\tau_{max} = \dfrac{\sigma_s}{2}$，即有 $\dfrac{\sigma_1 - \sigma_3}{2} = \dfrac{\sigma_s}{2}$。该理论认为，无论多么复杂的应力状态，只要其最大切应力 τ_{max} 达到材料在单向拉伸时的 $\dfrac{\sigma_s}{2}$，即会发生塑性屈服。据此就可以得到第三强度理论建立的强度条件：

$$\sigma_{r3} = \sigma_1 - \sigma_3 \leqslant [\sigma] \tag{10-7}$$

（4）形状改变比能理论（第四强度理论）。该理论认为：不论材料处在什么应力状态，材料发生屈服的原因是由于形状改变比能密度

$$v_d = \frac{1+\mu}{6E}[(\sigma_1 - \sigma_2)^2 + (\sigma_2 - \sigma_3)^2 + (\sigma_3 - \sigma_1)^2]$$

而材料在单向拉伸屈服时的畸变能密度为：

$$v_d = \frac{1+\mu}{3E} \times \sigma_s^2$$

据此就可以推出由第四强度理论建立的强度条件为

$$\sigma_{r4} = \sqrt{\frac{1}{2}[(\sigma_1 - \sigma_2)^2 + (\sigma_2 - \sigma_3)^2 + (\sigma_3 - \sigma_1)^2]} \leqslant [\sigma] \tag{10-8}$$

3. 各种强度理论适用的范围

（1）强度理论的选用原则如下：

① 脆性材料：当最小主应力大于或等于 0 时，使用第一理论；当最小主应力小于 0 而最大主应力大于 0 时，使用莫尔理论。当最大主应力小于或等于 0 时，使用第三或

第四强度理论。

② 塑性材料：当最小主应力大于或等于 0 时，使用第一强度理论；其他应力状态时，使用第三或第四强度理论。

③ 简单变形时：一律用与其对应的强度准则。如扭转，都用 $\tau_{max} \leqslant [\tau]$，破坏形式还与温度、变形速度等有关。

（2）强度计算步骤如下：

① 外力分析：确定所需的外力值。

② 内力分析：画内力图，确定可能的危险面。

③ 应力分析：画危险面应力分布图，确定危险点并画出单元体，求主应力。

④ 强度分析：选择适当的强度理论，计算相当应力，然后进行强度计算。

例 10-4 构件内某点的应力状态如图 10-13 所示，试用第三和第四强度理论建立相应的强度条件。

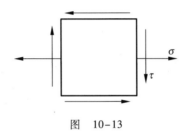

图 10-13

解：求主应力

$$\left.\begin{array}{c}\sigma_{max}\\\sigma_{min}\end{array}\right\} = \frac{\sigma_x + \sigma_y}{2} \pm \sqrt{\left(\frac{\sigma_x - \sigma_y}{2}\right)^2 + \tau_x^2} = \frac{\sigma}{2} \pm \sqrt{\left(\frac{\sigma}{2}\right)^2 + \tau^2}$$

则三个主应力分别为

$$\sigma_1 = \frac{\sigma}{2} + \sqrt{\left(\frac{\sigma}{2}\right)^2 + \tau^2}, \quad \sigma_2 = 0, \quad \sigma_3 = \frac{\sigma}{2} - \sqrt{\left(\frac{\sigma}{2}\right)^2 + \tau^2}$$

由第三和第四强度理论，强度条件为

$$\sigma_{r3} = \sigma_1 - \sigma_3 = \sqrt{\sigma^2 + 4\tau^2} \leqslant [\sigma]$$

$$\sigma_{r4} = \sqrt{\frac{1}{2}\left[(\sigma_1 - \sigma_2)^2 + (\sigma_2 - \sigma_3)^2 + (\sigma_3 - \sigma_1)^2\right]} = \sqrt{\sigma^2 + 3\tau^2} \leqslant [\sigma]$$

例 10-5 如图 10-14 所示，锅炉内径 $D = 1\,\mathrm{m}$，炉内蒸汽压强 $p = 3.6\,\mathrm{MPa}$，锅炉钢板材料的许用应力 $[\sigma] = 160\,\mathrm{MPa}$。试按第三和第四强度理论分别设计锅炉壁厚 δ。

分析：工程上常见的蒸汽锅炉、储气罐等，都可视为圆桶形薄壁容器。在图 10-14（a）所示 A 处取单元体，作用于横截面上的正应力 σ_x 称为轴向应力；作用于纵截面上的正应力 σ_y 称为周向应力。

解：由图 10-14（c）建立平衡方程：

$$\sum F_x = 0, \quad \sigma_x \cdot (\pi D \delta) - p\left(\frac{\pi}{4}D^2\right) = 0, \quad \sigma_x = \frac{pD}{4\delta}$$

由图 10-14（d）建立平衡方程：

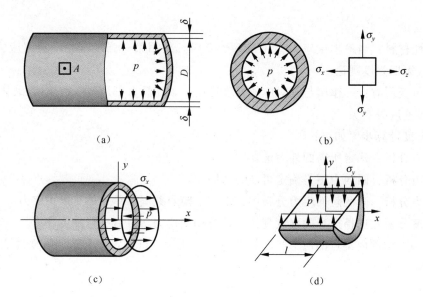

图　10-14

$$\sum F_y = 0, \quad 2(\sigma_y \cdot \delta \cdot 1) - p \cdot D \cdot 1 = 0, \quad \sigma_y = \frac{pD}{2\delta}$$

单元体上的三个主应力分别为

$$\sigma_1 = \sigma_y = \frac{pD}{2\delta}, \qquad \sigma_2 = \sigma_x = \frac{pD}{4\delta}, \qquad \sigma_3 = 0$$

按第三强度理论设计壁厚：

$$\sigma_{r3} = \sigma_1 - \sigma_3 = \frac{pD}{2\delta} \leq [\sigma], \quad \delta \geq \frac{pD}{2[\sigma]} = \frac{3.6 \times 10^6 \times 1}{2 \times 160 \times 10^6} \text{ m} = 11.25 \times 10^{-3} \text{ m} = 11.25 \text{ mm}$$

按第四强度理论设计壁厚：

$$\sigma_{r4} = \sqrt{\frac{1}{2}\left[(\sigma_1 - \sigma_2)^2 + (\sigma_2 - \sigma_3)^2 + (\sigma_3 - \sigma_1)^2\right]}$$

$$= \sqrt{\frac{1}{2}\left[\left(\frac{pD}{2\delta} - \frac{pD}{4\delta}\right)^2 + \left(\frac{pD}{4\delta} - 0\right)^2 + \left(0 - \frac{pD}{2\delta}\right)^2\right]}$$

$$= \frac{\sqrt{3}\,pD}{4\delta} \leq [\sigma]$$

$$\delta \geq \frac{\sqrt{3}\,pD}{4[\sigma]} = \frac{\sqrt{3} \times 3.6 \times 10^6 \times 1}{4 \times 160 \times 10^6} \text{ m} = 9.75 \times 10^{-3} \text{ m} = 9.75 \text{ mm}$$

二、组合变形的认知与强度理论的应用

1. 拉弯组合变形与斜弯曲

由杆件的基本变形可知，轴向拉压时杆件所受外力的合力作用线必须通过轴线；而在弯曲时所受外力则须与杆件轴线垂直。但当杆件受到轴向力和横向力共同作用时，或外力的合力作用线不通过轴线时，杆件都将产生拉伸（或压缩）与弯曲的组合变形。例如图 10-15（a）所示。

在之前的弯曲问题中已经介绍，若梁所受外力或外力偶均作用在梁的纵向对称平面内，则梁变形后的挠曲线亦在其纵向对称平面内，将这种弯曲称为平面弯曲。但在工程实际中，也常常会遇到梁上的横向力并不在梁的对称平面内，而是与其纵向对称平面有一夹角的情况。例如屋顶檩条倾斜安置时，梁所承受的铅垂方向的外力并不在其纵向对称平面内，其受力简图如图 10-16 所示。在这种情况下，梁变形后的挠曲线将与外力不在同一纵向平面内，将这种弯曲称为斜弯曲。

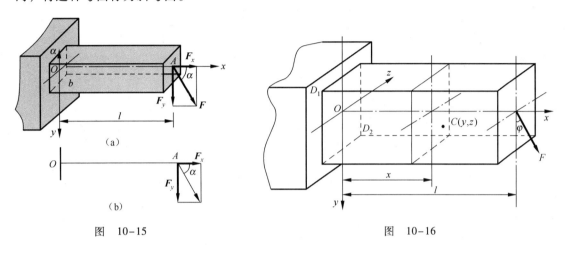

图　10-15　　　　　　　　　　　　　　　图　10-16

以图 10-15 所示矩形截面悬臂梁为例，其自由端受一与 x 轴夹角为 α 的集中力 $\boldsymbol{F}$ 作用。可将力 $\boldsymbol{F}$ 先简化为平面弯曲的情况，即将力 $\boldsymbol{F}$ 沿 x 轴和 y 轴进行分解，即

$$F_x = F\cos\alpha, \quad F_y = F\sin\alpha$$

由内力分析可知：梁的固定端截面 O 为危险截面，其上有轴力和弯矩：

$$F_N = F\cos\alpha, \quad M_{max} = Fl\sin\alpha$$

由轴力引起的正应力

$$\sigma_N = \frac{F_N}{A} = \frac{F\cos\alpha}{A}$$

弯矩引起的正应力

$$\sigma_M = \frac{M_{max}}{W_z} = \frac{Fl\sin\alpha}{W_z}$$

两种俱为正应力，可以叠加。

截面 O 的上、下边缘各点为危险点，且均处于单向应力状态。当发生弯、拉组合变形时，最大拉应力发生在 O 截面的上边缘；当发生弯、压组合变形时，最大压应力发生在 O 截面的下边缘。强度条件可写成统一的表达式为

$$\sigma_{max} = \frac{|M_{max}|}{W_z} + \frac{|F_N|}{A} \leqslant [\sigma]$$

斜弯曲的也可应用以上强度条件。

例 10-6　如图 10-17 所示，工字钢截面简支梁 $l = 4\,\mathrm{m}$，在中点受集中载荷 $F = 7\,\mathrm{kN}$，载荷 $\boldsymbol{F}$ 通过截面形心，与铅垂轴夹角 $\varphi = 20°$，若材料的 $[\sigma] = 160\,\mathrm{MPa}$，试选择工字钢的型号。

分析：根据梁的受力特点，可知其将发生斜弯曲变形。应先通过受力分析确定危险截面及危险点，再由相应公式选择截面。

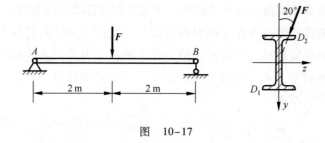

图 10-17

解： 因为其中中点截面上有最大弯矩值为

$$M_{max} = \frac{Fl}{4} = \frac{7 \times 4}{4}\,\text{kN} \cdot \text{m} = 7\,\text{kN} \cdot \text{m}$$

所以梁中间截面为危险截面，且其上 D_1、D_2 点为危险点，并分别有大小相等的最大拉、压应力。其强度条件

$$\sigma_{max} = \frac{M_y}{W_y} + \frac{M_z}{W_z} \leqslant [\sigma]$$

$$\sigma_{max} = \frac{M_y}{W_y} + \frac{M_z}{W_z} = M_{max}\left(\frac{\sin 20°}{W_y} + \frac{\cos 20°}{W_z}\right) \leqslant [\sigma]$$

所以

$$W_z \geqslant \frac{M_{max}}{[\sigma]}\left(\frac{W_z}{W_y}\sin 20° + \cos 20°\right)$$

因上式中 W_y、W_z 均为待定参数，所以需采用试算法，可先建设 $\frac{W_z}{W_y} = 10$ 试算，则

$$W_z \geqslant \frac{7 \times 10^3}{160 \times 10^6} \times (10\sin 20° + \cos 20°)\,\text{m}^3 = 190.8 \times 10^{-6}\,\text{m}^3$$

查表试选用 NO.18 工字钢，$W_z = 185\,\text{cm}^3$，$W_y = 26\,\text{cm}^3$，所以

$$\sigma_{max} = 7 \times 10^3 \left(\frac{\sin 20°}{26 \times 10^{-6}} + \frac{\cos 20°}{185 \times 10^{-6}}\right) \leqslant 127.6 \times 10^6\,\text{Pa} = 127.6\,\text{MPa} < 160\,\text{MPa}$$

从结果可以看出，虽然满足强度要求，但截面选择似乎过大。可用 NO.16 工字钢在试，其 $W_z = 141\,\text{cm}^3$，$W_y = 21.2\,\text{cm}^3$，所以

$$\sigma_{max} = 7 \times 10^3 \left(\frac{\sin 20°}{21.2 \times 10^{-6}} + \frac{\cos 20°}{141 \times 10^{-6}}\right) \leqslant 159.6 \times 10^6\,\text{Pa} = 159.6\,\text{MPa} < 160\,\text{MPa}$$

该值与材料的许用应力较为接近，且其 $\frac{W_z}{W_y} = \frac{141}{21.2} = 6.7 < 10$，所以选用 NO.16 工字钢较为合适。

另外若外力 F 与铅锤轴夹角 $\varphi = 0°$，则梁上最大正应力为

$$\sigma_{max} = \frac{M_{max}}{W_z} = \frac{7 \times 10^3}{141 \times 10^{-6}}\,\text{Pa} = 49.7\,\text{MPa}$$

可见，斜弯曲时的最大正应力为平面弯曲时的 3.2 倍之多。

2. 偏心拉伸（压缩）

杆件受到一与杆轴线平行但不重合的外力作用时，将会使杆产生偏心压缩或偏心拉伸

现象。例如图 10-1（a）所示的机床的立柱及图 10-1（c）所示的厂房立柱分别就为偏心拉伸和偏心压缩。

如图 10-18 所示偏心拉伸（压缩）的强度条件可表示为

$$\begin{matrix} \sigma_{t,\max} \\ \sigma_{c,\max} \end{matrix} = \left| -\frac{F}{A} \pm \frac{Fe_z \cdot z}{I_y} \pm \frac{Fe_y \cdot y}{I_z} \right| \leq \begin{matrix} [\sigma_t] \\ [\sigma_c] \end{matrix}$$

例 10-7　矩形截面短柱承受载荷 $P_1 = 25\ \text{kN}$，$P_2 = 5\ \text{kN}$，且 P_1 的偏心距 $e = 25\ \text{mm}$，柱高 $h = 600\ \text{mm}$，其他几何尺寸如图 10-19（a）所示，已知材料的许用拉应力 $[\sigma_t] = 10\ \text{MPa}$，许用压应力 $[\sigma_c] = 15\ \text{MPa}$，试校核短柱强度。

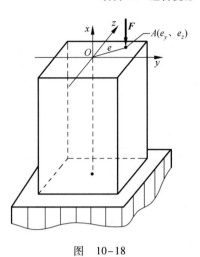

图　10-18

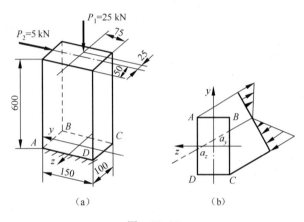

图　10-19

分析：由短柱的受力状态可知，其应为偏心压缩变形，且固定端截面为危险截面。

解：危险截面上的内力分量为

$$F_N = P_1 = 25\ \text{kN}(\text{压})$$

$$M_y = P_1 \times e = 25 \times 10^3 \times 25 \times 10^{-3}\ \text{N} \cdot \text{m} = 625\ \text{N} \cdot \text{m}$$

$$M_z = P_2 \times h = 5 \times 10^3 \times 600 \times 10^{-3}\ \text{N} \cdot \text{m} = 3\ 000\ \text{N} \cdot \text{m}$$

危险截面上 A、C 两点将分别产生最大拉应力和最大压应力，其大小可为

$$\sigma_A = -\frac{F}{A} + \frac{M_y}{W_y} + \frac{M_z}{W_z} = \left(-\frac{25 \times 10^3}{100 \times 150 \times 10^{-6}} + \frac{625 \times 6}{150 \times 100^2 \times 10^{-9}} + \frac{625 \times 6}{150 \times 100^2 \times 10^{-9}} \right)\ \text{Pa}$$

$$= 8.83\ \text{MPa} < [\sigma_t]$$

$$\sigma_C = \left| -\frac{F}{A} - \frac{M_y}{W_y} - \frac{M_z}{W_z} \right| = \left(\frac{25 \times 10^3}{100 \times 150 \times 10^{-6}} + \frac{625 \times 6}{150 \times 100^2 \times 10^{-9}} + \frac{625 \times 6}{150 \times 100^2 \times 10^{-9}} \right)\ \text{Pa}$$

$$= 12.17\ \text{MPa} < [\sigma_c]$$

所以短柱满足强度条件。

3. 弯扭组合变形

在基本变形中我们研究了圆轴受扭时的强度和刚度问题。而在工程实际中，杆件在受

到扭转变形的同时，往往还会受横力弯曲的作用。而当这种弯曲变形不能忽略时，杆件所发生的变形就应是扭转和弯曲共同作用的弯扭组合变形。如图 10-20 所示折杆在其自由端受一铅垂方向的集中力作用下，杆件 BC 段只发生横力弯曲变形，而 AB 段所发生的变形就为扭转和弯曲的组合变形。

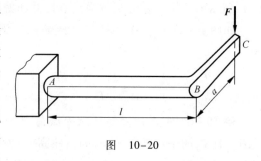

图　10-20

现以图 10-21（a）所示传动轴为例，来说明弯扭组合变形条件下构件的强度问题。设传动轴在传动轮上所受的水平方向的集中力 F 及工作阻力偶 M_e 作用下而处于平衡状态，且传动轮的半径为 R，构件的自重不计。为明确传动轴的基本变形形式，首先将力 F 向轴心简化，可得到一力 F 和附加力偶 M_e 的等效力系，如图 10-21（b）所示。由其受力简图可知传动轴应为弯扭组合变形。

根据轴的受力状态可分别作出其弯矩图和扭矩图（剪力忽略不计），如图 10-21（c）、（d）所示。可知轴的中间截面，即传动轮所在截面为危险截面，且其内力值，即弯矩 M 和扭矩 T 的大小分别为

$$M = \frac{Fl}{4}, \quad T = M_e = FR$$

图　10-21

由内力状态可作出危险截面上的应力分布图，如图 10-21（e）所示。可知危险截面上的最大弯曲拉、压正应力发生在水平直径的前、后两点，即 k、k'处；而最大扭转切应力发生在圆截面周边上的各点处。所以，综合以上情况可知 k、k'点应为危险截面上的危险点。该两点的应力状态如图 10-21（f）所示，均为平面应力状态。且危险点处的正应力和切应

力的大小分别为

$$\sigma_x = \frac{M}{W_y}, \quad \tau_x = \frac{T}{W_p} \tag{10-9}$$

对于许用拉、压应力相同的材料，这两点的危险程度是一样的。所以，可任取一点进行强度分析。现取 k 点进行强度计算，由于危险点的应力状态为复杂应力状态，故不能用建立基本变形强度条件的方法来解决其强度问题，而需要应用强度理论来解决。由主应力的计算公式可得危险点 k 的三个主应力为

$$\left.\begin{matrix}\sigma_1 \\ \sigma_3\end{matrix}\right\} = \frac{\sigma_x}{2} \pm \sqrt{\left(\frac{\sigma_x}{2}\right)^2 + \tau_x^2} = \frac{\sigma_x}{2} \pm \frac{1}{2}\sqrt{\sigma_x^2 + 4\tau_x^2}$$

$$\sigma_2 = 0$$

对于塑性材料而言，应采用第三或第四强度理论来进行强度计算。若采用第三强度理论，则其相当应力为

$$\sigma_{r3} = \sigma_1 - \sigma_3 = \sqrt{\sigma_x^2 + 4\tau_x^2}$$

所以其强度条件为

$$\sigma_{r3} = \sqrt{\sigma_x^2 + 4\tau_x^2} \leqslant [\sigma] \tag{10-10}$$

将式（10-9）代入式（10-10），并考虑到圆截面的惯性矩和极惯性矩的关系 $W_p = 2W_z$，则可得式（10-10）的另一表达式为

$$\sigma_{r3} = \sqrt{\left(\frac{M}{W_y}\right)^2 + 4\left(\frac{T}{W_p}\right)^2} = \frac{\sqrt{M^2 + T^2}}{W_y} \leqslant [\sigma] \tag{10-11}$$

同理，可得第四强度理论的强度条件为

$$\sigma_{r4} = \sqrt{\sigma_x^2 + 3\tau_x^2} \leqslant [\sigma] \tag{10-12}$$

或

$$\sigma_{r4} = = \frac{\sqrt{M^2 + 0.75T^2}}{W_y} \leqslant [\sigma] \tag{10-13}$$

所以，对于圆截面受弯扭组合变形的杆件，只要确定出其危险截面上的弯矩 M 和扭矩 T，即可由式（10-11）或式（10-13）进行强度计算。

另外，若圆轴受到拉（压）、弯、扭组合变形的作用，则危险点 k 的正应力将由拉伸（压缩）、弯曲变形共同产生，这时第三和第四强度理论的相当应力可表示为

$$\sigma_{r3} = \sqrt{\left(\frac{F}{A} + \frac{M}{W_y}\right)^2 + 4\left(\frac{T}{W_p}\right)^2} \tag{10-14}$$

$$\sigma_{r4} = \sqrt{\left(\frac{F}{A} + \frac{M}{W_y}\right)^2 + 3\left(\frac{T}{W_p}\right)^2} \tag{10-15}$$

应该指出，对于上述圆轴受弯扭组合变形的问题，我们是在假设圆轴处于静止平衡状态下而进行分析和讨论的。但实际上一般机械传动中的圆轴应处于均速转动状态，这时圆轴截面上的危险点应力处于周期性交替变化状态中，将这种状态下所产生的应力称为交变应力。而在交变应力状态下，构件往往是在最大应力远小于静载时的强度指标的情况下而发生突然的破坏。

例 10−8 水平薄壁圆管 AB，A 端固定支承，B 端与刚性臂 BC 垂直连接，且 $l = 800\,mm$，$a = 300\,mm$，如图 10-22 所示。圆管的平均直径 $D_0 = 40\,mm$，壁厚 $t = \dfrac{5}{\pi}\,mm$。材料许用应力 $[\sigma] = 100\,MPa$，若在 C 端作用铅垂载荷 $P = 200\,N$，试按第三强度理论校核圆管强度。

分析：应先经受力分析并作出杆的受力图，以确定其变形形式。

解：杆 AB 的受力简图如图 10-22（b）所示，可知其为弯扭组合变形。其 M、T 图如图 10-22（c）、（d）所示，可知其危险截面为固定端 A 截面，其上的内力为

$$M = Fl = 200 \times 800 \times 10^{-3}\,N \cdot m = 160\,N \cdot m$$

$$T = Fa = 200 \times 300 \times 10^{-3}\,N \cdot m = 60\,N \cdot m$$

且截面惯性矩为

$$I = \frac{I_p}{2} = \frac{1}{2} \times \pi D_0 t \left(\frac{D_0}{2}\right)^2 = \frac{\pi \times \dfrac{5}{\pi} \times 40^3 \times 10^{-12}}{8}\,m^4 = 4 \times 10^{-8}\,m^4$$

所以抗弯截面系数为

$$W = \frac{I}{(D_0 + t)/2} = \frac{4 \times 10^{-8} \times 2}{\left(40 + \dfrac{5}{\pi}\right) \times 10^{-3}}\,m^3 = 1.92 \times 10^{-6}\,m^3$$

由式（10−11）第三强度理论强度条件

$$\sigma_{r3} = \frac{\sqrt{M^2 + T^2}}{W_y} = \frac{\sqrt{160^2 + 60^2}}{1.92 \times 10^{-6}}\,Pa = 89\,MPa \leqslant [\sigma]$$

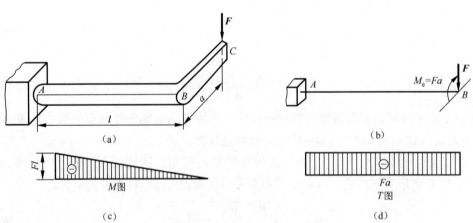

图 10−22

例 10−9 某精密磨床砂轮轴如图 10-23 所示，已知电动机功率 $P = 3\,kW$，$n = 1\,400\,r/min$，转子重力 $G_1 = 101\,N$，砂轮直径 $D = 25\,cm$，重力 $G_2 = 275\,N$，磨削力 $F_y/F_z = 3$，轴的直径 $d = 50\,mm$，材料的 $[\sigma] = 60\,MPa$，当砂轮机满负荷工作时，试校核轴的强度。

分析：应先经受力分析并作出杆的受力图，以确定其变形形式。

解：（1）受力分析。本题应先由已知条件求出砂轮轴所受所有外力，其所受的扭转力偶矩为

$$M_e = 9\,549 \times \frac{P}{n} = 9\,549 \times \frac{3}{1\,400} \text{N} \cdot \text{m} = 20.5 \text{N} \cdot \text{m}$$

磨削力为

$$F_z = \frac{M}{\dfrac{D}{2}} = \frac{20.5 \times 2}{25 \times 10^{-2}} \text{N} = 164 \text{N}$$

$$F_y = 3F_z = 492 \text{N}$$

根据砂轮轴的受力状态，可作出其受力简图如图 10-23（b）所示。

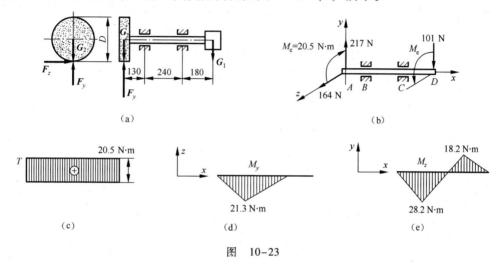

图　10-23

（2）内力分析。作出轴的扭矩 T、弯矩 M_y、M_z 图如图 10-23（c）、（d）、（e）所示。可知危险截面为截面 B，其内力分量即扭矩和弯矩值分别为

$$T = M_e = 20.5 \text{N} \cdot \text{m}$$

$$M = \sqrt{M_y^2 + M_z^2} = \sqrt{21.3^2 + 28.2^2} \text{N} \cdot \text{m} = 35.4 \text{N} \cdot \text{m}$$

但应注意，因为圆截面的任一直径都是形心主惯性轴，故可将弯矩 M_y、M_z 合成，先求出合成弯矩 M，再按 M 进行应力或强度计算。但若不是圆截面，则不可合成，而应按两相互垂直平面内平面弯曲的方法进行计算。

（3）强度校核。由第四强度理论得

$$\sigma_{r4} = \frac{\sqrt{M^2 + 0.75T^2}}{W_y} = \frac{\sqrt{34.5^2 + 0.75 \times 20.5^2}}{\dfrac{\pi}{32} \times (50 \times 10^{-3})^3} \text{Pa} = 3.23 \text{MPa} \leqslant [\sigma]$$

由上述计算可见，轴的强度是非常保守的。这是因为精密磨床的加工精度要求较高，轴的设计主要是根据轴的刚度来进行设计的。

🐘 拓展知识

莫尔的强度理论

莫尔（Mohr，1835 年—1918 年）是一位著名的德国土木工程师。他于 1868 年—1873

年在斯图加特工学院任工程力学教授。他在力学上的主要贡献为：最早注意到梁的变形方程与其内力的平衡方程对某种相似性，从而可以将求梁的挠度问题类比为求梁的弯矩问题，后人称之为虚梁法；为了简化计算平面上不同方向上的应力，引进利用它们满足一个圆的方程的性质的计算方法，后人称之为莫尔圆，出于它的几何意义直观，比较易于掌握，工程师们乐意使用。

莫尔最大的贡献是强度理论。在他之前，大多数工程师采用圣维南的最大应变强度理论。他发展了一个被后人称为的莫尔强度理论，结果与实验非常符合。他的理论利用了莫尔圆的结果。他认为：一切具有同样大小的法向应力的平面，其中最弱的一个平面，也就是最易发生破坏的平面，乃是具有最大剪应力的平面。这种情况下，只需讨论最大的一个圆，莫尔称它为主圆，并且建议像这样的圆必须根据每一种应力情况下被破坏的实验结果来作。如果有了这样的主圆，便可作这些圆的包络线，并可充分精确地确定对于没有实验资料的任何一种应力情况，其相应的主圆也将与此包络相接。

综合练习

1. 如图 10-24 所示为用 25b 工字钢制成的简支梁，钢的许用应力 $[\sigma]=160$ MPa，许用切应力 $[\tau]=100$ MPa。试对该梁作全面的强度校核。

2. 简易悬臂吊车如图 10-25 所示，起吊重力 $F=15$ kN，$\alpha=30°$，横梁 AB 为 NO.25a 工字钢，$[\sigma]=100$ MPa，试校核该梁的强度。

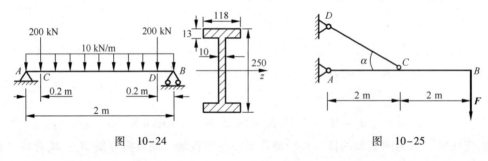

图 10-24 　　　　　　　　　　　　图 10-25

3. 夹具的受力和尺寸如图 10-26 所示。已知 $F=2$ kN，$e=60$ mm，$b=10$ mm，$h=22$ mm，材料的许用应力 $[\sigma]=170$ MPa。试校核夹具竖杆的强度。

4. 三角形构架 ABC 用于支承重物，如图 10-27 所示。构架中杆 AB 为钢杆，两端用销钉连接，构件 BC 为工字钢梁，在 B 处销接而在 C 处用四个螺栓连接。试问杆 AB 和构件 BC 将分别产生哪些变形？

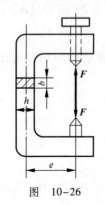

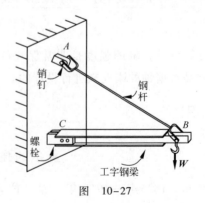

图 10-26 　　　　　　　　　　　图 10-27

5. 受拉钢板如图 10-28 所示。原宽度 $b = 80\,\text{mm}$，厚度 $t = 10\,\text{mm}$，上边缘有一切槽，深 $a = 10\,\text{mm}$，$P = 80\,\text{kN}$，钢板的许用应力 $[\sigma] = 140\,\text{MPa}$，试校核其强度。

6. 若在正方形横截面短柱的中间开一槽如图 10-29 所示，使横截面积减少为原截面积的一半。试问开槽后的最大正应力为不开槽时最大正应力的几倍？

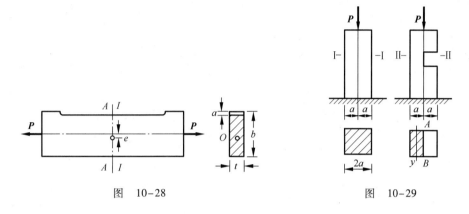

图 10-28   图 10-29

7. 如图 10-30 所示传动轴 AB 由电动机带动，轴长 $l = 1.2\,\text{m}$，在跨中间安装一胶带轮，重力 $G = 5\,\text{kN}$，半径 $R = 0.6\,\text{m}$，胶带紧边张力 $F_1 = 6\,\text{kN}$，松边张力 $F_2 = 3\,\text{kN}$。轴的直径 $d = 0.1\,\text{m}$，材料的许用应力为 $[\sigma] = 50\,\text{MPa}$。试按第三强度理论校核该轴的强度。

8. 如图 10-31 所示，已知一砖砌烟囱的高度 $h = 30\,\text{m}$，底截面 $m - m$ 的外径 $d_1 = 3\,\text{m}$，内径 $d_2 = 2\,\text{m}$，自重 $P_1 = 2\,000\,\text{kN}$，受 $q = 1\,\text{kN/m}$ 的风力作用，若将烟囱看作等截面杆，试求：（1）烟囱底截面上的最大压应力；（2）若烟囱的基础埋深 $h_0 = 4\,\text{m}$，基础及填土自重为 $P_2 = 1\,000\,\text{kN}$，土壤的许用压应力 $[\sigma] = 0.3\,\text{MPa}$，圆形基础的直径 D 应为多大？

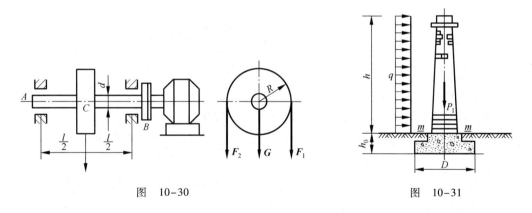

图 10-30   图 10-31

9. 如图 10-32 所示一钢制实心圆轴，轴上的齿轮 C 上作用有铅垂切向力 $F_{\tau 1} = 5\,\text{kN}$，径向力 $F_{r1} = 1.82\,\text{kN}$；齿轮 D 上作用有水平切向力 $F_{\tau 2} = 10\,\text{kN}$，径向力 $F_{r1} = 3.64\,\text{kN}$。齿轮 C、D 的节圆直径分别为 $d_C = 400\,\text{mm}$，$d_D = 200\,\text{mm}$。设许用应力 $[\sigma] = 100\,\text{MPa}$，试按第四强度理论求轴的直径。

10. 如图 10-33 所示传动轴传递功率 $P = 7\,\text{kW}$，转速 $n = 200\,\text{r/min}$，齿轮 A 上的作用力 F 与水平线夹角为 $20°$（即压力角）。皮带轮 B 上的拉力 F_{Q1} 和 F_{Q2} 为水平方向，且 $F_{Q1} = 2F_{Q2}$，若轴的许用应力 $[\sigma] = 80\,\text{MPa}$，试对下列两种情况下，按第三强度理论确定轴的直径。（1）忽略皮带轮自重；（2）考虑皮带轮自重 $W = 1.8\,\text{kN}$。

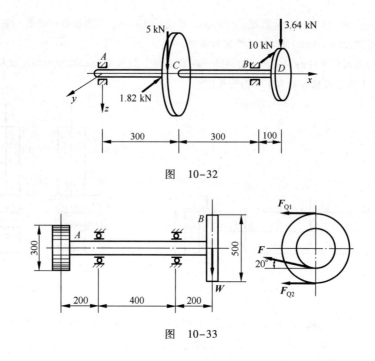

图　10-32

图　10-33

项 目 总 结

本项目首先简介了一点和平面的应力状态，明确了有关主平面、主应力和最大切应力等概念，为强度理论的理解奠定了基础。本项目重点是掌握应用强度理论解决简单组合变形的实际问题。

组合变形时的构件强度计算，是材料力学中具有广泛实用意义的问题。它的计算是以力作用的叠加原理为基本前提，即构件在全部载荷作用下所发生的应力和变形，等于构件在每一个载荷单独作用时所发生的应力或变形的总和。但在不符合力的独立性作用这个前提时，叠加原理是不能适用的，必须加以注意。

分析组合变形杆件强度问题的方法和步骤可归纳如下：

（1）分析作用在杆件上的外力，将外力分解成几种使杆件只产生单一的基本变形时受力情况。

（2）作出杆件在各种基本变形情况下的内力图，并确定危险截面及其上的内力值。

（3）通过对危险截面上的应力分布规律的分析，确定危险点的位置，并明确危险点的应力状态。

（4）若危险点为单向应力状态，则可按基本变形时的情况建立强度条件；若为复杂应力状态，则应由相应的强度理论进行强度计算。

项目 ⑪ 压杆的稳定性

项目引入

衡量构件承载能力的指标有强度、刚度、稳定性。关于杆件在各种基本变形以及常见的组合变形下的强度和刚度问题在前述各章节中已作了较详细的阐述，但均未涉及稳定性问题。事实上，杆件只有在受到压力作用时，才可能存在稳定性的问题。

在工程建设中，由于对压杆稳定问题没有引起足够的重视或设计不合理，曾发生了多起严重的工程事故。例如 1907 年，北美洲魁北克的圣劳伦斯河上一座跨度为 548 m 的钢桥正在修建时，由于两根压杆失去稳定，造成了全桥突然坍塌的严重事故。又如 19 世纪末，瑞士的一座铁桥，当一辆客车通过时，桥桁架中的压杆失稳，致使桥发生灾难性坍塌，大约有 200 人遇难。实际上，早在 1744 年，出生于瑞士的著名科学家欧拉就对理想压杆在弹性范围内的稳定性进行了研究，并导出了计算细长压杆临界压力的计算公式。但是，同其他科学问题一样，压杆稳定性的研究和发展与生产力发展的水平密切相关。欧拉公式面世后，在相当长的时间里之所以未被认识和重视，就是因为当时在工程与生活建造中实用的木桩、石柱都不是细长的。直到 1788 年熟铁轧制的型材开始生产，然后出现了钢结构。特别是 19 世纪，随着铁路金属桥梁的大量建造，细长压杆的大量出现，相关工程事故的不断发生，才引起人们对压杆稳定问题的重视，并进行了不断深入的研究。

目标要求

知识目标

- 理解压杆平衡稳定性的基本概念。
- 了解压杆的临界力的意义及其确定方法。
- 理解柔度的无力意义。
- 了解压杆的强度和稳定性之间的关系和欧拉公式的使用范围。
- 掌握简单压杆稳定校核的方法。

能力目标

- 应用压杆稳定的知识对工程实际问题提出有效建议。

任务　压杆的稳定性

 任务目标

解决压杆稳定问题的关键是理解压杆稳定的概念，确定压杆稳定的类型及失稳时的临界压力、临界应力的计算，根据压杆稳定的设计条件校核、设计及确定许可载荷。

基础知识

一、压杆稳定的概念

对细长压杆而言，使其失去承载能力的主要原因并不是强度问题，而是稳定性问题。以图 11-1（a）所示两端铰支受轴向压力的匀质细长直杆为例来说明关于稳定性的基本概念。当杆件受到一逐渐增加的轴向压力 F 作用时，其始终可以保持为直线平衡状态。但当同时受到一水平方向干扰力 Q 干扰时，压杆会产生微弯［如图 11-1（a）中虚线所示］，而当干扰力消失后，其会出现如下三种情况：

（1）当轴向压力 F 小于某一极限值 F_{cr} 时，压杆将复原为直线平衡。这种当去除横向干扰力 Q 后，能够恢复为原有直线平衡状态的平衡称为稳定平衡状态，如图 11-1（b）所示。

（2）当轴向压力 F 大于极限值 F_{cr} 时，虽已去除横向干扰力 Q，但压杆不能恢复为原有直线平衡状态而呈弯曲状态，若横截面上的弯矩值不断增加，压杆的弯曲变形亦随之增大，或由于弯曲变形过大而屈曲毁坏。将这种原有的直线平衡状态称为不稳定平衡状态，如图 11-1（c）所示。

（3）当轴向压力 F 等于极限值 F_{cr} 时，压杆虽不能恢复为原有直线平衡状态但可保持微弯状态。将这种由稳定平衡状态过渡到不稳定平衡状态的直线平衡，称之为临界平衡状态，如图 11-1（d）所示。而此时的临界值 F_{cr} 称为压杆的临界力。将压杆丧失其直线平衡状态而过渡为曲线平衡，并失去承载能力的现象称为丧失稳定，或简称为失稳。

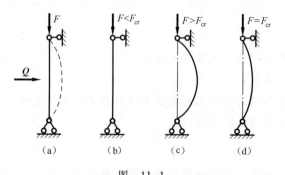

图　11-1

以上所述，"材料均匀、轴线为直线、压力作用线通过轴线"的等直压杆又称为理想的"中心受压直杆"。而实际的压杆由于材料的不均匀、初曲率或加载的微小偏心等因素的影响，均可引起压杆变弯。所以，实际压杆会在达到理想压杆临界压力之前就突然变弯而失去承载能力。故实际压杆的轴向压力极限值一定低于理想压杆的临界压力 F_{cr}。但为了便于研究，本项目主要以理想中心受压直杆为研究对象，来讨论压杆的稳定性问题。

综上可知，压杆是否具有稳定性，主要取决于其所受的轴向压力。即研究压杆的稳定性的关键是确定其临界力 F_{cr} 的大小。当 $F < F_{cr}$ 时，压杆处于稳定平衡状态；当 $F > F_{cr}$ 时，则处于不稳定平衡状态。

二、不同约束条件压杆的欧拉公式

杆件受到轴向压力作用而发生微小弯曲时，其挠曲线的形式将与杆端的约束情况有直接的关系，这说明在其他条件相同的情况下，压杆两端的约束不同，其临界压力也不同。式（11-1）为两端铰支等截面理想细长压杆的临界压力计算公式，由于此式最早由欧拉导出，故又称为欧拉公式，即

$$F_{cr} = \frac{\pi^2 EI}{l^2} \tag{11-1}$$

其他几种不同支撑形式的细长压杆（均为等截面压杆）的临界力公式如表 11-1 所示。从表中看到，各临界力公式中，只是分母中 l 前的系数不同，因此，细长杆在不同支撑下的临界力公式可写成式（11-2）的统一形式

$$F_{cr} = \frac{\pi^2 EI}{(\mu l)^2} = \frac{\pi^2 EI}{l_0^2} \tag{11-2}$$

式中　l_0——计算长度；

　　　μ——长度系数。

压杆不同支撑下的计算长度及长度系数如表 11-1 所示。

表 11-1　各种支承约束条件下等截面细长压杆临界压力的欧拉公式

支撑情况	两端铰支	一端固定另端铰支	两端固定	一端固定另端自由	两端固定但可沿横向方向相对移动
临界状态时挠曲线形状					
临界力公式	$F_{cr} = \dfrac{\pi^2 EI}{l^2}$	$F_{cr} = \dfrac{\pi^2 EI}{(0.7l)^2}$	$F_{cr} = \dfrac{\pi^2 EI}{(0.5l)^2}$	$F_{cr} = \dfrac{\pi^2 EI}{(2l)^2}$	$F_{cr} = \dfrac{\pi^2 EI}{l^2}$
计算长度	$l_0 = l$	$l_0 = 0.7l$	$l_0 = 0.5l$	$l_0 = 2l$	$l_0 = l$
长度系数	$\mu = 1$	$\mu = 0.7$	$\mu = 0.5$	$\mu = 2$	$\mu = 1$

例 11-1　一端固定，另一端铰支（球铰）的细长压杆如图 11-2 所示，该杆是由 NO.14 工字钢制成，已知钢材的弹性模量 $E = 2 \times 10^5$ MPa，材料的屈服极限 $\sigma_s = 240$ MPa，杆长 $l = 4$ m。求：（1）求该杆的临界力；（2）从强度方面计算该杆的屈服载荷 F_s，并将 F_{cr} 与 F_s 进行比较。

解：（1）计算临界力。对 NO.14 工字钢，由附录 1 查得

$$I_y = 712 \text{ cm}^4 = 712 \times 10^{-8} \text{ m}^4$$

$$I_z = 64.4 \text{ cm}^4 = 64.4 \times 10^{-8} \text{ m}^4$$

$$A = 21.5 \text{ cm}^2 = 21.5 \times 10^{-4} \text{ m}^2$$

压杆在刚度最小的平面内失稳，所以 $F_{cr} = \dfrac{\pi^2 EI}{(\mu L)^2}$ 中，$I = I_{min} = I_z$，该杆的临界力为

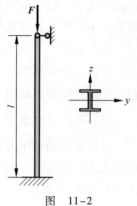

图　11-2

$$F_{cr} = \frac{\pi^2 EI_z}{(\mu L)^2} = \frac{\pi^2 \times 2 \times 10^5 \times 10^6 \times 64.4 \times 10^{-8}}{(0.7 \times 4)^2} \text{ N} = 162 \text{ N}$$

（2）计算屈服载荷 F_s

$$F_s = \sigma_s \cdot A = 240 \times 10^6 \times 21.5 \times 10^{-4} \text{ N} = 516 \text{ kN}$$

F_{cr} 与 F_s 的比值为

$$F_{cr} : F_s = 162 : 516 = 1 : 3.19$$

由此看到，对图 11-2 所示的压杆来说，其临界力 F_{cr} 比屈服载荷 F_s 小很多，若忽视了稳定问题，将是十分危险的。

三、临界应力与欧拉公式的应用范围

1. 临界应力

在研究理想直杆受到压力作用的强度问题时，我们是通过应力进行相关计算的。为了对压杆的工程实际问题进行系统的分析研究，将引入临界应力的概念。所谓临界应力就是在临界压力的作用下，压杆横截面上的平均正应力。若假设压杆的横截面面积为 A，则其临界应力为

$$\sigma_{cr} = \frac{F_{cr}}{A} = \frac{\pi^2 EI}{(\mu l)^2 A}$$

式中，$I/A = i^2$，即 $i = \sqrt{I/A}$ 为压杆横截面的惯性半径，则临界应力公式为

$$\sigma_{cr} = \frac{\pi^2 E}{(\mu l/i)^2}$$

引入参数 λ，$\lambda = \dfrac{\mu l}{i}$ 可知

$$\sigma_{cr} = \frac{\pi^2 E}{\lambda^2} \tag{11-3}$$

式（11-3）即为计算细长压杆临界应力的欧拉公式。式中，λ 称为压杆的柔度或长细比，其为无量纲的量。它反映了压杆长度、支承情况以及横截面形状和尺寸等因素对临界应力的综合影响。由公式（11-3）可以看出，压杆的临界应力与其柔度的平方成反比，压杆的柔度值越大，其临界应力越小，压杆越容易失稳。可见，柔度 λ 在压杆稳定计算中是一个非常重要的参数。

2. 欧拉公式的应用范围

（1）细长杆。对于受压杆件而言，在什么条件下需要以强度为原则进行分析，而什么情况下又需考虑其稳定性呢？欧拉公式的应用也有其适用的范围，即其临界应力不能超过材料的比例极限，故

$$\sigma_{cr} = \frac{\pi^2 E}{\lambda^2} \leqslant \sigma_p$$

可得

$$\lambda \geqslant \sqrt{\frac{\pi^2 E}{\sigma_p}}$$

上式中比例极限 σ_p 及弹性模量 E 均是只与材料有关的参量，可令

$$\lambda_p = \sqrt{\frac{\pi^2 E}{\sigma_p}} \tag{11-4}$$

则

$$\lambda \geqslant \lambda_p \tag{11-5}$$

式（11-5）即为欧拉公式的适用范围。也就是说，只有当压杆的实际柔度 λ 大于或等于与材料的比例极限 σ_p 所对应的柔度值 λ_p 时，欧拉公式才适用。

λ_p 仅仅与材料的力学性能有关，不同的材料有不同的 λ_p 值。以 Q235 低碳钢为例，$\sigma_p = 200\ \text{MPa}$，$E = 206\ \text{GPa}$ 代入式（11-4）得

$$\lambda_p = \sqrt{\frac{\pi^2 E}{\sigma_p}} = \sqrt{\frac{\pi^2 \times 206 \times 10^9}{200 \times 10^6}} \approx 100$$

这表明用 Q23 钢制成的压杆，只有当其柔度 $\lambda \geqslant 100$ 时，才能应用欧拉式（11-1）、式（11-3）计算其临界力、临界应力。将 $\lambda \geqslant \lambda_p$ 的压杆称为大柔度杆（slender column）或长细杆，前面所提到的细长压杆均为这类压杆。

当压杆的柔度值 $\lambda < \lambda_p$ 时，说明压杆横截面上的应力已超过了材料的比例极限 σ_p，这时欧拉公式已不适用。在这种情况下，压杆的临界应力在工程计算中常采用建立在实验基础上的经验公式来计算，其中有在机械工程中常用的直线型经验公式和在钢结构中常用的抛物线型经验公式。

（2）非细长杆的直线型经验公式的表达式为

$$\sigma_{cr} = a - b\lambda \tag{11-6}$$

式（11-6）表明，压杆的临界应力与其柔度成线性关系。式中，a、b 为与材料性质有关的常数，其单位为 MPa。表 11-2 中给出了几种常见材料的 a、b 值，供查用。

表 11-2 几种常见材料的直线公式系数 a、b 及柔度 λ_p、λ_s

材　　料	a/MPa	b/MPa	λ_p	λ_s
Q235 钢	304	1.12	100	61.4
优质碳钢 $\sigma_s = 306\ \text{MPa}$	460	2.57	100	60
硅钢 $\sigma_s = 353\ \text{MPa}$	577	3.74	100	60

续表

材　料	a/MPa	b/MPa	λ_p	λ_s
铬钼钢	980	5.3	55	40
硬铝	372	2.14	50	—
铸铁	332	1.45	80	—
木材	39	0.2	50	—

我们知道，压杆的柔度越小，其临界应力就越大。以由塑性材料制成的压杆为例，当其临界应力达到材料的屈服极限时，其已属于强度问题了。所以，直线经验公式也有一个适用范围，即由经验公式算出的临界应力，不能超过压杆材料的压缩屈服极限应力。即

$$\sigma_{cr} = a - b\lambda < \sigma_s$$

由上式可得

$$\lambda > \frac{a - \sigma_s}{b}$$

式中，a、b、σ_s 均为只与材料力学性能有关的常数，可令

$$\lambda_s = \frac{a - \sigma_s}{b} \qquad (11-7)$$

即

$$\lambda \geq \lambda_s \qquad (11-8)$$

式中，λ_s 是对应于材料屈服极限 σ_s 时的柔度值。例如 Q235 钢的屈服极限 $\sigma_s = 235\ MPa$，常数 $a = 304\ MPa$，$b = 1.12\ MPa$，则

$$\lambda_s = \frac{a - \sigma_s}{b} = \frac{304 - 235}{1.12} \approx 60$$

可见，当压杆的实际柔度 $\lambda > \lambda_s$ 与 $\lambda < \lambda_p$ 时，才能用直线经验公式（11-6）计算其临界应力，故直线经验公式的适用范围为 $\lambda_s < \lambda < \lambda_p$。

当压杆柔度值 $\lambda \leq \lambda_s$ 时，其临界应力将达到或超过材料的屈服极限，其已属于强度问题，而不会出现失稳现象。若将这类压杆也按稳定形式处理，则材料的临界应力 σ_{cr} 可表示为

$$\sigma_{cr} = \sigma_s$$

综上所述，在计算压杆的临界应力时应根据其柔度值来选择相应的计算公式。如由塑性材料制成的压杆的临界应力与其柔度的关系曲线及相应的计算公式可用图 11-3 来表示，称其为临界应力总图。由图知，可将压杆分为三大类。

① 当 $\lambda \geq \lambda_p$ 时，称为细长杆或大柔度杆；可用欧拉公式（11-3）计算其临界应力。

② 当 $\lambda_s < \lambda < \lambda_p$ 时，称为中长杆或中柔度杆；可用

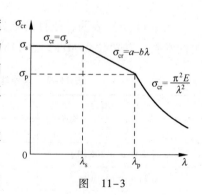

图　11-3

直线经验公式（11-6）计算其临界应力。

③ 当 $\lambda \leqslant \lambda_s$ 时，称为短粗杆或小柔度杆；其临界应力就为材料的屈服极限，属强度问题。

例 11-2　一两端铰支的空心圆管，其外径 $D = 60\ \text{mm}$，内径 $d = 45\ \text{mm}$，材料的 $\lambda_p = 120$，$\lambda_s = 70$，其直线经验公式为 $\sigma_{cr} = 304 - 1.12\lambda$，试求：（1）应用欧拉公式计算该压杆临界应力的最小长度 $l_{\min}$；（2）当压杆长度为 $\dfrac{3}{4} l_{\min}$ 时，其临界应力的值。

分析：应用欧拉公式的条件是压杆必须为大柔度杆，所以根据 $\lambda \geqslant \lambda_p$ 条件即可确定 $l_{\min}$。

解：（1）由 $\lambda = \dfrac{\mu l}{i}$ 得

$$i = \sqrt{\frac{I}{A}} = \frac{1}{4} \sqrt{D^2 + d^2} = \frac{1}{4} \sqrt{60^2 + 45^2} = \frac{75}{4}$$

由欧拉公式的应用条件 $\lambda = \dfrac{\mu l}{i} \geqslant \lambda_p = 120$，且由两端铰支可知长度系数 $\mu = 1$，则

$$l \geqslant \frac{\lambda_p i}{\mu} = \frac{120 \times 75}{1 \times 4} = 2\,250\ \text{mm} = 2.25\ \text{m}$$

所以压杆的最小长度为

$$l_{\min} = 2.25\ \text{m}$$

（2）当压杆长度 $l = \dfrac{3}{4} l_{\min}$ 时，其柔度值为

$$\lambda = \frac{\mu l}{i} = \frac{3}{4} \lambda_p = 90$$

因为

$$\lambda_s < \lambda < \lambda_p$$

所以压杆为中长杆，应用直线经验公式 $\sigma_{cr} = 304 - 1.12\lambda$ 可得

$$\sigma_{cr} = (304 - 1.12 \times 90)\ \text{MPa} = 203.2\ \text{MPa}$$

四、压杆的稳定校核

压杆的临界应力就是压杆具有稳定性的极限应力。但由于压杆初曲率、压力的偏心、材料的不均匀以及支座的缺陷等因素对临界压力的影响非常大，所以，需将由欧拉公式或经验公式计算出的临界应力 σ_{cr} 除以一个大于 1 的稳定安全系数 n_{st}，可得压杆的稳定许用应力

$$[\sigma_{cr}] = \frac{\sigma_{cr}}{n_{st}}$$

将 $[\sigma_{cr}]$ 作为压杆具有稳定性的极限应力，则可得压杆的稳定条件为

$$\sigma = \frac{F_N}{A} \leqslant [\sigma_{cr}]$$

或以载荷表示为

$$F \leqslant \frac{F_{cr}}{n_{st}} = [F_{cr}]$$

在应用时，也可将上述稳定条件表示为安全系数法：

$$n_w = \frac{\sigma_{cr}}{\sigma} \geq n_{st}$$

或

$$n_w = \frac{F_{cr}}{F_{st}} \geq n_{st}$$

式中 n_w 为实际稳定安全系数，n_{st} 为给定的稳定安全系数。

应指出，压杆的稳定性是对其整体而言的，故当其截面有局部削弱（例如开孔、开槽）时，可不考虑其对稳定性的影响。但对削弱的截面需作强度校核。

在钢结构中，常用折减系数法对压杆稳定性进行计算，即

$$\sigma = \frac{F_N}{A} \leq \varphi [\sigma]$$

式中，φ 为折减系数，它是压杆稳定许用应力 $[\sigma_{cr}]$ 与材料的强度许用应力 $[\sigma]$ 的比值，φ 实际是压杆柔度 λ 的函数，对应不同 λ 的 φ 值可由钢结构的相关资料中查得。

例 11-3 如图 11-4（a）所示一两端固定的压杆长 $l = 7$ m，其横截面由两个 10 号槽钢组成，已知材料的 $E = 200$ GPa，$\lambda_p = 123$，且材料的经验公式为 $\sigma_{cr} = 235 - 0.00666\lambda^2$（抛物线型经验公式），规定稳定安全系 $n_{st} = 3$。试求当两个槽钢靠紧 [见图 11-4（b）] 和离开相距 $a = 40$ mm 放置 [见图 11-4（c）] 时，钢杆的许可载荷 F。

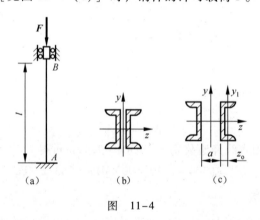

图 11-4

分析：压杆的许可载荷取决于杆件的临界力。所以，应先求出压杆的柔度值并选择相应的临界应力计算公式即可求解。

解： 由型钢表可知 10 号槽钢的参数：$A = 12.74$ cm^2，$I_z = 198.3$ cm^4，$I_{y_1} = 25.6$ cm^4，$z_o = 1.52$ cm。

（1）当截面为图 11-4（b）所示两槽钢紧靠放置时，可知

$$A_1 = 2A = 2 \times 12.74 \text{ cm}^2 = 25.48 \text{ cm}^2$$

$$I_{min} = I_y = 2(I_{y_1} + z_o^2 \cdot A) = 2(25.6 + 1.52^2 \times 12.74) \text{ cm}^4 = 110 \text{ cm}^4$$

所以截面的最小惯性半径为

$$i_{min} = i_y = \sqrt{\frac{I_y}{A_1}} = \sqrt{\frac{110}{25.48}} \text{ cm} = 2.08 \text{ cm}$$

可知压杆为大柔度杆，可用欧拉公式计算其临界应力：

$$\sigma_{cr} = \frac{\pi^2 E}{\lambda_y^2} = \frac{\pi^2 \times 200 \times 10^9}{168^2} \text{Pa} = 69.9 \text{ MPa}$$

则

$$F_{cr} = \sigma_{cr} \cdot A = 69.9 \times 10^6 \times 25.48 \times 10^{-4} \text{ N} = 178.1 \text{ kN}$$

可得许可载荷为

$$F_1 < F_{cr} = \frac{F_{cr}}{n_{st}} = \frac{178.1}{3} \text{ kN} = 59.4 \text{ kN}$$

（2）当截面为图 11-4（c）所示两槽钢离开一定距离放置时，需计算两个方向的惯性矩并以此判断压杆可能失稳的方向。

$$I_z = 2 \times 198.3 \text{ cm}^4 = 396.6 \text{ cm}^4$$

$$I_y = 2\left[I_{y_1} + \left(\frac{a}{2} + z_o\right)^2 \cdot A\right] = 2 \times \left[25.6 + \left(\frac{4}{2} + 1.52\right)^2 \times 12.74\right] \text{ cm}^4 = 366.9 \text{ cm}^4$$

因为 $I_y < I_z$，且在两方向的长度系数均为 $\mu = 0.5$，所以压杆应首先绕 y 轴失稳。

$$i_y = \sqrt{\frac{I_y}{A_1}} = \sqrt{\frac{366.9}{25.48}} \text{ cm} = 3.8 \text{ cm}$$

$$\lambda_y = \frac{\mu l}{i_y} = \frac{0.5 \times 7}{3.8 \times 10^{-2}} = 92.1 < \lambda_p$$

压杆为非细长杆，临界应力可由经验公式计算：

$$\sigma_{cr} = 235 - 0.00666\lambda^2 = (235 - 0.00666 \times 92.1^2) \text{ MPa} = 178.5 \text{ MPa}$$

$$F_{cr} = \sigma_{cr} \cdot A = 178.5 \times 10^6 \times 25.48 \times 10^{-4} \text{ N} = 454.8 \text{ kN}$$

可得许可载荷为

$$F_1 < F_{cr} = \frac{F_{cr}}{n_{st}} = \frac{454.8}{3} \text{ kN} = 151.6 \text{ kN}$$

比较以上两种情况可知，将两槽钢离开一定距离的截面形式可使压杆的稳定性明显增强，承载能力大大提高。在条件许可的情况下，最好能使 $I_y = I_z$，以便使压杆在两个方向有相等的抵抗失稳的能力。这也是设计压杆的合理截面形状的基本原则。

五、提高压杆稳定性的措施

1. 合理选用材料

对于大柔度压杆，其临界应力 σ_{cr} 与材料的弹性模量 E 成正比，所以选用 E 值大的材料可提高压杆的稳定性。但在工程实际中，一般压杆均是由钢材制成的，由于各种类型的钢材的弹性模量 E 值均为 $200 \sim 240$ GPa，差别不是很大。故用高强度钢代替普通钢做成压杆，对提高其稳定性意义不大。而对于中、小柔度杆，由经验公式可知，其临界应力与材料强度有关，所以选用高强度钢将有利于压杆的稳定性。

2. 减小压杆的柔度

由临界应力公式可知，压杆的柔度越小，其临界应力越大。所以，减小柔度是提高压杆稳定性的主要途径。对于减小压杆柔度可从以下三方面考虑：

（1）选择合理的截面形状，增大截面的惯性矩。在压杆横截面面积 A 一定时，应尽可能使材料远离截面形心，使其惯性矩 I 增大。当面积相同时，空心圆截面要比实心圆合理；分散布置形式的组合截面要比集中布置形式的组合截面合理。另外，在以上述原则选择截面的同时，还应考虑到压杆在各纵向平面内应具有相同的稳定性，即应使压杆在各纵向平面内具有相同的柔度值。若杆端在各个弯曲平面内的约束性质相同（例如球形铰支承），则应使截面各方向的惯性矩相同；若约束性质不同（例如柱形铰支承），则应使压杆在不同方向的柔度值尽量相等。

（2）减小压杆的长度。在条件许可的情况下，可通过增加中间约束等方法来减小压杆的计算长度，这样可使压杆的柔度值明显减小，以达到提高压杆稳定性的目的。这也是提高稳定性的最有效的方法之一。

（3）改变压杆支撑。由表 11-1 可知，杆端约束刚性越强，压杆的长度系数越小，则其临界应力越大。所以，通过增加杆端支承刚性，亦可提高压杆的稳定性。

拓展知识

压杆与工程结构破坏事件

19 世纪的最后 25 年，欧美发生过一系列铁路和公路桥梁以及杆系结构的破坏事件，有不少是由于压杆失稳造成的。其中，首推美国四横跨阿什特比拉河上同名桥的破坏。

1876 年 12 月 29 日晚 8 时许，一列由两辆机车和 11 节车厢组成的快车在这座桥上通过。漫天大雪使列车只能以 $16 \sim 19\,km/h$ 的特慢速度行驶。当第一辆机车行驶至离对岸不到 15 m 时，司机感到列车在向后拽。于是他给足了汽，猛地开上桥墩，走了 45 m 停下来。回头一看，什么都不见了。由于大桥断裂，后面的列车从 21 m 高坠入河中，列车因锅炉失火而烧毁。158 名乘客中有 92 人遇难。

该桥系双轨路面、跨长 37 m 的全金属格架式单跨铁路桥，建于 1805 年。经调查，破坏原因是多方面的。比如，建好后草草验收，施工时出现多处差错，结构设计也不合理等等。但直接原因是压杆失稳造成的。由现在分析可知，其斜撑杆最大工作压应力 $[\sigma] = 41.2\,MPa$。此杆长细比为

$$\lambda = \frac{l}{i_{min}} = \frac{671}{2.09} = 321$$

按当时美国的计划规范规定，临界应力应为 76.9 MPa，这相当于安全系数为 1.87，结论自然是结构安全。

按 1898 年雅辛斯基的经验表格，可查处临界应力为 30.9 MPa，显然，结构并不安全。实际上压杆属细长杆，要按欧拉公式计算临界应力：

$$\sigma_{cr} = \frac{\pi^2 E}{\lambda^2} = \frac{\pi^2 \times 200 \times 10^9}{321^2}\,Pa = 19.2\,MPa$$

可见斜压杆失稳是必然的事情。然而，这一座桥居然工作了 11 年，不能不令人惊奇。

另一则事故是瑞士明汉斯太因村铁路桥的破坏。1891 年 5 月 14 日，一座架设在莱茵河支流比尔斯河上的单轨铁桥坠毁。在有 12 节车厢的旅客列车上，74 人蒙难，200 人受伤。

该桥位于瑞士通往巴黎的主干线上，离巴塞尔城东 4.4 km，距明汉斯太因车站400 m。

它是由法国著名设计师和建筑师埃菲尔设计并建造的。这是一座长 42 m、高 5 m、宽416 m 的单跨桥,采用埃菲尔式桁架。投入使用期间因各种灾害多次维修过。事故发生前不久,考虑机车和列车重量增加,提出重新分析该桥的强度。通过实验表明,桥梁桁架可承受一般载荷,经核算构件的应力不超过 66.3 MPa,且载荷也未超出原设计规定的技术文件。为保险起见,还是对该桥做了局部加强。

桥的破坏发生在白天。由巴塞尔开过来的列车,由于爬坡车速只有 25 km/h。目击者说,仅当第一个车头开到桥中央或稍过一点点时,车头连车厢就冲向河里了。

瑞士政府责成结构力学教授里特尔和实验专家泰特马耶尔两人分析事故原因。与此同时,恩盖塞教授对该桥也进行了独自的分析。当载荷位于桥跨中央时桁架中间斜杆的压应力为最大,他们一致的意见是,此杆的安全系数低于 1(工作压应力为 66.3 MPa,由欧拉公式算出临界应力为 52 MPa)。

这一实例说明,在结构设计中缺乏全面的稳定性分析,其后果多么严重。同时这类事故的发生也促进人们深入研究它,制服它。

综合练习

1. 图 11-5 所示为材料相同、直径相等的细长杆。(1)哪一根能承受的压力最大?哪一根能承受的压力最小?(2)如 $E = 200\,\text{GPa}$,$d = 160\,\text{mm}$,试求各杆临界力。

2. 图 11-6 所示托架中的 AB 杆,直径 $d = 40\,\text{mm}$,长度 $l = 800\,\text{mm}$,两端可视为铰支,材料为 Q235 钢。求:(1)托架的临界载荷;(2)若已知工作载荷 $F = 70\,\text{kN}$,并要求 AB 杆的稳定安全因数为 2,那么此托架是否安全?

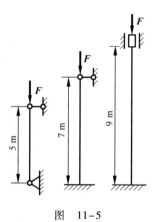

图　11-5

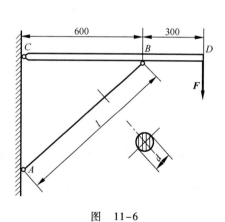

图　11-6

3. 移动式起重机的起重臂 AB,B 端用钢丝绳 BC、BD 系于机架两侧,如图 11-7 所示。AB 臂由 Q235 钢管制成,外径 $D = 100\,\text{mm}$,内径 $d = 70\,\text{mm}$,长度 $l = 5\,\text{m}$,若稳定安全系数为 4,试求起重臂的许可压力。

4. 试求图 11-8 所示千斤顶丝杠的工作安全因数。已知其最大承载力 $F = 150\,\text{kN}$,有效直径 $d_1 = 52\,\text{mm}$,长度 $l = 0.5\,\text{m}$,材料 Q235 钢,丝杠可视为下端固定,上端自由。

5. 如图 11-9 所示,连杆两端为柱销连接,两销孔间距 $l = 3.2\,\text{m}$,横截面积 $A = 40\,\text{cm}^2$,惯性矩 $I_y = 120\,\text{cm}^4$,$I_z = 800\,\text{cm}^4$,连杆材料为 A3 钢,$E = 206\,\text{GPa}$,轴向压力 $P = 300\,\text{kN}$。若规定稳定安全系数 $n_w = 2$,试校核连杆的稳定性。

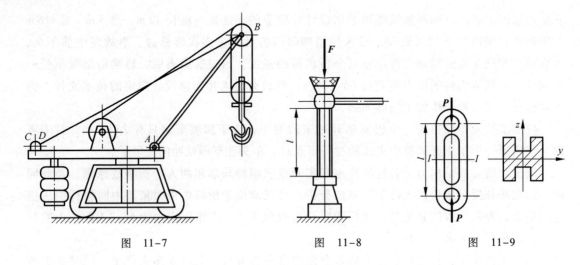

图 11-7   图 11-8   图 11-9

项 目 总 结

在工程实际中，受压杆件应综合考虑两方面的问题，即强度问题和稳定性问题。本项目主要研究了压杆稳定的基本概念、不同柔度的压杆的临界压力及临界应力计算方法以及其稳定性校核。主要应了解压杆稳定的概念，掌握使用欧拉公式解决实际简单压杆问题，掌握提高压杆稳定性的方法。

附 录

附录1 热轧型钢规格表（新国家标准）
（GB/T 706—2008）

附表1-1 工字钢截面尺寸、截面面积、理论重量及截面特性

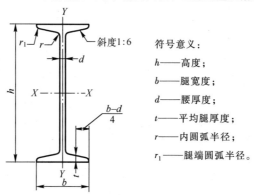

符号意义：

h——高度；

b——腿宽度；

d——腰厚度；

t——平均腿厚度；

r——内圆弧半径；

r_1——腿端圆弧半径。

型号	截面尺寸/mm						截面面积/cm²	理论重量/(kg/m)	惯性矩/cm⁴		惯性半径/cm		截面模数/cm³	
	h	b	d	t	r	r_1			I_x	I_y	i_x	i_y	W_x	W_y
10	100	68	4.5	7.6	6.5	3.3	14.345	11.261	245	33.0	4.14	1.52	49.0	9.72
12	120	74	5.0	8.4	7.0	3.5	17.818	13.987	436	46.9	4.95	1.62	72.7	12.7
12.6	126	74	5.0	8.4	7.0	3.5	18.118	14.223	488	46.9	5.20	1.61	77.5	12.7
14	140	80	5.5	9.1	7.5	3.8	21.516	16.890	712	64.4	5.76	1.73	102	16.1
16	160	88	6.0	9.9	8.0	4.0	26.131	20.513	1 130	93.1	6.58	1.89	141	21.2
18	180	94	6.5	10.7	8.5	4.3	30.756	24.143	1 660	122	7.36	2.00	185	26.0
20a	200	100	7.0	11.4	9.0	4.5	35.578	27.929	2 370	158	8.15	2.12	237	31.5
20b	200	102	9.0	11.4	9.0	4.5	39.578	31.069	2 500	169	7.96	2.06	250	33.1
22a	220	110	7.5	12.3	9.5	4.8	42.128	33.070	3 400	225	8.99	2.31	309	40.9
22b	220	112	9.5	12.3	9.5	4.8	46.528	36.524	3 570	239	8.78	2.27	325	42.7
24a	240	116	8.0	13.0	10.0	5.0	47.741	37.477	4 570	280	9.77	2.42	381	48.4
24b	240	118	10.0	13.0	10.0	5.0	52.541	41.245	4 800	297	9.57	2.38	400	50.4
25a	250	116	8.0	13.0	10.0	5.0	48.541	38.105	5 020	280	10.2	2.40	402	48.3
25b	250	118	10.0	13.0	10.0	5.0	53.541	42.030	5 280	309	9.94	2.40	423	52.4

型号	截面尺寸/mm						截面面积/cm²	理论重量/(kg/m)	惯性矩/cm⁴		惯性半径/cm		截面模数/cm³	
	h	b	d	t	r	r_1			I_x	I_y	i_x	i_y	W_x	W_y
27a	270	122	8.5	13.7	10.5	5.3	54.554	42.825	6 550	345	10.9	2.51	485	56.6
27b		124	10.5				59.954	47.064	6 870	366	10.7	2.47	509	58.9
28a	280	122	8.5	13.7	10.5	5.3	55.404	43.492	7 110	345	11.3	2.50	508	56.6
28b		124	10.5				61.004	47.888	7 480	379	11.1	2.49	534	61.2
30a	300	126	9.0	14.4	11.0	5.5	61.254	48.084	8 950	400	12.1	2.55	597	63.5
30b		128	11.0				67.254	52.794	9 400	422	11.8	2.50	627	65.9
30c		130	13.0				73.254	57.504	9 850	445	11.6	2.46	657	68.5
32a	320	130	9.5	15.0	11.5	5.8	67.156	52.717	11 100	460	12.8	2.62	692	70.8
32b		132	11.5				73.556	57.741	11 600	502	12.6	2.61	726	76.0
32c		134	13.5				79.956	62.765	12 200	544	12.3	2.61	760	81.2
36a	360	136	10.0	15.8	12.0	6.0	76.480	60.037	15 800	552	14.4	2.69	875	81.2
36b		138	12.0				83.680	65.689	16 500	582	14.1	2.64	919	84.3
36c		140	14.0				90.880	71.341	17 300	612	13.8	2.60	962	87.4
40a	400	142	10.5	16.5	12.5	6.3	86.112	67.598	21 700	660	15.9	2.77	1 090	93.2
40b		144	12.5				94.112	73.878	22 800	692	15.6	2.71	1 140	96.2
40c		146	14.5				102.112	80.158	23 900	727	15.2	2.65	1 190	99.6
45a	450	150	11.5	18.0	13.5	6.8	102.446	80.420	32 200	855	17.7	2.89	1 430	114
45b		152	13.5				111.446	87.485	33 800	894	17.4	2.84	1 500	118
45c		154	15.5				120.446	94.550	35 300	938	17.1	2.79	1 570	122
50a	500	158	12.0	20.0	14.0	7.0	119.304	93.654	46 500	1 120	19.7	3.07	1 860	142
50b		160	14.0				129.304	101.504	48 600	1 170	19.4	3.01	1 940	146
50c		162	16.0				139.304	109.354	50 600	1 220	19.0	2.96	2 080	151
55a	550	166	12.5	21.0	14.5	7.3	134.185	105.335	62 900	1 370	21.6	3.19	2 290	164
55b		168	14.5				145.185	113.970	65 600	1 420	21.2	3.14	2 390	170
55c		170	16.5				156.185	122.605	68 400	1 480	20.9	3.08	2 490	175
56a	560	166	12.5	21.0	14.5	7.3	135.435	106.316	65 600	1 370	22.0	3.18	2 340	165
56b		168	14.5				146.635	115.108	68 500	1 490	21.6	3.16	2 450	174
56c		170	16.5				157.835	123.900	71 400	1 560	21.3	3.16	2 550	183
63a	630	176	13.0	22.0	15.0	7.5	154.658	121.407	93 900	1 700	24.5	3.31	2 980	193
63b		178	15.0				167.258	131.298	98 100	1 810	24.2	3.29	3 160	204
63c		180	17.0				179.858	141.189	102 200	1 920	23.8	3.27	3 300	214

注：表中 r、r_1 的数据用于孔型设计，不做交货条件。

附表 1-2 槽钢截面尺寸、截面面积、理论重量及界面特性

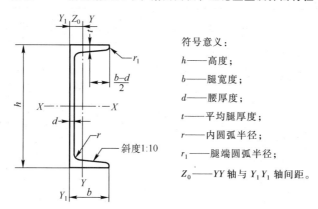

符号意义：

h——高度；

b——腿宽度；

d——腰厚度；

t——平均腿厚度；

r——内圆弧半径；

r_1——腿端圆弧半径；

Z_0——YY 轴与 Y_1Y_1 轴间距。

斜度1:10

型号	截面尺寸/mm						截面面积 /cm²	理论重量/ (kg/m)	惯性矩/cm⁴			惯性半径 /cm		截面模数 /cm³		重心距离 /cm
	h	b	d	t	r	r_1			I_x	I_y	I_{y1}	i_x	i_y	W_x	W_y	Z_0
5	50	37	4.5	7.0	7.0	3.5	6.928	5.438	26.0	8.30	20.9	1.94	1.10	10.4	3.55	1.35
6.3	63	40	4.8	7.5	7.5	3.8	8.451	6.634	50.8	11.9	28.4	2.45	1.19	16.1	4.50	1.36
6.5	65	40	4.3	7.5	7.5	3.8	8.547	6.709	55.2	12.0	28.3	2.54	1.19	17.0	4.59	1.38
8	80	43	5.0	8.0	8.0	4.0	10.248	8.045	101	16.6	37.4	3.15	1.27	25.3	5.79	1.43
10	100	48	5.3	8.5	8.5	4.2	12.748	10.007	198	25.6	54.9	3.95	1.41	39.7	7.80	1.52
12	120	53	5.5	9.0	9.0	4.5	15.362	12.059	346	37.4	77.7	4.75	1.56	57.7	10.2	1.62
12.6	126	53	5.5	9.0	9.0	4.5	15.692	12.318	391	38.0	77.1	4.95	1.57	62.1	10.2	1.59
14a	140	58	6.0	9.5	9.5	4.8	18.516	14.535	564	53.2	107	5.52	1.70	80.5	13.0	1.71
14b	140	60	8.0	9.5	9.5	4.8	21.316	16.733	609	61.1	121	5.35	1.69	87.1	14.1	1.67
16a	160	63	6.5	10.0	10.0	5.0	21.962	17.24	866	73.3	144	6.28	1.83	108	16.3	1.80
16b	160	65	8.5	10.0	10.0	5.0	25.162	19.752	935	83.4	161	6.10	1.82	117	17.6	1.75
18a	180	68	7.0	10.5	10.5	5.2	25.699	20.174	1 270	98.6	190	7.04	1.96	141	20.0	1.88
18b	180	70	9.0	10.5	10.5	5.2	29.299	23.000	1 370	111	210	6.84	1.95	152	21.5	1.84
20a	200	73	7.0	11.0	11.0	5.5	28.837	22.637	1 780	128	244	7.86	2.11	178	24.2	2.01
20b	200	75	9.0	11.0	11.0	5.5	32.837	25.777	1 910	144	268	7.64	2.09	191	25.9	1.95
22a	220	77	7.0	11.5	11.5	5.8	31.846	24.999	2 390	158	298	8.67	2.23	218	28.2	2.10
22b	220	79	9.0	11.5	11.5	5.8	36.246	28.453	2 570	176	326	8.42	2.21	234	30.1	2.03
24a	240	78	7.0	12.0	12.0	6.0	34.217	26.860	3 050	174	325	9.45	2.25	254	30.5	2.10
24b	240	80	9.0	12.0	12.0	6.0	39.017	30.628	3 280	194	355	9.17	2.23	274	32.5	2.03
24c	240	82	11.0	12.0	12.0	6.0	43.817	34.396	3 510	213	388	8.96	2.21	293	34.4	2.00
25a	250	78	7.0	12.0	12.0	6.0	34.917	27.410	3 370	176	322	9.82	2.24	270	30.6	2.07
25b	250	80	9.0	12.0	12.0	6.0	39.917	31.335	3 530	196	353	9.41	2.22	282	32.7	1.98
25c	250	82	11.0	12.0	12.0	6.0	44.917	35.260	3 690	218	384	9.07	2.21	295	35.9	1.92

续表

型号	截面尺寸/mm						截面面积/cm²	理论重量/(kg/m)	惯性矩/cm⁴			惯性半径/cm		截面模数/cm³		重心距离/cm
	h	b	d	t	r	r_1			I_x	I_y	I_{y1}	i_x	i_y	W_x	W_y	Z_0
27a		82	7.5				39.284	30.838	4 360	216	393	10.5	2.34	323	35.5	2.13
27b	270	84	9.5				44.684	35.077	4 690	239	428	10.3	2.31	347	37.7	2.06
27c		86	11.5	12.5	12.5	6.2	50.084	39.316	5 020	261	467	10.1	2.28	372	39.8	2.03
28a		82	7.5				40.034	31.427	4 760	218	388	10.9	2.33	340	35.7	2.10
28b	280	84	9.5				45.634	35.823	5 130	242	428	10.6	2.30	366	37.9	2.02
28c		86	11.5				51.234	40.219	5 500	268	463	10.4	2.29	393	40.3	1.95
30a		85	7.5				43.902	34.463	6 050	260	467	11.7	2.43	403	41.1	2.17
30b	300	87	9.5	13.5	13.5	6.8	49.902	39.173	6 500	289	515	11.4	2.41	433	44.0	2.13
30c		89	11.5				55.902	43.883	6 950	316	560	11.2	2.38	463	46.4	2.09
32a		88	8.0				48.513	38.083	7 600	305	552	12.5	2.50	475	46.5	2.24
32b	320	90	10.0	14.0	14.0	7.0	54.913	43.107	8 140	336	593	12.2	2.47	509	49.2	2.16
32c		92	12.0				61.313	48.131	8 690	374	643	11.9	2.47	543	52.6	2.09
36a		96	9.0				60.910	47.814	11 900	455	818	14.0	2.73	660	63.5	2.44
36b	360	98	11.0	16.0	16.0	8.0	68.110	53.466	12 700	497	880	13.6	2.70	703	66.9	2.37
36c		100	13.0				75.310	59.118	13 400	536	948	13.4	2.67	746	70.0	2.34
40a		100	10.5				75.068	58.928	17 600	592	1 070	15.3	2.81	879	78.8	2.49
40b	400	102	12.5	18.0	18.0	9.0	83.068	65.208	18 600	640	114	15.0	2.78	932	82.5	2.44
40c		104	14.5				91.068	71.488	19 700	688	1 220	14.7	2.75	986	86.2	2.42

注：表中 r、r_1 的数据用于孔型设计，不做交货条件。

附表 1-3 等边角钢截面尺寸、截面面积、理论重量及界面特性

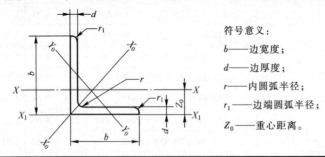

符号意义：

b——边宽度；

d——边厚度；

r——内圆弧半径；

r_1——边端圆弧半径；

Z_0——重心距离。

型号	截面尺寸/mm			截面面积/cm²	理论重量/(kg/m)	外表面积/(m²/m)	惯性矩/cm⁴				惯性半径/cm			截面模数/cm³			重心距离/cm
	b	d	r				I_x	I_{x1}	I_{x0}	I_{y0}	i_x	i_{x0}	i_{y0}	W_x	W_{x0}	W_{y0}	Z_0
2	20	3		1.132	0.889	0.078	0.40	0.81	0.63	0.17	0.59	0.75	0.39	0.29	0.45	0.20	0.60
		4	3.5	1.459	1.145	0.077	0.50	1.09	0.78	0.22	0.58	0.73	0.38	0.36	0.55	0.24	0.64
2.5	25	3		1.432	1.124	0.098	0.82	1.57	1.29	0.34	0.76	0.95	0.49	0.46	0.73	0.33	0.73
		4		1.859	1.459	0.097	1.03	2.11	1.62	0.43	0.74	0.93	0.48	0.59	0.92	0.40	0.76

型号	截面尺寸/mm			截面面积/cm²	理论重量/(kg/m)	外表面积/(m²/m)	惯性矩/cm⁴				惯性半径/cm			截面模数/cm³			重心距离/cm
	b	d	r				I_x	I_{x1}	I_{x0}	I_{y0}	i_x	i_{x0}	i_{y0}	W_x	W_{x0}	W_{y0}	Z_0
3.0	30	3		1.749	1.373	0.117	1.46	2.71	2.31	0.61	0.91	1.15	0.59	0.68	1.09	0.51	0.85
		4		2.276	1.786	0.117	1.84	3.63	2.92	0.77	0.90	1.13	0.58	0.87	1.37	0.62	0.89
3.6	36	3	4.5	2.109	1.656	0.141	2.58	4.68	4.09	1.07	1.11	1.39	0.71	0.99	1.61	0.76	1.00
		4		2.756	2.163	0.141	3.29	6.25	5.22	1.37	1.09	1.38	0.70	1.28	2.05	0.93	1.04
		5		3.382	2.654	0.141	3.95	7.84	6.24	1.65	1.08	1.36	0.70	1.56	2.45	1.00	1.07
4	40	3	5	2.359	1.852	0.157	3.59	6.41	5.69	1.49	1.23	1.55	0.79	1.23	2.01	0.96	1.09
		4		3.086	2.422	0.157	4.60	8.56	7.29	1.91	1.22	1.54	0.79	1.60	2.58	1.19	1.13
		5		3.791	2.976	0.156	5.53	10.74	8.76	2.30	1.21	1.52	0.78	1.96	3.10	1.39	1.77
4.5	45	3	5	2.659	2.088	0.177	5.17	9.12	8.20	2.14	1.40	1.76	0.89	1.58	2.58	1.24	1.22
		4		3.486	2.736	0.177	6.65	12.18	10.56	2.75	1.38	1.74	0.89	2.05	3.32	1.54	1.26
		5		4.292	3.369	0.176	8.04	15.2	12.74	3.33	1.37	1.72	0.88	2.51	4.00	1.81	1.30
		6		5.076	3.985	0.176	9.33	18.36	14.76	3.89	1.36	1.70	0.8	2.95	4.64	2.06	1.33
5	50	3	5.5	2.971	2.332	0.197	7.18	12.5	11.37	2.98	1.55	1.96	1.00	1.96	3.22	1.57	1.34
		4		3.897	3.059	0.197	9.26	16.69	14.70	3.82	1.54	1.94	0.99	2.56	4.16	1.96	1.38
		5		4.803	3.770	0.196	11.21	20.90	17.79	4.64	1.53	1.92	0.98	3.13	5.03	2.31	1.42
		6		5.688	4.465	0.196	13.05	25.14	20.68	5.42	1.52	1.91	0.98	3.68	5.85	2.63	1.46
5.6	56	3	6	3.343	2.624	0.221	10.19	17.56	16.14	4.24	1.75	2.20	1.13	2.48	4.08	2.02	1.48
		4		4.390	3.446	0.220	13.18	23.43	20.92	5.46	1.73	2.18	1.11	3.24	5.28	2.52	1.53
		5		5.415	4.251	0.220	16.02	29.33	25.42	6.61	1.72	2.17	1.10	3.97	6.42	2.98	1.57
		6		6.420	5.040	0.220	18.69	35.26	29.66	7.73	1.71	2.15	1.10	4.68	7.49	3.40	1.61
		7		7.404	5.812	0.219	21.23	41.23	33.63	8.82	1.69	2.13	1.09	5.36	8.49	3.80	1.64
		8		8.367	6.568	0.219	23.63	47.24	37.37	9.89	1.68	2.11	1.09	6.03	9.44	4.16	1.68
6	60	5	6.5	5.829	4.576	0.236	19.89	36.05	31.57	8.21	1.85	2.33	1.19	4.59	7.44	3.48	1.67
		6		6.914	5.427	0.235	23.25	43.33	36.89	9.60	1.83	2.31	1.18	5.41	8.70	3.98	1.70
		7		7.977	6.262	0.235	26.44	50.65	41.92	10.96	1.82	2.29	1.17	6.21	9.88	4.45	1.74
		8		9.020	7.081	0.235	29.47	58.02	46.66	12.28	1.81	2.27	1.17	6.98	11.00	4.88	1.78
6.3	63	4	7	4.978	3.907	0.248	19.03	33.35	30.17	7.89	1.96	2.46	1.26	4.13	6.78	3.29	1.70
		5		6.143	4.822	0.248	23.17	41.73	36.77	9.57	1.94	2.45	1.25	5.08	8.25	3.90	1.74
		6		7.288	5.721	0.247	27.12	50.14	43.03	11.20	1.93	2.43	1.24	6.00	9.66	4.46	1.78
		7		8.412	6.603	0.247	30.87	58.60	48.96	12.79	1.92	2.41	1.23	6.88	10.99	4.98	1.82
		8		9.515	7.469	0.247	34.46	67.11	54.56	14.33	1.90	2.40	1.23	7.75	12.25	5.47	1.85
		10		11.657	9.151	0.246	41.09	84.31	64.85	17.33	1.88	2.36	1.22	9.39	14.56	6.36	1.93
7	70	4	8	5.570	4.372	0.275	26.39	45.74	41.80	10.99	2.18	2.74	1.40	5.14	8.44	4.17	1.86
		5		6.875	5.397	0.275	32.21	57.21	51.08	13.31	2.16	2.73	1.39	6.32	10.32	4.95	1.91
		6		8.160	6.406	0.275	37.77	68.73	59.93	15.61	2.15	2.71	1.38	7.48	12.11	5.67	1.95
		7		9.424	7.398	0.275	43.09	80.29	68.35	17.82	2.14	2.69	1.38	8.59	13.81	6.34	1.99
		8		10.667	8.373	0.274	48.17	91.92	76.37	19.98	2.12	2.68	1.37	9.68	15.43	6.98	2.03

续表

型号	截面尺寸/mm			截面面积/cm²	理论重量/(kg/m)	外表面积/(m²/m)	惯性矩/cm⁴				惯性半径/cm			截面模数/cm³			重心距离/cm
	b	d	r				I_x	I_{x1}	I_{x0}	I_{y0}	i_x	i_{x0}	i_{y0}	W_x	W_{x0}	W_{y0}	Z_0
7.5	75	5	9	7.412	5.818	0.295	39.97	70.56	63.30	16.63	2.33	2.92	1.50	7.32	11.94	5.77	2.04
		6		8.797	6.905	0.294	46.95	84.55	74.38	19.51	2.31	2.90	1.49	8.64	14.02	6.67	2.07
		7		10.160	7.976	0.294	53.57	98.71	84.96	22.18	2.30	2.89	1.48	9.93	16.02	7.44	2.11
		8		11.503	9.030	0.294	59.96	112.97	95.07	24.86	2.28	2.88	1.47	11.20	17.93	8.19	2.15
		9		12.825	10.068	0.294	66.10	127.30	104.71	27.48	2.27	2.86	1.46	12.43	19.75	8.89	2.18
		10		14.126	11.089	0.293	71.98	141.71	113.92	30.05	2.26	2.84	1.46	13.64	21.48	9.56	2.22
8	80	5	9	7.912	6.211	0.315	48.79	85.36	77.33	20.25	2.48	3.13	1.60	8.34	13.67	6.66	2.15
		6		9.397	7.376	0.314	57.35	102.50	90.98	23.72	2.47	3.11	1.59	9.87	16.08	7.65	2.19
		7		10.860	8.525	0.314	65.58	119.70	104.07	27.09	2.46	3.10	1.58	11.37	18.40	8.58	2.23
		8		12.303	9.658	0.314	73.49	136.97	116.60	30.39	2.44	3.08	1.57	12.83	20.61	9.46	2.27
		9		13.725	10.774	0.314	81.11	154.31	128.60	33.61	2.43	3.06	1.56	14.25	22.73	10.29	2.31
		10		15.126	11.874	0.313	88.43	171.74	140.09	36.77	2.42	3.04	1.56	15.64	24.76	11.08	2.35
9	90	6	10	10.637	8.350	0.354	82.77	145.87	131.26	34.28	2.79	3.51	1.80	12.61	20.63	9.95	2.44
		7		12.301	9.656	0.354	94.83	170.30	150.47	39.18	2.78	3.50	1.78	14.54	23.64	11.19	2.48
		8		13.944	10.946	0.353	106.47	194.80	168.97	43.97	2.76	3.48	1.78	16.42	26.55	12.35	2.52
		9		15.566	12.219	0.353	117.72	219.39	186.77	48.66	2.75	3.46	1.77	18.27	29.35	13.46	2.56
		10		17.167	13.476	0.353	128.58	244.07	203.90	53.26	2.74	3.45	1.76	20.07	32.04	14.52	2.59
		12		20.306	15.940	0.352	149.22	293.76	236.21	62.22	2.71	3.41	1.75	23.57	37.12	16.49	2.67
10	100	6	12	11.932	9.366	0.393	114.95	200.07	181.98	47.92	3.10	3.90	2.00	15.68	25.74	12.69	2.67
		7		13.796	10.830	0.393	131.86	233.54	208.97	54.74	3.09	3.89	1.99	18.10	29.55	14.26	2.71
		8		15.638	12.276	0.393	148.24	267.09	235.07	61.41	3.08	3.88	1.98	20.47	33.24	15.75	2.76
		9		17.462	13.708	0.392	164.12	300.73	260.30	67.95	3.07	3.86	1.97	22.79	36.81	17.18	2.80
		10		19.261	15.120	0.392	179.51	334.48	284.68	74.35	3.05	3.84	1.96	25.06	40.26	18.54	2.84
		12		22.800	17.898	0.391	208.90	402.34	330.95	86.84	3.03	3.81	1.95	29.48	46.80	21.08	2.91
		14		26.256	20.611	0.391	236.53	470.75	374.06	99.00	3.00	3.77	1.94	33.73	52.90	23.44	2.99
		16		29.627	23.257	0.390	262.53	539.80	414.16	110.89	2.98	3.74	1.94	37.82	58.57	25.63	3.06
11	110	7	12	15.196	11.928	0.433	177.16	310.64	280.94	73.38	3.41	4.30	2.20	22.05	36.12	17.51	2.96
		8		17.238	13.535	0.433	199.46	355.20	316.49	82.42	3.40	4.28	2.19	24.95	40.69	19.39	3.01
		10		21.261	16.690	0.432	242.19	444.65	384.39	99.98	3.38	4.25	2.17	30.60	49.42	22.91	3.09
		12		25.200	19.782	0.431	282.55	534.60	448.17	116.93	3.35	4.22	2.15	36.05	57.62	26.15	3.16
		14		29.056	22.809	0.431	320.71	625.16	508.01	133.40	3.32	4.18	2.14	41.31	65.31	29.14	3.24
12.5	125	8	14	19.750	15.504	0.492	297.03	521.01	470.89	123.16	3.88	4.88	2.50	32.52	53.28	25.86	3.37
		10		24.373	19.133	0.491	361.67	651.93	573.89	149.46	3.85	4.85	2.48	39.97	64.93	30.62	3.45
		12		28.912	22.696	0.491	423.16	783.42	671.44	174.88	3.83	4.82	2.46	41.17	75.96	35.03	3.53
		14		33.367	26.193	0.490	481.65	915.61	763.73	199.57	3.80	4.78	2.45	54.16	86.41	39.13	3.61
		16		37.739	29.625	0.489	537.31	1 048.62	850.98	223.65	3.77	4.75	2.43	60.93	96.28	42.96	3.68

型号	截面尺寸 /mm			截面面积 /cm²	理论重量/ (kg/m)	外表面积/ (m²/m)	惯性矩/cm⁴				惯性半径/cm			截面模数/cm³			重心距离/cm
	b	d	r				I_x	I_{x1}	I_{x0}	I_{y0}	i_x	i_{x0}	i_{y0}	W_x	W_{x0}	W_{y0}	Z_0
14	140	10		27.373	21.488	0.551	514.55	915.11	817.27	212.04	4.34	5.46	2.78	50.58	82.56	39.20	3.82
		12		32.512	25.522	0.551	603.68	1 099.28	958.79	248.57	4.31	5.43	2.76	59.80	96.85	45.02	3.90
		14		37.567	29.490	0.550	688.81	1 284.22	1 093.56	284.06	4.28	5.40	2.75	68.75	110.47	50.45	3.98
		16		42.539	33.393	0.549	770.24	1 470.07	1 221.81	318.67	4.26	5.36	2.74	77.46	123.42	55.55	4.06
15	150	8	14	23.750	18.644	0.592	521.37	899.55	827.49	215.25	4.69	5.90	3.01	47.36	78.02	38.14	3.99
		10		29.373	23.058	0.591	637.50	1 125.09	1 012.79	262.21	4.66	5.87	2.99	58.35	95.49	45.51	4.08
		12		34.912	27.406	0.591	748.85	1 351.26	1 189.97	307.73	4.63	5.84	2.97	69.04	112.19	52.38	4.15
		14		40.367	31.688	0.590	855.64	1 578.25	1 359.30	351.98	4.60	5.80	2.95	79.45	128.16	58.83	4.23
		15		43.063	33.804	0.590	907.39	1 692.10	1 441.09	373.69	4.59	5.78	2.95	84.56	135.87	61.90	4.27
		16		45.739	35.905	0.589	958.08	1 806.21	1 521.02	395.14	4.58	5.77	2.94	89.59	143.40	64.89	4.31
16	160	10		31.502	24.729	0.630	779.53	1 365.33	1 237.30	321.76	4.98	6.27	3.20	66.70	109.36	52.76	4.31
		12		37.441	29.391	0.630	916.58	1 639.57	1 455.68	377.49	4.95	6.24	3.18	78.98	128.67	60.74	4.39
		14		43.296	33.987	0.629	1 048.36	1 914.68	1 665.02	431.70	4.92	6.20	3.16	90.95	147.17	68.24	4.47
		16	16	49.067	38.518	0.629	1 175.08	2 190.82	1 865.57	484.59	4.89	6.17	3.14	102.63	164.89	75.31	4.55
18	180	12		42.241	33.159	0.710	1 321.35	2 332.80	2 100.10	542.61	5.59	7.05	3.58	100.82	165.00	78.41	4.89
		14		48.896	38.383	0.709	1 514.48	2 723.48	2 407.42	621.53	5.56	7.02	3.56	116.25	189.14	88.38	4.97
		16		55.467	43.542	0.709	1 700.99	3 115.29	2 703.37	698.60	5.54	6.98	3.55	131.13	212.40	97.83	5.05
		18		61.055	48.634	0.708	1 875.12	3 502.43	2 988.24	762.01	5.50	6.94	3.51	145.64	234.78	105.14	5.13
20	200	14	18	54.642	42.894	0.788	2 103.55	3 734.10	3 343.26	863.83	6.20	7.82	3.98	144.70	236.40	111.82	5.46
		16		62.013	48.680	0.788	2 366.15	4 270.39	3 760.89	971.41	6.18	7.79	3.96	163.65	265.93	123.96	5.54
		18		69.301	54.401	0.787	2 620.64	4 808.13	4 164.54	1 076.74	6.15	7.75	3.94	182.22	294.48	135.52	5.62
		20		76.505	60.056	0.787	2 867.30	5 347.51	4 554.55	1 180.04	6.12	7.72	3.93	200.42	322.06	146.55	5.69
		24		90.661	71.168	0.785	3 338.25	6 457.16	5 294.97	1 381.53	6.07	7.64	3.90	236.17	374.41	166.65	5.87
22	220	16		68.664	53.901	0.866	3 187.36	5 681.62	5 063.73	1 310.99	6.81	8.59	4.37	199.55	325.51	153.81	6.03
		18		76.752	60.250	0.866	3 534.30	6 395.93	5 615.32	1 453.27	6.79	8.55	4.35	222.37	360.97	168.29	6.11
		20	21	84.756	66.533	0.865	3 871.49	7 112.04	6 150.08	1 592.90	6.76	8.52	4.34	244.77	395.34	182.16	6.18
		22		92.676	72.751	0.865	4 199.23	7 830.19	6 668.37	1 730.10	6.73	8.48	4.32	266.78	428.66	195.45	6.26
		24		100.512	78.902	0.864	4 517.83	8 550.57	7 170.55	1 865.11	6.70	8.45	4.31	288.39	460.94	208.21	6.33
		26		108.264	84.987	0.864	4 827.58	9 273.39	7 656.98	1 998.17	6.68	8.41	4.30	309.62	492.21	220.49	6.41
25	250	18		87.842	68.956	0.985	5 268.22	9 379.11	8 369.04	2 167.41	7.74	9.76	4.97	290.12	473.42	224.03	6.84
		20		97.045	76.180	0.984	5 779.34	10 426.97	9 181.94	2 376.74	7.72	9.73	4.95	319.66	519.41	242.85	6.92
		24		115.201	90.433	0.983	6 763.93	12 529.74	10 742.67	2 785.19	7.66	9.66	4.92	377.34	607.70	278.38	7.07
		26	24	124.154	97.461	0.982	7 238.08	13 585.18	11 491.33	2 984.84	7.63	9.62	4.90	405.50	650.05	295.19	7.15
		28		133.022	104.422	0.982	7 700.60	14 643.62	12 219.39	3 181.81	7.61	9.58	4.89	433.22	691.23	311.42	7.22
		30		141.807	111.318	0.981	8 151.80	15 706.30	12 927.26	3 376.34	7.58	9.55	4.88	460.51	731.28	327.12	7.30
		32		150.508	118.149	0.981	8 592.01	16 770.41	13 615.32	3 568.71	7.56	9.51	4.87	487.39	770.20	342.33	7.37
		35		163.402	128.271	0.980	9 232.44	18 374.95	14 611.16	3 853.72	7.52	9.46	4.86	526.97	826.53	364.30	7.48

注：截面图中的 $r_1 = 1/3d$ 及表中 r 的数据用于孔型设计，不做交货条件。

附表 1-4　不等边角钢截面尺寸、截面面积、理论重量及界面特性

符号意义:

B——长边宽度;
b——短边宽度;
d——边厚度;
r——内圆弧半径;
r_1——边端圆弧半径;
X_0——重心距离;
Y_0——重心距离。

型号	截面尺寸/mm B	b	d	r	截面面积/cm²	理论重量/(kg/m)	外表面积/(m²/m)	惯性矩/cm⁴ I_x	I_{x1}	I_y	I_{y1}	I_u	惯性半径/cm i_x	i_y	i_u	截面模数/cm³ W_x	W_y	W_u	tgα	重心距离/cm X_0	Y_0
2.5/1.6	25	16	3	3.5	1.162	0.912	0.080	0.70	1.56	0.22	0.43	0.14	0.78	0.44	0.34	0.43	0.19	0.16	0.392	0.42	0.86
			4		1.499	1.176	0.079	0.88	2.09	0.27	0.59	0.17	0.77	0.43	0.34	0.55	0.24	0.20	0.381	0.46	1.86
3.2/2	32	20	3	4	1.492	1.171	0.102	1.53	3.27	0.46	0.82	0.28	1.01	0.55	0.43	0.72	0.30	0.25	0.382	0.49	0.90
			4		1.939	1.522	0.101	1.93	4.37	0.57	1.12	0.35	1.00	0.54	0.42	0.93	0.39	0.32	0.374	0.53	1.08
4/2.5	40	25	3	4	1.890	1.484	0.127	3.08	5.39	0.93	1.59	0.56	1.28	0.70	0.54	1.15	0.49	0.40	0.385	0.59	1.12
			4		2.467	1.936	0.127	3.93	8.53	1.18	2.14	0.71	1.36	0.69	0.54	1.49	0.63	0.52	0.381	0.63	1.32
4.5/2.8	45	28	3	5	2.149	1.687	0.143	445	9.10	1.34	2.23	0.80	1.44	0.79	0.61	1.47	0.62	0.51	0.383	0.64	1.37
			4		2.806	2.203	0.143	5.69	12.13	1.70	3.00	1.02	1.42	0.78	0.60	1.91	0.80	0.66	0.380	0.68	1.47
5/3.2	50	32	3	5.5	2.431	1.908	0.161	6.24	12.49	2.02	3.31	1.20	1.60	0.91	0.70	1.84	0.82	0.68	0.404	0.73	1.51
			4		3.177	2.494	0.160	8.02	16.65	2.58	4.45	1.53	1.59	0.90	0.69	2.39	1.06	0.87	0.402	0.77	1.60
5.6/3.6	56	36	3	6	2.743	2.153	0.181	8.88	17.54	2.92	4.70	1.73	1.80	1.03	0.79	2.32	1.05	0.87	0.408	0.80	1.65
			4		3.590	2.818	0.180	11.45	23.39	3.76	6.33	2.23	1.79	1.02	0.79	3.03	1.37	1.13	0.408	0.85	1.78
			5		4.415	3.466	0.180	13.86	29.25	4.49	7.94	2.67	1.77	1.01	0.78	3.71	1.65	1.36	0.404	0.88	1.82
6.3/4	63	40	4	7	4.058	3.185	0.202	16.49	33.30	5.23	8.63	3.12	2.02	1.14	0.88	3.87	1.70	1.40	0.398	0.92	1.87
			5		4.993	3.920	0.202	20.02	41.63	6.31	10.86	3.76	2.00	1.12	0.87	4.74	2.07	1.71	0.396	0.95	2.04
			6		5.908	4.638	0.201	23.36	49.98	7.29	13.12	4.34	1.96	1.11	0.86	5.59	2.43	1.99	0.393	0.99	2.08
			7		6.802	5.339	0.201	26.53	58.07	8.24	15.47	4.97	1.98	1.10	0.86	6.40	2.78	2.29	0.389	1.03	2.12

续表

型号	截面尺寸/mm				截面面积/cm²	理论重量/(kg/m)	外表面积/(m²/m)	惯性矩/cm⁴					惯性半径/cm			截面模数/cm³			tgα	重心距离/cm	
	B	b	d	r				I_x	I_{x1}	I_y	I_{y1}	I_u	i_x	i_y	i_u	W_x	W_y	W_u		X_0	Y_0
7/4.5	70	45	4	7.5	4.547	3.570	0.226	23.17	45.92	7.55	12.26	4.40	2.26	1.29	0.98	4.86	2.17	1.77	0.410	1.02	2.15
			5		5.609	4.403	0.225	27.95	57.10	9.13	15.39	5.40	2.23	1.28	0.98	5.92	2.65	2.19	0.407	1.06	2.24
			6		6.647	5.218	0.225	32.54	68.35	10.62	18.58	6.35	2.21	1.26	0.98	6.95	3.12	2.59	0.404	1.09	2.28
			7		7.657	6.011	0.225	37.22	79.99	12.01	21.84	7.16	2.20	1.25	0.97	8.03	3.57	2.94	0.402	1.13	2.32
7.5/5	75	50	5	8	6.125	4.808	0.245	34.86	70.00	12.61	21.04	7.41	2.39	1.44	1.10	6.83	3.30	2.74	0.435	1.17	2.36
			6		7.260	5.699	0.245	41.12	84.30	14.70	25.37	8.54	2.38	1.42	1.08	8.12	3.88	3.19	0.435	1.21	2.40
			8		9.467	7.431	0.244	52.39	112.50	18.53	34.23	10.87	2.35	1.40	1.07	10.52	4.99	4.10	0.429	1.29	2.44
			10		11.590	9.098	0.244	62.71	140.80	21.96	43.43	13.10	2.33	1.38	1.06	12.79	6.04	4.99	0.423	1.36	2.52
8/5	80	50	5	8	6.375	5.005	0.255	41.96	85.21	12.82	21.06	7.66	2.56	1.42	1.10	7.78	3.32	2.74	0.388	1.14	2.60
			6		7.560	5.935	0.255	49.49	102.53	14.95	25.41	8.85	2.56	1.41	1.08	9.25	3.91	3.20	0.387	1.18	2.65
			7		8.724	6.848	0.255	56.16	119.33	16.96	29.82	10.18	2.54	1.39	1.08	10.58	4.48	3.70	0.384	1.21	2.69
			8		9.867	7.745	0.254	62.83	136.41	18.85	34.32	11.38	2.52	1.38	1.07	11.92	5.03	4.16	0.381	1.25	2.73
9/5.6	90	56	5	9	7.212	5.661	0.287	60.45	121.32	18.32	29.53	10.98	2.90	1.59	1.23	9.92	4.21	3.49	0.385	1.25	2.91
			6		8.557	6.717	0.286	71.03	145.59	21.42	35.58	12.90	2.88	1.58	1.23	11.74	4.96	4.13	0.384	1.29	2.95
			7		9.880	7.756	0.286	81.01	169.60	24.36	41.71	14.67	2.86	1.57	1.22	13.49	5.70	4.72	0.382	1.33	3.00
			8		11.183	8.779	0.286	91.03	194.17	27.15	47.93	16.34	2.85	1.56	1.21	15.27	6.41	5.29	0.380	1.36	3.04
10/6.3	100	63	6	10	9.617	7.550	0.320	99.06	199.71	30.94	50.50	18.42	3.21	1.79	1.38	14.64	6.35	5.25	0.394	1.43	3.24
			7		11.111	8.722	0.320	113.45	233.00	35.26	59.14	21.00	3.20	1.78	1.38	16.88	7.29	6.02	0.394	1.47	3.28
			8		12.534	9.878	0.319	127.37	266.32	39.39	67.88	23.50	3.18	1.77	1.37	19.08	8.21	6.78	0.391	1.50	3.32
			10		15.467	12.142	0.319	153.81	333.06	47.12	85.73	28.33	3.15	1.74	1.35	23.32	9.98	8.24	0.387	1.58	3.40
10/8	100	80	6	10	10.637	8.350	0.354	107.04	199.83	61.24	102.68	31.65	3.17	2.40	1.72	15.19	10.16	8.37	0.627	1.97	2.95
			7		12.301	9.656	0.354	122.73	233.20	70.08	119.98	36.17	3.16	2.39	1.72	17.52	11.71	9.60	0.626	2.01	3.0
			8		13.944	10.946	0.353	137.92	266.61	78.58	137.37	40.58	3.14	2.37	1.71	19.81	13.21	10.80	0.625	2.05	3.04
			10		17.167	13.476	0.353	166.87	333.63	94.65	172.48	49.10	3.12	2.35	1.69	24.24	16.12	13.12	0.622	2.13	3.12
11/7	110	70	6	10	10.637	8.350	0.354	133.37	265.78	42.92	69.08	25.36	3.54	2.01	1.54	17.85	7.90	6.53	0.403	1.57	3.53
			7		12.301	9.656	0.353	153.00	310.07	49.01	80.82	28.95	3.53	2.00	1.53	20.60	9.09	7.50	0.402	1.61	3.57
			8		13.944	10.946	0.353	172.04	354.39	54.87	92.70	32.45	3.51	1.98	1.53	23.30	10.25	8.45	0.401	1.65	3.62
			10		17.167	13.476	0.353	208.39	443.13	65.88	116.83	39.20	3.48	1.96	1.51	28.54	12.48	10.29	0.397	1.72	3.70

续表

| 型号 | 截面尺寸/mm | | | | 截面面积/cm² | 理论重量/(kg/m) | 外表面积/(m²/m) | 惯性矩/cm⁴ | | | | | 惯性半径/cm | | | 截面模数/cm³ | | | tgα | 重心距离/cm | |
	B	b	d	r				I_x	I_{x1}	I_y	I_{y1}	I_u	i_x	i_y	i_u	W_x	W_y	W_u		X_0	Y_0
12.5/8	125	80	7	11	14.096	11.066	0.403	227.98	454.99	74.42	120.32	43.81	4.02	2.30	1.76	26.86	12.01	9.92	0.408	1.80	4.01
			8		15.989	12.551	0.403	256.77	519.99	83.49	137.85	49.15	4.01	2.28	1.75	30.41	13.56	11.18	0.407	1.84	4.06
			10		19.712	15.474	0.402	312.04	650.09	100.67	173.40	59.45	3.98	2.26	1.74	37.33	16.56	13.64	0.404	1.92	4.14
			12		23.351	18.330	0.402	364.41	780.39	116.67	209.67	69.35	3.95	2.24	1.72	44.01	19.43	16.01	0.400	2.00	4.22
14/9	140	90	8	12	18.038	14.160	0.453	365.64	730.53	120.69	195.79	70.83	4.50	2.59	1.98	38.48	17.34	14.31	0.411	2.04	4.50
			10		22.261	17.475	0.452	445.50	913.20	140.03	245.92	85.82	4.47	2.56	1.96	47.31	21.22	17.48	0.409	2.12	4.58
			12		26.400	20.724	0.451	521.59	1 096.09	169.79	296.89	100.21	4.44	2.54	1.95	55.87	24.95	20.54	0.406	2.19	4.66
			14		30.456	23.908	0.451	594.10	1 279.26	192.10	348.82	114.13	4.42	2.51	1.94	64.18	28.54	23.52	0.403	2.27	4.74
15/9	150	90	8	12	18.839	14.788	0.473	442.05	898.35	122.80	195.96	74.14	4.84	2.55	1.98	43.86	17.47	14.48	0.364	1.97	4.92
			10		23.261	18.260	0.472	539.24	1 122.85	148.62	246.26	89.86	4.81	2.53	1.97	53.97	21.38	17.69	0.362	2.05	5.01
			12		27.600	21.666	0.471	632.08	1 347.50	172.85	297.46	104.95	4.79	2.50	1.95	63.79	25.14	20.80	0.359	2.12	5.09
			14		31.856	25.007	0.471	720.77	1 572.38	195.62	349.74	119.53	4.76	2.48	1.94	73.33	28.77	23.84	0.356	2.20	5.17
			15		33.952	26.652	0.471	763.62	1 684.93	206.50	376.33	126.67	4.74	2.47	1.93	77.99	30.53	25.33	0.354	2.24	5.21
			16		36.027	28.281	0.470	805.51	1 797.55	217.07	403.24	133.72	4.73	2.45	1.93	82.60	32.27	26.82	0.352	2.27	5.25
16/10	160	100	10	13	25.315	19.872	0.512	668.69	1 362.89	205.03	336.59	121.74	5.14	2.85	2.19	62.13	26.56	21.92	0.390	2.28	5.24
			12		30.054	23.592	0.511	784.91	1 635.56	239.06	405.94	142.33	5.11	2.82	2.17	73.49	31.28	25.79	0.388	2.36	5.32
			14		34.709	27.247	0.510	896.30	1 908.50	271.20	476.42	162.23	5.08	2.80	2.16	84.56	35.83	29.56	0.385	0.43	5.40
			16		29.281	30.835	0.510	1 003.04	2 181.79	301.60	548.22	182.57	5.05	2.77	2.16	95.33	40.24	33.44	0.382	2.51	5.48
18/11	180	110	10	14	28.373	22.273	0.571	956.25	1 940.40	278.11	447.22	166.50	5.80	3.13	2.42	78.96	32.49	26.88	0.376	2.44	5.89
			12		33.712	26.440	0.571	1 124.72	2 328.38	325.03	538.94	194.87	5.78	3.10	2.40	93.53	38.32	31.66	0.374	2.52	5.98
			14		38.967	30.589	0.570	1 286.91	2 716.60	369.55	631.95	222.30	5.75	3.08	2.39	107.76	43.97	36.32	0.372	2.59	6.06
			16		44.139	34.649	0.569	1 443.06	3 105.15	411.85	726.46	248.94	5.72	3.06	2.38	121.64	49.44	40.87	0.369	2.67	6.14
20/12.5	200	125	12	14	37.912	29.761	0.641	1 570.90	3 193.85	483.16	787.74	285.79	6.44	3.57	2.74	116.73	49.99	41.23	0.392	2.83	6.54
			14		43.687	34.436	0.640	1 800.97	3 726.17	550.83	922.47	326.58	6.41	3.54	2.73	134.65	57.44	47.34	0.390	2.91	6.62
			16		49.739	39.045	0.639	2 023.35	4 258.86	615.44	1 058.86	366.21	6.38	3.52	2.71	152.18	64.89	53.32	0.388	2.99	6.70
			18		55.526	43.588	0.639	2 238.30	4 792.00	677.19	1 197.13	404.83	6.35	3.49	2.70	169.33	71.74	59.18	0.385	3.06	6.78

注：截面图中的 $r_1 = 1/3d$ 及表中 r 的数据用于孔型设计，不做交货条件。

附表 1-5 L 型钢截面尺寸、截面面积、理论重量及截面特性

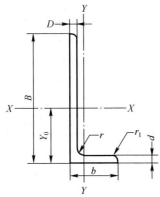

符号意义：

B——长边宽度；

b——短边宽度；

D——长边厚度；

d——短边厚度；

r——内圆弧半径；

r_1——边端圆弧半径；

Y_0——重心距离。

型 号	截面尺寸/mm						截面面积/ cm²	理论重量/ kg/m	惯性矩 I_x/ cm⁴	重心距离 Y_0/ cm
	B	b	D	d	r	r_1				
L250×90×9×13	250	90	9	13	15	7.5	33.4	26.2	2 190	8.64
L250×90×10.5×15			10.5	15			38.5	30.3	2 510	8.76
L250×90×11.5×16			11.5	16			41.7	32.7	2 710	8.90
L300×100×10.5×15	300	100	10.5	15			45.3	35.6	4 290	10.6
L300×100×11.5×16			11.5	16			49.0	38.5	4 630	10.7
L350×120×10.5×16	350	120	10.5	16	20	10	54.9	43.1	7 110	12.0
L350×120×11.5×18			11.5	18			60.4	47.4	7 780	12.0
L400×120×11.5×23	400	120	11.5	23			71.6	56.2	11 900	13.3
L450×120×11.5×25	450	120	11.5	25			79.5	62.4	16 800	15.1
L500×120×12.5×33	500	120	12.5	33			98.6	77.4	25 500	16.5
L500×120×13.5×35			13.5	35			105.0	82.8	27 100	16.6

附录2　热轧型钢规格表（旧国家标准）

附表 2-1　热轧等边角钢（GB 9787—1988）

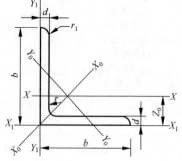

符号意义：

b——边宽度；　　　　　　　　　　I——惯性矩；

d——边厚度；　　　　　　　　　　i——惯性半径；

r——内圆弧半径；　　　　　　　　W——弯曲截面系数；

r_1——边端内圆弧半径；　　　　　　Z_0——重心距离。

角钢号数	尺寸 mm			截面面积 cm²	理论重量 (kg/m)	外表面积 (m²/m)	X–X			X₀–X₀			Y₀–Y₀			X₁–X₁	Z₀ cm
	b	d	r	cm²	(kg/m)	(m²/m)	I_x cm⁴	i_x cm	W_x cm³	I_{x0} cm⁴	i_{x0} cm	W_{x0} cm³	I_{y0} cm⁴	i_{y0} cm	W_{y0} cm³	I_{x1} cm⁴	cm
2	20	3	3.5	1.132	0.889	0.078	0.40	0.59	0.29	0.63	0.75	0.45	0.17	0.39	0.20	0.81	0.60
		4		1.459	1.145	0.077	0.50	0.58	0.36	0.78	0.73	0.55	0.22	0.38	0.24	1.09	0.64
2.5	25	3	3.5	1.432	1.124	0.098	0.82	0.76	0.46	1.29	0.95	0.73	0.34	0.49	0.33	1.57	0.73
		4		1.859	1.459	0.097	1.03	0.74	0.59	1.62	0.93	0.92	0.43	0.48	0.40	2.11	0.76
3.0	30	3	4.5	1.749	1.373	0.117	1.46	0.91	0.68	2.31	1.15	1.09	0.61	0.59	0.51	2.17	0.85
		4		2.276	1.786	0.117	1.84	0.90	0.87	2.92	1.13	1.37	0.77	0.58	0.62	3.63	0.89
3.6	36	3	4.5	2.109	1.656	0.141	2.58	1.11	0.99	4.09	1.39	1.61	1.07	0.71	0.76	4.68	1.00
		4		2.756	2.163	0.141	3.29	1.09	1.28	5.22	1.38	2.05	1.37	0.70	0.93	6.25	1.04
		5		3.382	2.654	0.141	3.95	1.08	1.56	6.24	1.36	2.45	1.65	0.70	1.09	7.84	1.07
4.0	40	3	5	2.359	1.852	0.157	3.59	1.23	1.23	5.69	1.55	2.01	1.49	0.79	0.96	6.41	1.09
		4		3.086	2.422	0.157	4.60	1.22	1.60	7.29	1.54	2.58	1.91	0.79	1.19	8.56	1.13
		5		3.791	2.976	0.156	5.53	1.21	1.96	8.76	1.52	3.01	2.30	0.78	1.39	10.74	1.17
4.5	45	3	5	2.659	2.088	0.177	5.17	1.40	1.58	8.20	1.76	2.58	2.14	0.90	1.24	9.12	1.22
		4		3.486	2.736	0.177	6.65	1.38	2.05	10.56	1.74	3.32	2.75	0.89	1.54	12.18	1.26
		5		4.292	3.369	0.176	8.04	1.37	2.51	12.74	1.72	4.00	3.33	0.88	1.81	15.25	1.30
		6		5.076	3.985	0.176	9.33	1.35	2.95	14.76	1.70	4.64	3.89	0.88	2.06	18.36	1.33
5	50	3	5.5	2.971	2.332	0.197	7.18	1.55	1.96	11.37	1.96	3.22	2.98	1.00	1.57	12.50	1.34
		4		3.897	3.059	0.197	9.26	1.54	2.56	14.70	1.94	4.16	3.82	0.99	1.96	16.69	1.38
		5		4.803	3.770	0.196	11.21	1.53	3.13	17.79	1.92	5.03	4.64	0.98	2.13	20.9	1.42
		6		5.688	4.465	0.196	13.05	1.52	3.68	20.68	1.91	5.85	5.42	0.98	2.63	25.14	1.46
5.6	56	3	6	3.343	2.624	0.221	10.19	1.75	2.48	16.14	2.20	4.08	4.24	1.13	2.02	17.56	1.48
		4	6	4.390	3.446	0.220	13.18	1.73	3.24	20.92	2.18	5.28	5.46	1.11	2.52	23.43	1.53
		5	6	5.415	4.251	0.220	16.02	1.72	3.97	25.42	2.17	6.42	6.61	1.10	2.98	29.33	1.57
		8	7	8.367	6.568	0.219	23.63	1.68	6.03	37.37	2.11	9.44	9.89	1.09	4.16	47.24	1.68
6.3	63	4	7	4.978	3.907	0.248	19.03	1.96	4.13	30.17	2.46	6.78	7.89	1.26	3.29	33.35	1.70
		5		6.143	4.822	0.248	23.17	1.94	5.08	36.77	2.45	8.25	9.57	1.25	3.90	41.73	1.74
		6		7.288	5.712	0.247	27.12	1.93	6.00	43.03	2.43	9.66	11.20	1.24	4.46	50.14	1.78
		8		9.515	7.469	0.247	34.46	1.90	7.75	54.56	2.40	12.25	14.33	1.23	5.47	67.11	1.85
		10		1.657	9.151	0.246	41.09	1.88	9.39	64.85	2.36	14.56	17.33	1.22	6.36	84.31	1.93

角钢号数	尺寸 mm			截面面积 cm²	理论重量 (kg/m)	外表面积 (m²/m)	参考数值												Z_0 cm
							$X-X$			X_0-X_0			Y_0-Y_0			X_1-X_1		
	b	d	r				I_x cm⁴	i_x cm	W_x cm³	I_{x0} cm⁴	i_{x0} cm	W_{x0} cm³	I_{y0} cm⁴	i_{y0} cm	W_{y0} cm³	I_{x1} cm⁴		
7	70	4	8	5.570	4.372	0.275	26.39	2.18	5.14	41.80	2.74	8.44	10.99	1.40	4.17	45.74		1.86
		5		6.875	5.397	0.275	32.12	2.16	6.32	51.08	2.73	10.32	13.34	1.39	4.95	57.21		1.91
		6		8.160	6.406	0.275	37.77	2.15	7.48	59.93	2.71	12.11	15.61	1.38	5.67	68.73		1.95
		7		9.424	7.398	0.275	43.09	2.14	8.59	68.35	2.69	13.81	17.82	1.38	6.34	80.29		1.99
		8		10.667	8.373	0.274	48.17	2.12	9.68	76.37	2.68	15.43	19.98	1.37	6.98	91.92		2.03
7.5	75	5	9	7.367	5.818	0.295	39.97	2.33	7.32	63.30	2.92	11.94	16.63	1.50	5.77	70.56		2.04
		6		8.797	6.905	0.294	46.95	2.31	8.64	74.38	2.90	14.02	19.51	1.49	6.67	84.55		2.07
		7		10.160	7.976	0.294	53.57	2.30	9.93	84.96	2.89	16.02	22.18	1.48	7.44	98.71		2.11
		8		11.503	9.030	0.294	59.96	2.28	11.20	95.07	2.88	17.93	24.86	1.47	8.19	112.97		2.15
		10		14.126	11.089	0.293	71.98	2.26	13.64	113.92	2.84	21.48	30.05	1.46	9.56	141.71		2.22
8	80	5	9	7.912	6.211	0.315	48.79	2.48	8.34	77.33	3.13	13.67	20.25	1.60	6.66	85.36		2.15
		6		9.397	7.376	0.314	57.35	2.47	9.87	90.98	3.11	16.08	23.72	1.59	7.65	102.50		2.19
		7		10.860	8.525	0.314	65.58	2.46	11.37	104.07	3.10	18.40	27.09	1.58	8.58	119.70		2.23
		8		12.303	9.658	0.314	73.49	2.44	12.83	116.60	3.08	20.16	30.39	1.57	9.46	136.97		2.27
		10		15.126	11.874	0.313	88.43	2.42	15.64	140.09	3.04	24.76	36.77	1.56	11.08	171.74		2.35
9	90	6	10	10.637	8.350	0.354	82.77	2.79	12.61	131.26	3.51	20.63	34.28	1.80	9.95	145.87		2.44
		7		12.301	9.656	0.354	94.83	2.78	14.54	150.47	3.50	23.64	39.18	1.78	11.19	170.30		2.48
		8		13.944	10.946	0.353	106.47	2.76	16.42	168.97	3.48	26.55	43.97	1.78	12.35	194.88		2.52
		10		17.167	13.476	0.353	128.58	2.74	20.07	203.90	3.45	32.04	53.26	1.76	14.52	244.07		2.59
		12		20.306	15.940	0.352	149.22	2.71	23.57	236.21	3.41	37.12	62.22	1.75	16.49	293.76		2.67
10	100	6	12	11.932	9.366	0.393	114.95	3.01	15.68	181.98	3.90	25.74	47.92	2.00	12.69	200.07		2.67
		7		13.796	10.830	0.393	131.86	3.09	18.10	208.97	3.89	29.55	54.74	1.99	14.26	233.54		2.71
		8		15.638	12.276	0.393	148.24	3.08	20.47	235.07	3.88	33.24	61.41	1.98	15.75	267.09		2.76
		10		19.261	15.120	0.392	179.51	3.05	25.06	284.68	3.84	40.26	74.35	1.96	18.57	334.48		2.84
		12		22.800	17.898	0.391	208.90	3.03	29.48	330.95	3.81	46.80	86.84	1.95	21.08	402.34		2.91
		14		26.256	20.166	0.391	236.53	3.00	33.73	374.06	3.77	52.90	99.00	1.94	23.44	470.75		2.99
		16		29.627	23.257	0.390	262.53	2.98	37.82	414.16	3.74	58.57	110.89	1.94	25.63	539.80		3.06
11	110	7	12	15.196	11.928	0.433	177.16	3.41	22.05	280.94	4.30	36.12	73.38	2.20	17.51	310.64		2.96
		8		17.238	13.532	0.433	199.46	3.40	24.95	316.49	4.28	40.69	82.42	2.19	19.39	355.20		3.01
		10		21.261	16.690	0.432	242.19	3.38	30.60	384.39	4.25	49.42	99.98	2.17	22.91	444.65		3.09
		12		25.200	19.782	0.431	282.55	3.35	36.05	448.17	4.22	57.62	116.93	2.15	26.15	534.60		3.16
		14		29.056	22.809	0.431	320.71	3.32	41.31	508.01	4.18	65.31	133.40	2.14	29.14	625.16		3.24
12.5	12.5	8	14	19.750	15.504	0.492	297.03	3.88	32.52	470.89	4.88	53.28	123.16	2.50	25.86	521.01		3.37
		10		24.373	19.133	0.491	361.67	3.85	39.97	573.89	4.85	64.93	149.46	2.48	30.62	651.93		3.45
		12		28.912	22.696	0.491	423.16	3.83	41.17	671.44	4.82	75.96	174.88	2.46	35.03	783.42		4.53
		14		33.367	26.193	0.490	481.65	3.80	54.16	763.73	4.78	86.41	199.57	2.45	39.13	951.61		3.61
14	140	10	14	27.373	21.488	0.551	514.65	4.34	50.58	817.27	5.46	82.56	212.04	2.78	39.20	915.11		3.82
		12		32.512	25.522	0.551	603.68	4.31	59.80	958.79	5.43	96.85	248.57	2.76	45.02	1099.28		3.90
		14		37.567	29.490	0.550	688.68	4.28	68.75	1093.56	5.40	110.47	284.06	2.75	50.45	1284.22		3.98
		16		42.539	33.393	0.549	770.24	4.26	77.46	1221.81	5.36	123.42	318.67	2.74	55.55	1470.07		4.06

续表

角钢号数	尺寸 mm b	d	r	截面面积 cm²	理论重量 (kg/m)	外表面积 (m²/m)	X-X I_x cm⁴	i_x cm	W_x cm³	X0-X0 I_{x0} cm⁴	i_{x0} cm	W_{x0} cm³	Y0-Y0 I_{y0} cm⁴	i_{y0} cm	W_{y0} cm³	X1-X1 I_{x1} cm⁴	Z_0 cm
16	160	10	16	31.502	24.729	0.630	779.53	4.98	66.7	1237.30	6.27	109.36	321.76	3.20	52.76	2332.80	4.89
		12		37.441	29.391	0.630	916.58	4.95	78.98	1455.68	6.24	128.67	377.49	3.18	60.74	2723.48	4.97
		14		43.296	33.987	0.629	1048.36	4.92	90.95	1665.02	6.20	147.17	431.70	3.16	68.244	3115.29	5.05
		16		49.067	38.518	0.629	1175.08	4.89	102.63	1865.57	6.17	164.89	484.59	3.14	75.31	3502.43	5.13
18	180	12	16	42.241	33.159	0.710	1321.35	5.59	100.82	2100.10	7.05	165.00	542.61	3.58	78.41	2332.80	4.89
		14		48.896	38.388	0.709	1514.48	5.56	116.25	2407.42	7.02	189.14	625.53	3.56	88.38	2723.48	4.97
		16		55.467	43.542	0.709	1700.99	5.54	131.13	2703.37	6.98	212.40	698.60	3.55	97.83	3115.29	5.05
		18		61.955	48.634	0.708	1875.12	5.50	145.64	2988.24	6.94	234.78	762.01	3.51	105.14	3502.43	5.13
20	200	14	18	54.642	42.894	0.788	2103.55	6.20	144.70	3343.26	7.82	236.40	863.83	3.98	111.82	3734.10	5.46
		16		62.013	48.680	0.788	2366.15	6.18	163.65	3760.89	7.79	265.93	971.41	3.96	123.96	4270.39	5.54
		18		69.301	54.401	0.787	2620.64	6.15	182.22	4164.54	7.75	294.48	1076.74	3.94	135.52	4808.13	5.62
		20		76.505	60.056	0.787	2867.30	6.12	200.42	4554.55	7.72	322.06	1180.04	3.93	146.55	5347.51	5.69
		24		90.661	71.168	0.785	2338.25	6.07	236.17	5294.97	7.64	374.41	1381.53	3.90	166.55	6457.16	5.87

注：截面图中的 $r_1 = d/3$ 及表中 r 的值的数据用于孔型设计，不作为交货条件。

附表 2-2　热轧不等边角钢（GB 9787—1988）

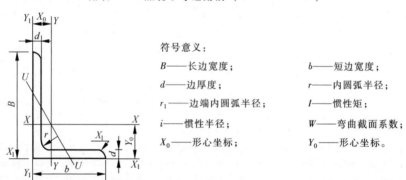

符号意义：

B——长边宽度；　　　　　　b——短边宽度；

d——边厚度；　　　　　　　r——内圆弧半径；

r_1——边端内圆弧半径；　　　I——惯性矩；

i——惯性半径；　　　　　　W——弯曲截面系数；

X_0——形心坐标；　　　　　　Y_0——形心坐标。

角钢号数	尺寸 mm B	b	d	r	截面面积 cm²	理论重量 (kg/m)	外表面积 (m²/2)	X-X I_x cm⁴	i_x cm	W_X cm³	Y-Y I_y cm⁴	i_y cm	W_y cm³	X1-X1 I_{x1} cm⁴	Y_0 cm	Y1-Y1 I_{y1} cm⁴	X_0 cm	U-U I_u cm⁴	i_u cm	W_u cm³	tanα
2.5/1.6	25	16	3	3.5	1.162	0.912	0.080	0.70	0.78	0.43	0.22	0.44	0.19	1.56	0.86	0.43	0.42	0.14	0.34	0.16	0.392
			4		1.499	1.176	0.079	0.88	0.77	0.55	0.27	0.43	0.24	2.09	0.90	0.59	0.46	0.17	0.34	0.20	0.381
3.2/2	32	20	3	3.5	1.492	1.171	0.102	1.53	1.01	0.72	0.46	0.55	0.30	3.27	1.08	0.82	0.49	0.28	0.43	0.25	0.382
			4		1.939	1.522	0.101	1.93	1.00	0.93	0.57	0.54	0.39	4.37	1.12	1.12	0.53	0.35	0.42	0.32	0.374
4/2.5	40	25	3	4	1.890	1.484	0.127	3.08	1.28	1.15	0.93	0.70	0.49	6.39	1.32	1.59	0.59	0.56	0.54	0.40	0.386
			4		2.467	1.936	0.127	3.93	1.26	1.49	1.18	0.69	0.63	8.53	1.37	2.14	0.63	0.71	0.54	0.52	0.381
4.5/2.8	45	28	3	5	2.149	1.687	0.143	4.45	1.44	1.47	1.34	0.79	0.62	9.10	1.47	2.23	0.64	0.80	0.61	0.51	0.383
			4		2.806	2.203	0.143	5.69	1.42	1.91	1.70	0.78	0.80	12.13	1.51	3.00	0.68	1.02	0.60	0.66	0.380
5/3.2	50	32	3	5.5	2.431	1.908	0.161	6.24	1.60	1.84	2.02	0.91	0.82	12.49	1.60	3.31	0.73	1.20	0.70	0.68	0.404
			4		3.177	2.494	0.160	8.02	1.59	2.39	2.58	0.90	1.06	16.65	1.65	4.45	0.77	1.53	0.69	0.87	0.402

角钢号数	尺寸 mm				截面面积 cm²	理论重量 (kg/m)	外表面积 (m²/2)	参考数值													
								X－X			Y－Y			$X_1－X_1$		$Y_1－Y_1$		U－U			
	B	b	d	r				I_x cm⁴	i_x cm	W_X cm³	I_y cm⁴	i_y cm	W_y cm³	I_{x1} cm⁴	Y_0 cm	I_{y1} cm⁴	X_0 cm	I_u cm⁴	i_u cm	W_u cm³	$\tan\alpha$
5.6/ 3.6	56	36	3	6	2.743	2.153	0.181	8.88	1.80	2.32	2.92	1.03	1.05	17.54	1.78	4.70	0.80	1.73	0.79	0.87	0.408
			4		3.590	2.818	0.180	11.25	1.79	3.03	3.76	1.02	1.37	23.39	1.82	6.33	0.85	2.23	0.79	1.13	0.408
			5		4.415	3.446	0.180	13.86	1.77	3.17	4.49	1.01	1.65	29.25	1.87	7.94	0.88	2.67	0.78	1.36	0.404
6.3/ 4	63	40	4	7	4.058	3.185	0.202	16.49	2.02	3.87	5.23	1.14	1.70	33.30	2.04	8.63	0.92	3.12	0.88	1.40	0.398
			5		4.993	3.920	0.202	20.02	2.00	4.74	6.31	1.12	2.71	41.63	2.08	10.86	0.95	3.76	0.87	0.71	0.396
			6		5.908	4.638	0.201	23.36	1.96	5.59	7.29	1.11	2.43	49.98	2.12	13.12	0.99	4.34	0.86	0.99	0.393
			7		6.802	5.339	0.201	26.53	1.98	6.40	8.24	1.10	2.78	58.07	2.15	15.47	1.03	4.97	0.86	2.29	0.389
7/ 4.5	70	45	4	7.5	4.547	3.570	0.226	23.17	2.26	4.86	7.55	1.29	2.17	45.92	2.24	12.26	1.02	4.40	0.98	1.77	0.410
			5		5.609	4.403	0.225	27.95	2.23	5.92	9.13	1.28	2.65	57.10	2.28	15.39	1.06	5.40	0.98	2.19	0.407
			6		6.647	5.218	0.225	32.54	2.21	6.95	10.62	1.26	3.12	68.35	2.32	18.58	1.09	6.35	0.98	2.59	0.404
			7		7.657	6.011	0.255	37.22	2.20	8.03	12.01	1.25	3.57	79.99	2.36	21.84	1.13	7.16	0.97	2.94	0.042
(7.5/ 5)	75	50	5	8	6.125	4.808	0.245	34.86	2.39	6.83	12.61	1.44	3.30	70.00	2.40	21.04	1.17	7.41	1.10	2.74	0.435
			6		7.260	5.699	0.245	41.12	2.38	8.12	14.70	1.42	3.88	84.30	2.44	25.37	1.21	8.54	1.08	3.19	0.435
			8		9.467	7.431	0.244	52.39	2.35	10.52	18.53	1.40	4.99	112.50	2.52	34.23	1.29	10.87	1.07	4.10	0.429
			10		11.590	9.098	0.244	62.71	2.33	12.79	21.96	1.38	6.04	140.80	2.60	43.43	1.36	13.10	1.06	4.99	0.423
8/5	80	50	5	8	6.375	5.005	0.255	41.96	2.56	7.78	12.82	1.42	3.32	85.21	2.60	21.06	1.14	7.66	1.10	2.74	0.388
			6		7.560	5.935	0.255	49.49	2.56	9.25	14.95	1.41	3.91	102.53	2.65	25.41	1.18	8.85	1.08	3.20	0.387
			7		8.724	6.848	0.255	56.16	2.54	10.58	16.96	1.39	4.48	119.33	2.69	29.82	1.21	10.18	1.08	3.70	0.384
			8		9.867	7.745	0.254	62.83	2.52	11.92	18.85	1.38	5.03	136.41	2.73	34.32	1.25	11.38	1.07	4.16	0.381
9/ 5.6	90	56	5	9	7.212	5.661	0.287	60.45	2.90	9.92	18.32	1.59	4.12	121.32	2.91	29.53	1.25	10.98	1.23	3.49	0.385
			6		8.557	6.717	0.286	71.03	2.88	11.74	21.42	1.58	4.96	145.59	2.95	35.58	1.29	12.90	1.23	4.18	0.384
			7		9.880	7.756	0.286	81.01	2.86	13.49	24.36	1.57	5.70	169.66	3.00	41.71	1.33	14.67	1.22	4.72	0.382
			8		11.183	8.779	0.286	91.03	2.85	15.27	27.15	1.56	6.41	194.17	3.04	47.93	1.36	16.34	1.21	5.29	0.380
10/ 6.3	100	63	6	10	9.617	7.550	0.320	99.06	3.21	14.64	30.94	1.79	6.35	199.71	3.24	50.50	1.43	18.42	1.38	5.25	0.394
			7		11.111	8.722	0.320	113.45	3.29	16.88	35.26	1.78	7.29	233.00	3.28	59.14	1.47	21.00	1.38	6.02	0.393
			8		12.584	9.878	0.319	127.37	3.18	19.08	39.39	1.77	8.21	266.32	3.32	67.88	1.50	23.50	1.37	6.78	0.391
			10		15.467	12.142	0.319	153.81	3.15	23.32	47.12	1.74	9.98	333.06	3.40	85.73	1.58	28.33	1.35	8.24	0.387
10/8	100	80	6	10	10.637	8.350	0.354	107.04	3.17	15.19	61.24	2.40	10.16	199.83	2.95	102.68	1.97	31.65	1.72	8.37	0.627
			7		12.301	9.656	0.354	122.73	3.16	17.52	70.08	2.39	11.71	233.20	3.00	119.98	2.01	36.17	1.72	9.60	0.626
			8		13.944	10.946	0.353	137.92	3.14	19.81	78.58	2.37	13.21	266.61	3.04	137.37	2.05	40.58	1.71	10.80	0.625
			10		17.167	13.476	0.353	166.87	3.12	24.24	94.65	2.35	16.12	333.63	3.12	172.48	2.13	49.10	1.69	13.12	0.622
11/7	110	70	6	10	10.637	8.350	0.354	133.37	3.54	17.85	42.92	2.01	7.90	265.78	3.53	69.08	1.57	25.36	1.54	6.53	0.403
			7		12.301	9.656	0.354	153.00	3.53	20.60	49.01	2.00	9.09	310.07	3.57	80.82	1.61	28.95	1.53	7.50	0.402
			8		13.944	10.946	0.353	172.04	3.51	23.30	54.87	1.98	10.25	354.39	3.62	92.70	1.65	32.45	1.53	8.45	0.401
			10		17.167	13.476	0.353	208.39	3.48	28.54	65.88	1.96	12.48	443.13	3.70	116.83	1.72	39.20	1.51	10.29	0.397
12.5/ 8	125	80	6	11	14.096	11.066	0.403	227.98	4.02	26.86	74.42	2.30	12.01	454.99	4.01	120.32	1.80	43.81	1.76	9.92	0.408
			7		15.989	12.551	0.403	256.77	4.01	30.41	83.49	2.28	13.56	519.99	4.06	137.85	1.84	49.51	1.75	11.18	0.407
			8		19.712	15.474	0.402	312.04	3.98	37.33	100.67	2.26	16.56	650.09	4.14	173.40	1.92	59.45	1.74	13.64	0.404
			10		23.351	18.330	0.402	364.41	3.95	44.01	116.67	2.24	19.43	780.39	4.22	209.67	2.00	69.35	1.72	16.01	0.400

角钢号数	尺寸 mm B	b	d	r	截面面积 cm²	理论重量 (kg/m)	外表面积 (m²/2)	I_x cm⁴	i_x cm	W_x cm³	I_y cm⁴	i_y cm	W_y cm³	I_{x1} cm⁴	Y_0 cm	I_{y1} cm⁴	X_0 cm	I_u cm⁴	i_u cm	W_u cm³	$\tan\alpha$
								$X-X$			$Y-Y$			X_1-X_1		Y_1-Y_1		$U-U$			
14/9	140	90	8	12	18.038	14.160	0.453	365.64	4.50	38.48	120.69	2.59	17.34	730.53	4.50	195.79	2.04	70.38	1.98	14.31	0.441
			10		22.261	17.475	0.452	445.50	4.47	47.31	146.03	2.56	21.22	913.20	4.58	245.92	2.12	85.82	1.96	17.48	0.409
			12		26.400	20.724	0.451	521.59	4.44	55.87	169.79	2.54	24.95	1096.09	4.66	296.89	2.19	100.21	1.95	20.54	0.406
			14		30.456	23.908	0.451	594.10	4.42	64.18	192.10	2.51	28.54	1279.26	4.74	348.82	2.27	114.13	1.94	23.52	0.403
16/10	160	100	10	13	25.315	19.872	0.512	668.69	5.14	62.13	205.03	2.85	26.56	1326.89	5.24	336.59	2.28	121.74	2.19	21.92	0.390
			12		30.054	23.592	0.511	784.91	5.11	73.49	239.06	2.82	31.28	1635.56	5.32	405.94	2.36	142.33	2.17	25.79	0.388
			14		34.709	27.247	0.510	896.30	5.08	84.56	271.20	2.80	35.83	1908.50	5.40	476.42	2.43	162.23	2.16	29.56	0.385
			16		39.281	30.835	0.510	1003.04	5.05	95.33	301.60	2.77	40.24	2181.79	5.48	548.22	2.51	182.57	2.16	33.44	0.382
18/11	180	110	10	14	28.373	22.273	0.571	956.25	5.80	78.96	278.11	3.13	32.49	1940.40	5.89	447.22	2.44	166.50	2.42	26.88	0.376
			12		33.712	26.464	0.571	1124.72	5.78	93.53	325.03	3.10	38.32	2328.38	5.89	538.94	2.52	194.87	2.40	31.66	0.374
			14		38.967	30.589	0.570	1286.91	5.75	107.76	369.55	3.08	43.97	2716.60	6.06	631.95	2.95	222.30	2.39	36.32	0.372
			16		44.139	34.649	0.569	1443.06	5.72	121.64	411.85	3.06	49.44	3105.15	6.14	726.46	2.67	248.94	2.38	40.87	0.369
20/12.5	200	125	12		37.912	29.716	0.641	1570.90	6.44	116.73	483.16	3.57	49.99	3193.85	6.54	787.74	2.83	285.79	2.74	41.23	0.392
			14		43.867	34.436	0.640	1800.97	6.41	134.65	550.83	3.54	57.44	3726.17	6.02	922.47	2.91	362.58	2.73	47.34	0.390
			16		49.739	39.045	0.639	2023.35	6.38	152.18	615.44	3.52	64.69	4258.86	6.70	1058.86	2.99	366.21	2.71	53.32	0.388
			18		55.526	43.588	0.639	2238.30	6.35	169.33	677.19	3.49	71.74	4792.00	6.78	1197.13	3.06	404.83	2.70	59.18	0.385

注：1. 括号内型号不推荐使用。2. 截面图中的 $r_1=d/3$ 及表中 r 的数据用于孔型设计，不作为交货条件。

附表 2-3　热轧工字钢（GB 706—1988）

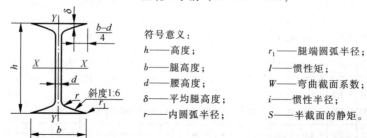

符号意义：

h——高度；　　　　　　　r_1——腿端圆弧半径；

b——腿高度；　　　　　　I——惯性矩；

d——腰高度；　　　　　　W——弯曲截面系数；

δ——平均腿高度；　　　　i——惯性半径；

r——内圆弧半径；　　　　S——半截面的静矩。

型号	尺寸 mm h	b	d	δ	r	r_1	截面面积 cm²	理论重量 (kg/m)	I_x cm⁴	W_x cm³	i_x cm	$I_x:S_x$ cm	I_y cm⁴	W_y cm³	i_Y cm
									$X-X$				$Y-Y$		
10	100	68	4.5	7.6	6.5	3.3	14.3	11.2	245	49	4.14	8.59	33	9.72	1.52
12.6	126	74	5	8.4	7	3.5	18.1	14.2	448.43	77.529	5.159	10.85	46.906	12.677	1.609
14	140	80	5.5	9.1	7.5	3.8	21.5	16.9	712	102	5.76	12	64.4	16.1	1.73
16	160	88	6	9.9	8	4	26.1	20.5	1130	141	6.58	13.8	93.1	21.2	1.89
18	180	94	6.5	10.7	8.5	4.3	30.6	24.1	1660	185	7.36	15.4	122	26	2
20a	200	100	7	11.4	9	4.5	35.5	27.9	2370	237	8.15	17.2	158	31.5	2.12
22b	200	102	9	11.4	9	4.5	39.5	31.1	2500	250	7.96	16.9	169	33.1	2.06
22a	220	110	7.5	12.3	9.5	4.8	42	33	3400	309	8.99	18.9	225	40.9	2.31
22b	220	112	9.5	12.3	9.5	4.8	46.4	36.4	3570	325	8.78	18.7	239	42.7	2.27
25a	250	116	8	13	10	5	48.5	38.1	5023.54	401.88	10.18	21.58	280.046	48.283	2.403
25b	250	118	10	13	10	5	53.5	42	5283.96	422.72	9.938	21.27	309.297	52.423	2.404

续表

型号	尺寸 mm						截面面积 cm²	理论重量 (kg/m)	参考数值						
									X–X				Y–Y		
	h	b	d	δ	r	r_1			I_x cm⁴	W_x cm³	i_x cm	$I_x:S_x$ cm	I_x cm⁴	W_x cm³	i_Y cm
28a	280	122	8.5	13.7	10.5	5.3	55.45	43.4	7114.14	508.15	11.32	24.62	345.051	56.565	2.495
28b	280	124	10.5	13.7	10.5	5.3	61.05	47.9	7480	534.29	11.08	24.24	379.496	61.209	2.493
32a	320	130	9.5	15	11.5	5.8	67.05	52.7	11075.5	692.2	12.84	27.46	459.93	70.758	2.619
32b	320	132	11.5	15	11.5	5.8	73.45	57.7	11621.4	726.33	12.58	27.09	501.53	75.989	2.614
32c	320	134	13.5	15	11.5	5.8	79.95	62.8	12167.5	760.47	12.34	26.77	543.81	81.166	2.608
36a	360	136	10	15.8	12	6	76.3	59.9	15760	875	14.4	30.7	552	81.2	2.69
36b	360	138	12	15.8	12	6	83.5	65.6	16530	919	14.1	30.3	582	84.3	2.64
36c	360	140	14	15.8	12	6	90.7	71.2	17310	962	13.8	29.9	612	87.4	2.6
40a	400	142	10.5	16.5	12.5	6.3	86.1	67.6	21720	1090	15.9	34.1	660	93.2	2.77
40b	400	144	12.5	16.5	12.5	6.3	94.1	73.8	22780	1140	15.6	33.6	692	96.2	2.71
40c	400	146	14.5	16.5	12.5	6.3	102	80.1	23850	1190	15.2	33.2	727	99.6	2.65
45a	450	150	11.5	18	13.5	6.8	102	80.4	32240	1430	17.7	38.6	855	114	2.89
45b	450	152	13.5	18	13.5	6.8	111	87.4	33760	1500	17.4	38	894	118	2.84
45c	450	154	15.5	18	13.5	6.8	120	94.5	35280	1570	17.1	37.3	938	122	2.79
50a	500	158	12	20	14	7	119	93.6	46470	1860	19.7	42.8	1120	142	3.07
50b	500	160	14	20	14	7	129	101	48560	1940	19.4	42.4	1170	146	3.01
50c	500	162	16	20	14	7	139	109	50640	2080	19	41.8	1220	151	2.96
56a	560	166	12.5	21	14.5	7.3	135.25	106.2	65585.6	2342.31	22.02	47.73	1370.16	165.08	3.182
56b	560	168	14.5	21	14.5	7.3	146.45	115	68512.5	2446.69	21.63	47.17	1486.75	174.25	3.162
56c	560	170	16.5	21	14.5	7.3	157.85	123.9	71439.4	2551.41	21.27	46.66	1558.39	183.34	3.158
63a	630	176	13	22	15	7.5	154.9	121.6	93916.2	2981.47	24.62	54.17	1700.55	193.24	3.314
63b	630	178	15	22	15	7.5	167.5	131.5	98083.6	3163.38	24.2	53.51	1812.07	203.6	3.289
63c	630	180	17	22	15	7.5	180.1	141	102251.1	3298.42	23.82	52.92	1924.91	213.88	3.268

注：截面图和表中标注的圆弧半径 r，r_1 的数据用于孔型设计，不作为交货条件。

附表 2-4　热轧槽钢（GB 707—1988）

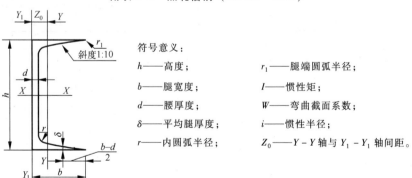

符号意义：

h——高度；　　　　　　　　r_1——腿端圆弧半径；

b——腿宽度；　　　　　　　I——惯性矩；

d——腰厚度；　　　　　　　W——弯曲截面系数；

δ——平均腿厚度；　　　　　i——惯性半径；

r——内圆弧半径；　　　　　Z_0——Y–Y 轴与 Y_1–Y_1 轴间距。

型号	尺寸 mm						截面面积 cm²	理论重量 kg/m	参考数值							z_0 cm
									X–X			Y–Y			Y_1–Y_1	
	H	B	D	δ	R	r_1			W_x cm³	I_x cm⁴	i_x cm	W_y cm³	I_y cm⁴	i_x cm	I_{y1} cm⁴	
5	50	37	4.5	7	7	3.5	6.93	5.44	10.4	26	1.94	3.55	8.3	1.1	20.9	1.35
6.3	63	40	4.8	7.5	7.5	3.75	8.444	6.63	16.123	50.876	2.453	4.50	11.872	1.185	28.38	1.36
8	80	43	5	8	8	4	10.24	8.04	25.3	101.3	3.15	5.79	16.6	1.27	37.4	1.43

续表

型号	尺寸 mm						截面面积 cm²	理论重量 kg/m	参考数值								
									X－X			Y－Y			$Y_1－Y_1$	z_0 cm
									W_x cm³	I_x cm⁴	i_x cm	W_Y cm³	I_Y cm⁴	i_x cm	I_{y1} cm⁴	
	H	B	D	δ	R	r_1										
10	100	48	5.3	8.5	8.5	4.25	12.74	10	39.7	198.3	3.95	7.8	25.6	1.41	54.9	1.52
12.6	126	53	5.5	9	9	4.5	15.69	12.37	62.137	391.466	4.953	10.242	37.99	1.567	77.09	1.59
14ᵃ_b	140	58	6	9.5	9.5	4.75	18.51	14.53	80.5	563.7	5.52	13.01	53.2	1.7	107.1	1.71
	140	60	8	9.5	9.5	4.75	21.31	16.73	87.1	609.4	5.35	14.12	61.1	1.69	120.6	1.67
16a	160	63	6.5	10	10	5	21.95	17.23	108.3	866.2	6.28	16.3	73.3	1.83	144.1	1.8
16	160	65	8.5	10	10	5	25.15	19.74	116.8	934.5	6.1	17.55	83.4	1.82	160.8	1.75
18a	180	68	7	10.5	10.5	5.25	25.69	20.17	141.4	1272.7	7.04	20.03	98.6	1.96	189.7	1.88
18	180	70	9	10.5	10.5	5.25	29.29	22.99	152.2	1369.9	6.84	21.52	111	1.95	210.1	1.84
20a	200	73	7	11	11	5.5	28.83	22.63	178	1780.4	7.86	24.2	128	2.11	244	2.01
20	200	75	9	11	11	5.5	32.83	25.77	191.4	1913.7	7.64	25.88	143.6	2.09	268.4	1.95
22a	220	77	7	11.5	11.5	5.75	31.84	24.99	217.6	2393.9	8.67	28.17	157.8	2.23	298.2	2.1
22	220	79	9	11.5	11.5	5.75	36.24	28.45	233.8	2571.4	8.42	30.05	176.4	2.21	326.3	2.03
a	250	78	7	12	12	6	34.91	27.47	269.597	3369.62	9.823	30.607	175.529	2.243	322.256	2.065
25b	250	80	9	12	12	6	39.91	31.39	282.402	3530.04	9.405	32.657	196.421	2.218	353.187	1.982
c	250	82	11	12	12	6	44.91	35.32	295.236	3690.45	9.065	35.926	218.415	2.206	384.133	1.921
a	280	82	7.5	12.5	12.5	6.25	40.02	31.42	340.328	4764.59	10.91	35.718	217.989	2.333	387.566	2.097
28b	280	84	9.5	12.5	12.5	6.25	45.62	35.81	366.46	5130.45	10.6	37.929	242.144	2.304	427.589	2.016
c	280	86	11.5	12.5	12.5	6.25	51.22	40.21	392.594	5496.32	10.35	40.301	267.602	2.286	426.597	1.951
a	320	88	8	14	14	7	48.7	38.22	474.879	7568.06	12.49	46.473	304.787	2.502	552.31	2.242
32b	320	90	10	14	14	7	55.1	43.25	509.012	8144.2	12.15	49.157	336.332	2.471	592.933	2.158
c	320	92	12	14	14	7	61.5	48.28	543.145	8690.33	11.88	52.642	374.175	2.467	643.299	2.092
a	360	96	9	16	16	8	60.89	47.8	659.7	11874.2	13.97	63.54	455	2.73	818.4	2.44
36b	360	98	11	16	16	8	68.09	53.45	702.9	12651.8	13.63	66.85	496.7	2.7	880.4	2.37
c	360	100	13	16	16	8	75.29	50.1	746.1	13429.4	13.36	70.02	536.4	2.67	947.9	2.34
a	400	100	10.5	18	18	9	75.05	58.91	878.9	17577.9	15.30	78.83	592	2.81	1067.7	2.49
40	400	102	12.5	18	18	9	83.05	65.19	932.2	18644.5	14.98	82.52	640	2.78	1135.6	2.44
c	400	104	14.5	18	18	9	91.05	71.47	985.6	19711.2	14.71	86.19	687.8	2.75	1220.7	2.42

附录3　简单载荷作用下梁的变形

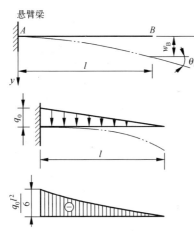

悬臂梁

$w = $ 沿 y 方向的挠度

$w_B = w(l) = $ 梁右端处的挠度

$\theta_B = w'(l) = $ 梁右端处的转角

$w_c = w\left(\dfrac{l}{2}\right) = $ 梁的中点挠度

$\theta_c = w'(0) = $ 梁左端处的转角

附表3-1　简单载荷作用下梁的变形情况及相关公式

序号	梁上荷载及弯矩图	挠曲线方程	转角和挠度
1	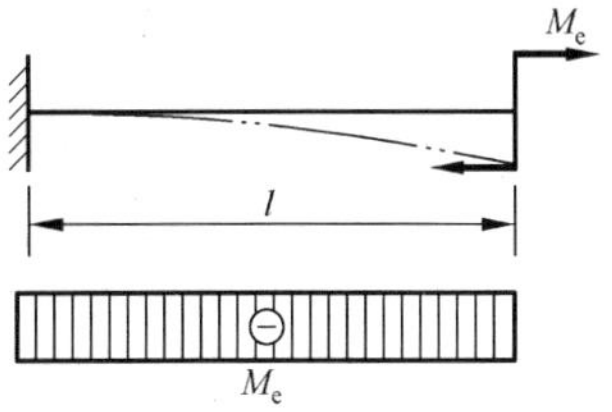	$w = \dfrac{M_e x^2}{2EI}$	$\theta_B = \dfrac{M_e l}{EI}$ $w_B = \dfrac{M_e l^2}{2EI}$
2	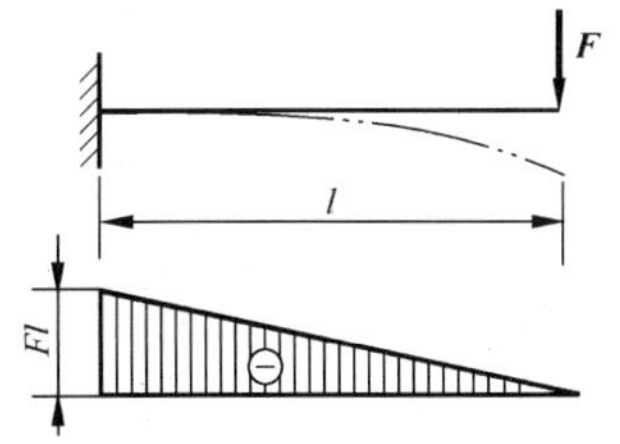	$w = \dfrac{F x^2}{6EI}(3l - x)$	$\theta_B = \dfrac{F l^2}{3EI}$ $w_B = \dfrac{F l^3}{3EI}$
3	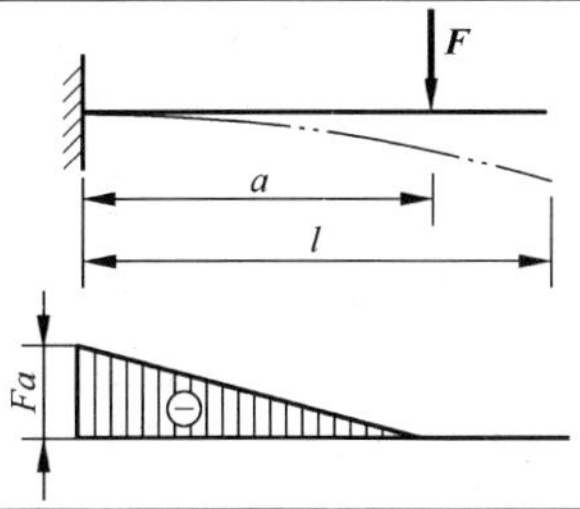	$w = \dfrac{F x^2}{6EI}(3a - x)\,(0 \leqslant x \leqslant a)$ $w = \dfrac{F a^2}{6EI}(3x - a)\,(a \leqslant x \leqslant l)$	$\theta_B = \dfrac{F a^2}{2EI}$ $w_B = \dfrac{F a^2}{6EI}(3l - a)$
4	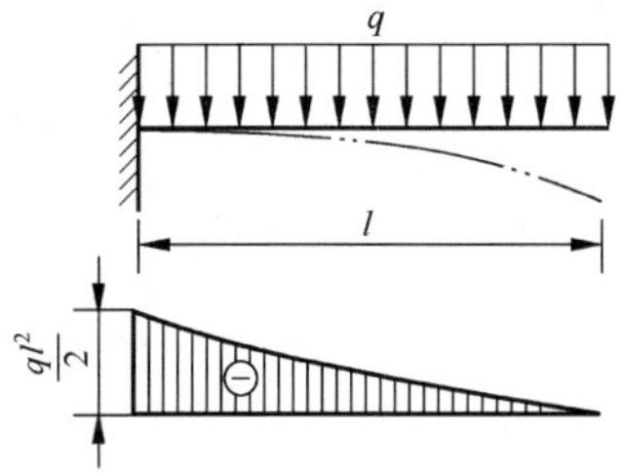	$w = \dfrac{q x^2}{24EI}(x^2 + 6l^2 - 4lx)$	$\theta_B = \dfrac{q l^3}{6EI}$ $w_B = \dfrac{q l^4}{8EI}$

序号	梁上荷载及弯矩图	挠曲线方程	转角和挠度
5		$w = \dfrac{q_0 x^2}{120EIl}(10l^3 - 10l^2 x + 5lx^2 - x^3)$	$\theta_B = \dfrac{q_0 x^3}{24EI}$ $w_B = \dfrac{q_0 l^4}{30EI}$
6		$w = \dfrac{M_A x}{6EIl}(l-x)(2l-x)$	$\theta_A = \dfrac{M_A l}{3EI}$ $\theta_B = -\dfrac{M_A l}{6EI}$ $\theta_C = \dfrac{M_A l^2}{16EI}$
7		$w = \dfrac{M_B x}{6EIl}(l^2 - x^2)$	$\theta_A = \dfrac{M_B l}{6EI}$ $\theta_B = -\dfrac{M_B l}{3EI}$ $w_C = \dfrac{M_B l^2}{16EI}$
8		$w = \dfrac{qx}{24EI}(l^3 - 2lx^2 + x^3)$	$\theta_A = \dfrac{ql^3}{24EI}$ $\theta_B = -\dfrac{ql^3}{24EI}$ $w_C = \dfrac{5ql^4}{384EI}$
9		$w = \dfrac{q_0 x}{360EIl}(7l^4 - 10l^2 x^2 + 3x^4)$	$\theta_A = \dfrac{7q_0 l^3}{360EI}$ $\theta_B = -\dfrac{q_0 l^3}{45EI}$ $w_C = \dfrac{5q_0 l^4}{768EI}$

序号	梁上荷载及弯矩图	挠曲线方程	转角和挠度
10		$w=\dfrac{Fx}{48EI}(3l^2-4x^2)\left(0\leqslant x\leqslant\dfrac{l}{2}\right)$	$\theta_A=\dfrac{Fl^2}{16EI}$ $\theta_B=-\dfrac{Fl^2}{16EI}$ $w_C=\dfrac{Fl^3}{48EI}$
11		$w=\dfrac{Fbx}{6EIl}(l^2-x^2-b^2)\ (0\leqslant x\leqslant a)$ $w=\dfrac{Fb}{6EIl}\Big[\dfrac{l}{b}(x-a)^2+$ $(l^2-b^2x-x^3)\Big]$ $(a\leqslant x\leqslant l)$	$\theta_A=\dfrac{Fab(l+b)}{6EIl}$ $\theta_B=-\dfrac{Fab(l+a)}{6EIl}$ $w_C=\dfrac{Fb(3l^2-4b^2)}{48EI}(当\ a\geqslant b\ 时)$
12		$w=\dfrac{M_ex}{6EIl}(6al-3a^2-2l^2-x^2)$ $(0\leqslant x\leqslant a)$ 当 $a=b=\dfrac{l}{2}$ 时 $w=\dfrac{M_ex}{24EIl}(l^2-4x^2)\left(0\leqslant x\leqslant\dfrac{l}{2}\right)$	$\theta_A=\dfrac{Me}{6EIl}(6al-3a^2-2l^2)$ $\theta_B=-\dfrac{Me}{6EIl}(l^2-3a^2)$ 当 $a=b=\dfrac{l}{2}$ 时 $\theta_A=\dfrac{M_el}{24EI}$ $\theta_B=-\dfrac{M_el}{24EI}$ $w_C=0$
13		$w=-\dfrac{qb^3}{24EIl}\Big[2\dfrac{x^3}{b^3}-\dfrac{x}{b}\Big(2\dfrac{l^2}{b^2}-1\Big)\Big]$ $(0\leqslant x\leqslant a)$ $w=-\dfrac{q}{24EI}\Big[2\dfrac{b^2x^3}{l}-\dfrac{b^2x}{l}(2l^2-b^2)-$ $(x-a)^4\Big]$ $(a\leqslant x\leqslant l)$	$\theta_A=\dfrac{qb^2(2l^2-b^2)}{24EIl}$ $\theta_B=-\dfrac{qb^2(2l-b)^2}{24EIl}$ $w_C=\dfrac{qb^5}{24EIl}\Big(\dfrac{3}{4}\dfrac{l^3}{b^3}-\dfrac{1}{2}\dfrac{l}{b}\Big)$ $(当\ a>b\ 时)$ $w_C=\Big[\dfrac{qb^5}{24EIl}\dfrac{3}{4}\dfrac{l^3}{b^3}-\dfrac{1}{2}\dfrac{l}{b}+$ $\dfrac{1}{16}\dfrac{l^5}{b^5}\times\Big(1-\dfrac{2a}{l}\Big)^4\Big]$ $(当\ a<b\ 时)$

参 考 文 献

［1］焦安红.工程力学(项目教学).西安:西安电子科技大学出版社,2009.

［2］邱小林,等.工程力学学习指导.北京:北京理工大学出版社,2009.

［3］刘思俊.工程力学练习册.北京:机械工业出版社,2011.

［4］金康宁,谢群丹.材料力学.北京:北京大学出版社,2006.

［5］Ferdinand P. Beer, Vector Mechanics for Engineers 9th, The McGraw – Hill Companies, Inc. 2009.

［6］James M. Gere, Mechanics of Materials 6th, Thomson Learning, Inc. 2004.

［7］Ferdinand P. Beer, Mechanics. of. Materials 6th, The McGraw – Hill Companies, Inc. 2012.

［8］武阮可.力学史.重庆:重庆出版社,2000.

［9］戴念祖.力学史.长沙:湖南教育出版社,2001.

［10］老亮.材料力学史漫话.北京:高等教育出版社,1993.

［11］李银山. Maple 理论力学.北京:机械工业出版社,2007.

［12］李银山. Maple 材料力学.北京:机械工业出版社,2010.

［13］陕西工业职业技术学院工程力学精品课网站 http://www2. tust. edu. cn/jingpin/jp2004/gclx/.

［14］湖南交通职业技术学院工程力学精品课网站 http://www. hnjtzy. com. cn:6999/gj/gclx/.